海洋非粘结
柔性立管的力学研究

张新杰　著

北　京
冶金工业出版社
2020

内 容 提 要

本书以海洋非粘结柔性立管为研究对象，对其结构及力学性能进行了详细的介绍和研究。全书共9章，主要内容包括海洋油气资源概述、海洋油气开发装备、海洋立管、非粘结柔性立管的力学研究现状、非粘结柔性立管的整体刚度分析、非粘结柔性立管的整体动力研究、抗拉层螺旋钢带的局部力学研究、非粘结柔性立管的疲劳分析、非粘结柔性立管的疲劳试验。本书理论结合实际，对了解和研究非粘结柔性立管在复杂海洋环境下的非线性力学响应和疲劳失效具有重要的工程应用价值。

本书可供从事海洋工程研究、海洋立管设计与分析的科技人员阅读，也可供高等院校海洋科学与工程技术类专业的高年级本科生、研究生参考。

图书在版编目(CIP)数据

海洋非粘结柔性立管的力学研究/张新杰著. —北京：冶金工业出版社，2020.9

ISBN 978-7-5024-5553-8

Ⅰ.①海… Ⅱ.①张… Ⅲ.①石油管道—工程力学—研究 ②天然气管道—工程力学—研究 Ⅳ.①TE973.1

中国版本图书馆 CIP 数据核字(2020)第 187821 号

出 版 人 苏长永
地　　址 北京市东城区嵩祝院北巷 39 号　邮编　100009　电话　(010)64027926
网　　址 www.cnmip.com.cn　电子信箱　yjcbs@cnmip.com.cn
责任编辑 杜婷婷　美术编辑 郑小利　版式设计 禹 蕊
责任校对 郑 娟　责任印制 禹 蕊
ISBN 978-7-5024-5553-8
冶金工业出版社出版发行；各地新华书店经销；三河市双峰印刷装订有限公司印刷
2020 年 9 月第 1 版，2020 年 9 月第 1 次印刷
169mm×239mm；14 印张；272 千字；214 页
88.00 元
冶金工业出版社　投稿电话　(010)64027932　投稿信箱　tougao@cnmip.com.cn
冶金工业出版社营销中心　电话　(010)64044283　传真　(010)64027893
冶金工业出版社天猫旗舰店　yjgycbs.tmall.com
(本书如有印装质量问题，本社营销中心负责退换)

前　言

非粘结柔性立管是连接海洋平台与海底油田之间的重要管道，承担着输送海洋油气资源的重要任务，在海洋油气资源开发中起着关键性的作用。由于长期作用在复杂的海洋环境中，非粘结柔性立管受到多种组合载荷的作用极易产生疲劳与损伤。因此，为了保证非粘结柔性管道的完整性和可靠性，实现油气资源的安全运输，对非粘结柔性管道进行力学性能和疲劳性能分析变得尤为重要。

非粘结柔性立管由多层金属和聚合物组合而成，各层之间允许发生相对运动，其结构和作用方式非常复杂，工业界和学术界对其在深海中的力学性能和疲劳性能尚未完全掌握。因此，对非粘结柔性立管开展复杂海洋环境下的非线性力学响应和疲劳失效研究具有非常重要的工程应用价值。

本书首先介绍了我国及世界海洋油气资源的分布及特点、开发现状及趋势；油气资源开发装备，海洋立管的类型、设计分析流程及规范标准，柔性立管的结构及应用；然后以海洋非粘结柔性立管为研究对象，重点介绍了非粘结柔性立管的力学研究现状，并深入研究和探讨了非粘结柔性立管在复杂载荷下的整体刚度、全局动态响应、局部力学性能以及疲劳性能。第一，利用虚功原理推导了柔性立管各层在拉伸、扭转、内外压和弯曲组合载荷下的结构响应方程和刚度矩阵，在此基础上，考虑柔性立管各层的厚度变化、层间间隙、层间接触压力、径向位移、钢带的局部弯曲及各载荷的耦合作用，组装得到了柔性立管的整体刚度矩阵及结构响应模型，并与已有的实验结果进行了对比，模型的计算结果与已有实验结果吻合较好，验证了此方法在立管刚度分析中的可靠性。第二，利用多体动力学方法对复杂海洋环境载荷作用下的柔性立管进行了整体静态和动态分析，通过有限段法对管线进行了离散和组合，并采用该方法得到了管线的静态廓形和动态响应，该结果与有限元计算结果吻合，但在计算时间和计算效率方面有较大改善。第三，推导了非粘结柔性立管内抗拉层螺旋钢带在组合载荷下的局部应力公式，并计算了设计立管的局部应力，计算结果与有限元计算结果比较吻合，验证了该计算公式的正确性；第四，对各种疲劳分析方法进行了具体阐述，利用名义应力法和 Miner 疲劳损伤法则分析得到了非粘结柔性立管疲劳危险点的疲劳累积损伤和疲劳寿命，并分析了内压、摩擦系数和平均应力对非粘结柔性立管疲劳寿命的影响。第五，根据非粘结柔性立管的试验要求，设计建造了海洋非粘结柔性立管疲劳试验机，用该试验机研究了非粘结柔性立管的失效模式和疲劳性能，对柔性立管在波浪中和试验机中的动力性能进行了对比分析，并对柔性立管的疲劳寿命进行了研究和分析。

　　本书的出版得到了青岛农业大学高层次人才科研基金资助（663/1117003），特此感谢！

　　由于作者水平所限，书中不妥之处，敬请广大读者批评指正。

作　者

2020 年 6 月

目　录

1 海洋油气资源概述

油气资源是世界能源的重要组成部分，在世界经济发展中占据重要的地位，不仅关系世界经济的快速发展，也影响着世界各个国家的安全和社会稳定。美国国际问题专家与著名外交家亨利·基辛格曾说过："谁控制了石油，谁就控制了所有国家"，充分说明了油气资源的重要性。近年来，随着陆地油气资源产能的日益降低，油气资源储备丰富的海洋成为了开发的新领域。世界各个国家都加快了对海洋油气资源的开发。因此，研究世界海洋油气资源的分布、特点以及开发现状、趋势对于促进海洋油气资源开发与利用具有重要的现实意义。

1.1 油气资源分布

海洋油气资源是指自然生成的储存于海底地层中，在目前和将来可被人类开发利用的石油与天然气的总称。石油俗称原油，是一种棕黑色的黏稠液体，自然生长于地下深处，具有可燃性，属于化石燃料之一。天然气是自然生长于地下深处，由烃类和非烃类混合而成，一般伴随石油而生，常温下呈气态存在。石油和天然气是世界储量最丰富的油气资源，据法国的石油研究机构统计显示，在世界油气资源总存储量中，海洋的天然气总储量为 140 万亿立方米，占据了世界天然气总储量的 50%~55%，石油资源储量为 1300 亿吨，占据了世界石油总储量的 45%，且有继续增长的趋势，如图 1-1 所示。因此，世界海洋油气资源探明储量潜力很大，开发利用前景良好。

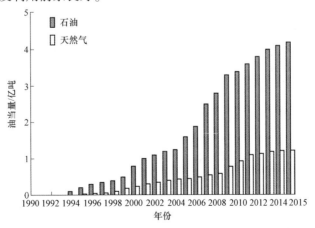

图 1-1 2005~2015 年全球深海油气探明储量增长趋势

1.1.1　油气资源分布特点

由于自然条件的原因，海洋油气资源在世界的分布并不均衡，图 1-2 显示了含量丰富的世界油气田的分布。从分布图上看，这些油气田大约 75% 分布于东半球，15% 分布于西半球，北纬 20°~40° 和 50°~70° 两个纬度带是油气资源的主要分布区，其中北纬 20°~40° 分布了世界石油储量的 51.3%，著名的俄罗斯伏尔加及西伯利亚油田、北海油田、阿拉斯加湾油区就分布于此纬度带。

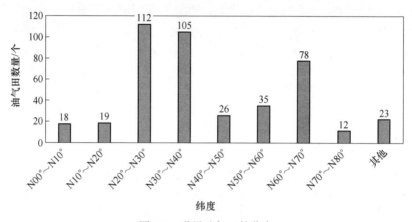

图 1-2　世界油气田的分布

随着油气资源开发新技术的运用，世界上众多的油气田被发现并投入使用，世界油气资源探明储量呈现逐年增长的趋势。据《BP 世界能源统计年鉴（2019年）》统计（见图 1-3），截止到 2018 年底，全球石油探明储量为 17297 亿桶，与 2008 年全球石油探明储量为 14938 亿桶相比，10 年的时间探明储量增长了 2359 亿桶，增幅达到 15.8%，增幅显著。

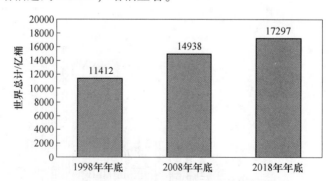

图 1-3　1998~2018 年全球石油资源探明储量

全球石油的探明储量分布并不均匀，图 1-4 所示为 2018 年全球石油探明储量的分布，从图中看出，以地区划分，这些石油资源中大部分集中于中东地区、中南美洲和北美洲，其中中东地区石油资源探明储量占比48.3%，为8361亿桶；中南美洲占比18.8%，为3251亿桶；北美洲占比13.7%，为2367亿桶；亚太地区占比为2.8%，为484亿桶；占比最少的是欧洲，仅为0.8%。以国家划分，全球各个国家的石油探明储量如图1-5所示，储量最高的国家是委内瑞拉，储量为480亿吨，占全球探明储量的17.5%，委内瑞拉拥有奥里诺科重油带，这是世界上最大的重油蕴藏区；其次是沙特阿拉伯，储量为409亿吨，占全球探明储量的17.2%；排名第三的是加拿大，储量为271亿吨，占全球储量的9.7%；伊朗和伊拉克以储量214亿吨和199吨占据前四名和前五名。2018年，我国的石油探明储量为35亿吨，占全球探明储量的1.25%，世界排名在第13位。2018年全球各个国家的石油产量也存在很大的不同，如图1-6所示。2018年世界石油总产量达

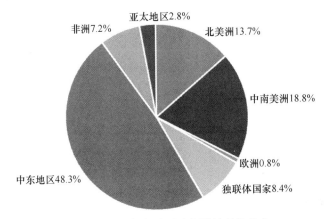

图1-4　2018年全球石油探明储量的分布

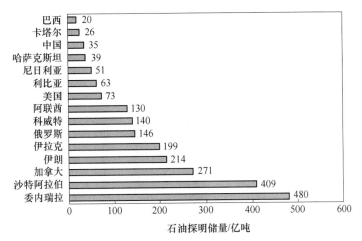

图1-5　2018年全球各个国家的石油探明储量

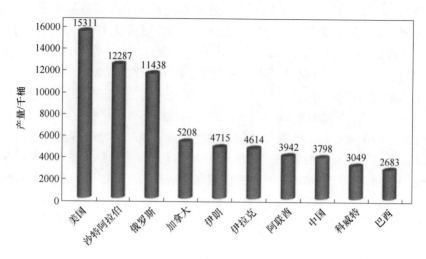

图 1-6　2018 年全球各个国家的石油产量

到了每天 9471.8 万桶，但是一大部分产量来自美国，其次是沙特阿拉伯和俄罗斯，这三个国家占据了石油产量的前三名，产量远远高于其他国家。

按照《BP 世界能源统计年鉴（2019 年）》预期，以 2018 年的开采水平，已探明石油储量可供开发的年限如图 1-7 所示，中南美洲年限最长，达到 136.2 年，欧洲年限最短，为 11.1 年，亚太地区可采年限是 17.1 年，我国可采年限是 18.7 年，比亚太地区的高 1.6 年。随着开采技术的进步，全球石油的可采年限基本和过去的几十年一致，保持稳中有升的发展势态，如图 1-8 所示。

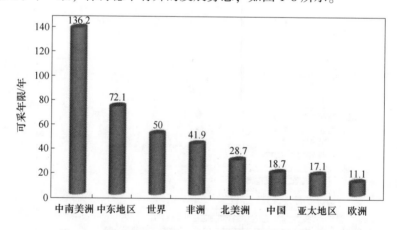

图 1-7　已探明石油储量以 2018 年的开采水平可采年限

据《BP 世界能源统计年鉴（2019 年）》统计，全球天然气探明储量也在持续的增长，如图 1-9 所示，2008 年全球探明储量是 169.6 万亿立方米，2018

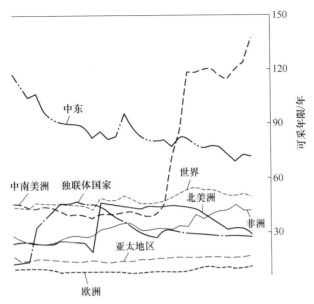

图 1-8　已探明石油储量以 2018 年的开采水平可采年限发展趋势

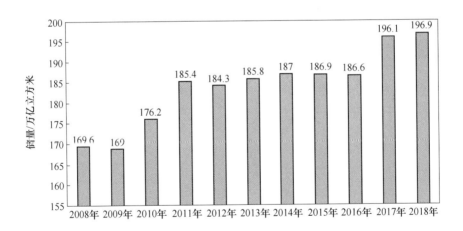

图 1-9　2008~2018 年全球天然气探明储量发展趋势

年全球探明储量为 196.9 万亿立方米，10 年的时间增长了 27.3 万亿立方米，增幅达到了 16%，增幅明显。以地区分布来看，这些天然气资源大部分分布于中东地区、独联体国家，如图 1-10 所示。中东地区天然气资源探明储量为 75.5 万亿立方米，占全球探明储量的 38.36%；独联体国家天然气探明储量为 62.8 万亿立方米，占全球探明储量的 31.91%；亚太地区天然气探明储量为 18.1 万亿立方米，占全球探明储量的 9.2%；天然气探明储量最少的是欧洲，储量是3.9万亿立方米,仅占全球探明储量的1.98%。从国家分布来看,全球各个国家的天然气探明储量如图1-11所示,储量最高的国家是俄罗斯,储量为38.9万亿立方米,占全球探明储量的19.8%;其次是伊朗,储量为31.9万亿立方米,占全球探明储量的16.2%,第三是卡塔尔,储量为24.7万亿立方米,占全球探明储量的12.5%。我国2018年天然气探明储量为6.1万亿立方米,相比2017年增长了8311.57亿立方米,世界排名提升2位,占据第7位。图1-12给出了2018年全球各个国家的天然气产量,2018年世界石油总产量达到了每天2717.6十亿立方米,但是一大部分产量来自美国,其次是俄罗斯,这两个国家占据了天然气产量的前两名,产量远远高于其他国家。按照《BP世界能源统计年鉴(2019年)》预期,以2018年的开采水平,已探明天然气储量可供开发的年限如图1-13所示,中东地区年限最长,达到109.9年,独联体国家75.6年,这两个国家的天然气可采年限明显高于其他国家,全球已探明天然气还可以以现有的开采水平开采50.9年。随着开采技术的进步,除了中东地区,全球天然气的可采年限保持稳定发展并呈现上升的发展势态,如图1-14所示。

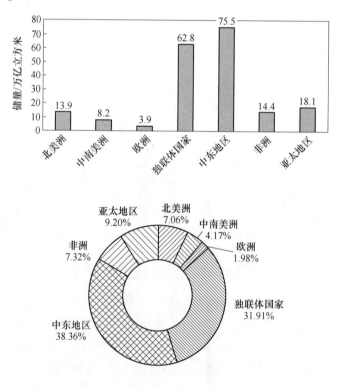

图 1-10　2018 年全球天然气探明储量的地区分布

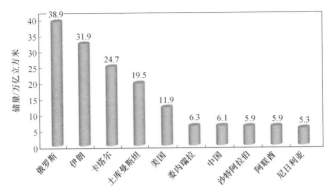

图 1-11　2018 年全球各个国家的天然气探明储量

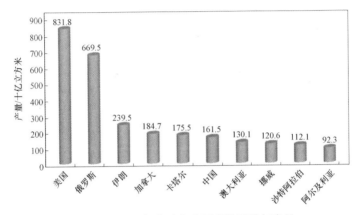

图 1-12　2018 年全球各个国家的天然气产量

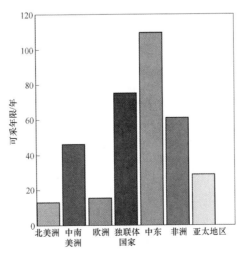

图 1-13　已探明天然气储量以 2018 年的开采水平可采年限

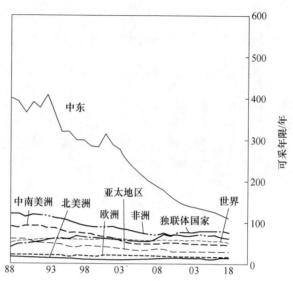

图 1-14　已探明石油储量以 2018 年的开采水平可采年限发展趋势

这些已探明的海洋油气资源，分布于大陆架的约占 60%，分布于深水、超深水域的油气资源也非常可观，占全球海洋油气资源的 30%，且随着勘探开采技术的不断进步，有逐年上涨的趋势，如图 1-15 所示。

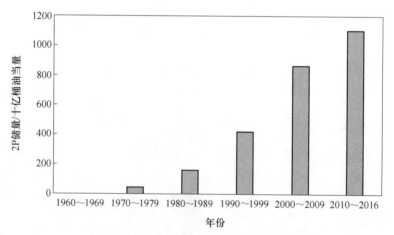

图 1-15　深水油气探明和控制可采储量

1.1.2　深海油气资源分布

随着人类对能源需求的增加以及勘探开采技术的发展，20 世纪 70 年代，海洋油气资源开采开始向深海迈进，深海是一个动态发展的概念，其内涵和范围根据科学技术及海洋勘探技术的发展不断变化。20世纪70年代，一般将水深大于100m的海域称为深海；80年代，将水深大于300m的海域称为深海。90年代，将水深大于400m的海域称为深海，目前，一般将水深小于500m的海域称为浅海、水深超过500m但不足1500m的海域称为深海，水深超过1500m的海域称为超深水。我们常说的深海通常是指水深大于500m的海域。但是各个国家也有不同的规定，中国和巴西一般将大于300m水深的海域称为深海区，墨西哥湾（美国）将大于305m水深的海域称为深水区，法国将大于400m水深的海域作为深水区。目前，深海石油钻探和深海油气开发的最大探井水深已经达到了3400m，且正向更深更广的海域进发，深海油气开发成为了海洋油气资源开发的重要部分。深海油气资源在21世纪已成为海洋油气资源的接替者。

据英国著名能源分析研究机构Infield Systems统计，近年来全球深水油气产量显著增加（见图1-16）。这些油气产量主要分布于六大海域，分别是非洲（尤其是西非）、北美近海（如墨西哥湾（美国））、拉丁美洲（如巴西）、亚洲、西欧、澳洲，其油气产量分别占40%、25%、20%、10%、3%、2%，如图1-17所示。全球储量前20位的深海大油田主要分布于墨西哥湾、巴西和西非，见表1-1。全球储量前20位的深海大气田主要分布于东非、东地中海、巴伦支海和澳大利亚，见表1-2。这些区域的深海油气可采量占全球深水油气资源可采量的40%~50%。除了上述地区外，全球还有很多的深水区，如巴西南部、孟加拉湾、中国海域、极地等深海区都贮藏丰富的油气资源，截至2016年年底，在全球深水海域，已发现油气资源可采量为2611.19亿桶油当量，其中石油资源为1329.30亿桶，天然气资源为20.57万亿立方米。

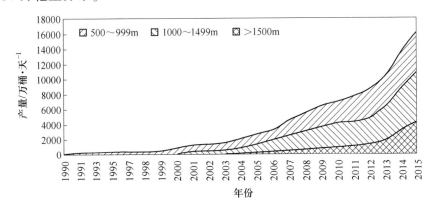

图1-16　深水油气资源不同水深产量

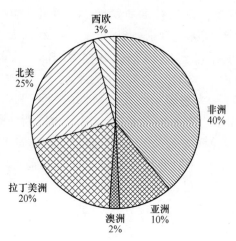

图 1-17　世界深水油气田的油气产量分布

表 1-1　全球储量前 20 位的深海大油田

次序	油田名称	发现时间/年	国家	盆地	水深/m	可采储量/亿吨
1	Libra	2010	巴西	桑托斯	>2000	11.87~19.10
2	Lula	2006	巴西	桑托斯	2126	9.74
3	Franco	2010	巴西	桑托斯	>2000	9.17
4	Julia	2007	美国	墨西哥湾	2160	8.19
5	Mad dog	1988	美国	墨西哥湾	1342	5.46
6	Roncador	1996	巴西	坎波斯	1900	4.33
7	Marlim Sul	1987	巴西	坎波斯	1912	4.24
8	Marlim	1985	巴西	坎波斯	853	3.93
9	Iara	2008	巴西	桑托斯	2230	3.22
10	Jupiter	2008	巴西	桑托斯	2187	3.04
11	Sapinhoa	2008	巴西	桑托斯	2153	2.86
12	Jubarte	2001	巴西	埃波斯	1245	2.88
13	Stones	2005	美国	墨西哥湾	2896	>2.73
14	Kizomba	1997	安哥拉	下刚果	1349	2.73
15	Cernambi	2009	巴西	桑托斯	深水	2.66
16	6507/7/2 Heidrun	1985	挪威	挪威海	351	2.06
17	Carcara	2012	巴西	桑托斯	深水	1.91
18	Carioca	2007	巴西	桑托斯	深水	1.51
19	Albacora	1984	巴西	坎波斯	1000	1.38
20	Crazy Horse	1999	美国	墨西哥湾	1800	1.36

表 1-2 全球储量前 20 位的深海大气田

次序	气田名称	发现时间/年	国家	盆地	水深/m	可采储量/亿立方米
1	Shtokmanovskoye	1988	俄罗斯	巴伦支海	330	32000
2	Mamba	2012	莫桑比克	鲁武马	1690	15576
3	Ludlovskoye	1990	俄罗斯	巴伦支海	300	15000
4	Prosperidade	2010	莫桑比克	鲁武马	1548	7311
5	Zohr	2015	埃及	尼罗河三角洲	>2000	6287.55
6	Leviathan	2010	以色列	黎凡特	1634	6024
7	Jansz	2000	澳大利亚	北卡那封	1321	5663.4
8	Golfinho	2012	莫桑比克	鲁武马	1027	5597
9	Greater Tortue Complex	2016	塞内加尔	塞内加尔	2700	4813.89
10	6506/12-1 Smorbukk	1996	挪威	挪威海	303	4057.7
11	Torosa	1971	澳大利亚	布劳斯	500	3434.85
12	6305/5-1 Ormen Lange	1997	挪威	挪威海	857	3151
13	Coral	2012	莫桑比克	鲁武马	2261	3054
14	Tamar	2009	以色列	黎凡特	1676	2831.7
15	Abadi	2000	印度尼西亚	阿拉弗拉海	300~1000	2831.7
16	SNØHVIT-ALBATROSS	1982	挪威	巴伦支海	320	2654.3
17	Daniel East 和 West	2016	以色列	黎凡特	海上	2520.21
18	Poseidon 1	2009	澳大利亚	布劳斯	深水	2419.39
19	Dhirubhai	2002	孟加拉湾	克里希那—戈达瓦里	2000~3000	1982.2
20	GreaterSunrise	1975	澳大利亚	波拿巴	75~700	1883.50

随着可采储量的增加，深海油气资源的产量也在相应地快速增长，且不断的达到新的高度。1998 年，世界深水油气资源产量仅为 1.5 亿吨，仅占全部海洋油气资源总产量的 18%；2008 年，世界深水油气资源产量为 3.4 亿吨；2019 年，世界深水油气资源产量已达 5.4 亿吨，10 年的时间产量增长了 2 亿吨，产量增长趋势明显。

长期来看，深水油气贮藏巨大的潜力以及油气的高利润将会推动全球深海油气开采继续快速发展，深水油气资源将会成为世界工业发展的又一个增长点。据油气新闻报道预测，到 2025 年深海油气资源开采将达到 1450 万桶/天，其中超深水油气资源的产量将占到深水油气资源总产量的一半以上，并且增长的大部分将来自美国、巴西、圭亚那的优质油气资源。

1.1.3　我国油气资源分布

我国是一个海洋油气资源非常丰富的国家，在广阔的 473 万平方千米海域中有将近 130 万平方千米孕育着宝贵的油气资源。我国第三次石油资源评价结果显示，海洋石油资源量占总量的 22.9%，天然气资源量占 29.0%，但是海洋石油探明率仅为 12.1%，海洋天然气探明率仅为 11%，远远低于世界天然气探明率 73% 的平均水平，海洋油气资源的勘探尚处于早中期阶段，因此我国的海洋油气资源开发潜力巨大，是未来能源发展的重点区域。在党的十八大报告中，已经把"建设海洋强国"作为一项国家战略写入其中，海洋油气资源勘探和开发是建设海洋强国这一国家战略的重要组成内容，正在快速发展。2018年，我国海洋天然气产量比 2017 年增长 10.2%，达到了 154 亿立方米（见图 1-18），海洋原油产量比 2017 年下降 1.6%，达到 4807 万吨（见图 1-19）。我国海洋油气资源 2018 年全年实现增加值比 2017 年增长 3.3%，达到 1477 亿元，如图 1-20 所示。

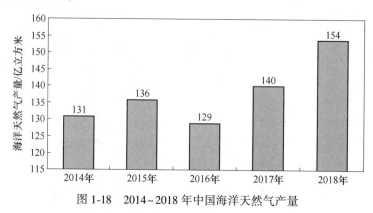

图 1-18　2014~2018 年中国海洋天然气产量

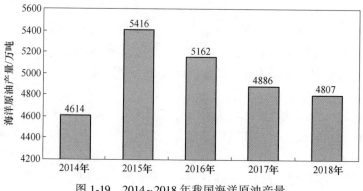

图 1-19　2014~2018 年我国海洋原油产量

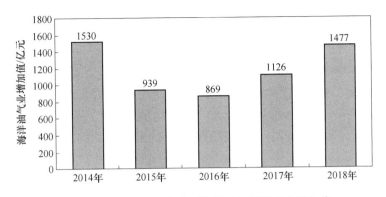

图 1-20 2014～2018 年中国海洋油气资源产业增加值

在我国已探明的海洋油气资源中，分布并不平衡，大约 30% 位于近海大陆架，主要分布于七个油气盆地，如渤海湾、北部湾、琼东南、莺歌海、珠江口、东海和南黄海，其中，石油资源主要分布在渤海湾、北部湾、珠江口等海域，天然气资源大多分布在莺歌海、琼东南、东海等海域，这些海域中的石油和天然气分布量如图 1-21 所示，中国近海的大多数油气田主要分布在这七大油气盆地。

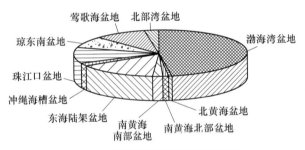

图 1-21 我国近海油气资源分布量

渤海湾盆地从 1967 年开始开发，截止到 2003 年，已钻探 431 口油井，发现油气田 28 个，在评价油田和含油气构造 60 余个，是目前发现油气田最多的油气盆地。这些油气田主要集中分布在辽东凹陷、渤中凹陷和埕宁隆起三个地区，像锦州 9-3、锦州 20-2、绥中 36-1 等 20 多个油气田都分布在这里。其中，以蓬莱 19-3 油田最大，探明石油储量将达到 6 亿吨，其次是绥中 36-1 油田，探明石油储量为 28.844 亿吨。截至目前，渤海油气田探明石油储量共计 8.6183 亿吨，天然气储量共计 271.99 亿立方米。东海陆架盆地从 1794 年开始勘探开发，目前共完成 62 口钻探井和评价井。东海盆地的油气资源主要分布在东部凹陷中的西湖凹陷和丽水凹陷中，主要油气田有丽水油气田、宝云亭油气田、武云亭油气田、平湖油气田、春晓气田等，见表 1-3，该盆地含有丰富的天然气资源，有广阔的勘探前景。珠江口盆地共有 6.34km² 的凹陷面积，目前已发现恩平、西江、惠州、流丰和流花等油气田，这些油气田都有很高的产油量，其中以流花 11-1 油田为最大，含油面积达到 36.3km²，地质储量可达到 15378 万吨；其次是西江 30-2 油田，地质储量可达到 4872 万吨；第三是惠州 26-1 油田，地质可达到储量 3759 万吨。截止到 2005 年底，探明石油地质储量累计 5.44×10⁸t，探明天然气地质储量累计 603×10⁸m³，见表 1-4。琼东南盆地位于海南岛东南海域，是近海主要的产气海域，在琼东南盆地主要找到了崖 13-1 气田，该气田为地层构造气藏，属煤成气藏，砂岩储层埋深近 4000m，气层厚度大，达到 77~163m，天然气储量达到 884.96 亿立方米，在该盆地发现了松 32-2 含油构造，凝析油储量可达到 308 万吨。莺歌海盆地面积约 13 万平方千米，蕴藏着丰富的天然气资源，已发现 DF1-1、LD22-1 和 LD15-1 3 个气田和 7 个含气构造，其中 DF1-1 气田是近海中最大的气田，属大型底辟构造气田，天然气储量可达到 1000 亿立方米，气井产能高，每天可达 10 万~385 万立方米。北部湾盆地海域面积约 3.8 万平方千米，是富含石油的海域，已发现 10 个油田，其中探明 6 个油田，储量为 10218 万吨。最新石油资源评测结果表明，盆地总油气资源当量为 18.14×10⁸t，其中石油资源当量为 16.67×10⁸t，天然气资源当量为 0.147×10⁸t。南黄海油气盆地面积近 10 万平方米，与陆地苏北含油盆地共同构成苏北-南黄海含油盆地，盆地主要分为南、北两个凹陷，凹陷内部的中新生厚度比较大，一般都超过 5000m，具有不错的储油条件。初步勘探结果表明，南黄海油气盆地石油地质储量可达到 2 亿~3 亿吨。除上述七个主要含油盆地外，目前在中国台湾地区的台北凹陷和南海中南部盆地也都发现了油田。

表 1-3　东海盆地已发现油气田和含油气构造

油气田名称	含油气构造名称
黄岩 7-1（残雪）	宁波 6-1（龙井 2）
黄岩 14-1（断桥）	宁波 14-1（孔雀亭）
黄岩 13-1（天外天）	宁波 27-1（玉泉）
丽水 36-1	南平 5-2（石门潭）
宁波 25-1（宝云亭）	天台 12-1（孤山）
宁波 19-1（武云亭）	
绍兴 36-1（平湖）	
天台 24-1（春晓）	

表 1-4 珠江口盆地油气资源及探明程度

资源序列	石油资源量/亿吨				天然气资源量/亿立方米			
	95%	50%	5%	期望值	95%	50%	5%	期望值
地质资源量	14.68	22.05	28.87	21.95	4046.02	7297.08	10981.01	7426.94
可采资源量	5.07	7.61	9.97	7.58	2629.91	4743.10	7137.66	4827.51
探明程度/%	37	25	19	25	0.61	0.34	0.22	0.33

新一轮油气资源评价对中国近海的七个主要油气盆地的可探明地质资源量和可采资源量进行了预测,预测结果见表 1-5。从表 1-5 中可以看出,七个主要油气盆地的石油地质资源量为 $64.7×10^8 \sim 122.6×10^8$ t,石油可采资源量为 $17.1×10^8 \sim 32.9×10^8$ t,石油资源主要分布在渤海湾油气盆地、珠江口盆地、北部湾盆地,分别占预测总量的 61%、23%、8%。已探明的石油资源约 90% 分布在浅海地区。近海石油的探明程度较低,截止到 2005 年,石油探明地质储量仅占预测总量的 26%。

表 1-5 中国近海七个主要油气盆地的可探明地质资源量和可采资源量预测结果

盆地 (或地区)	石油远景资源量/亿吨	石油地质资源量				天然气远景资源量/亿立方米	天然气地质资源量			
		可探明地质资源量/亿吨	探明地质储量/亿吨	待探明地质资源量/亿吨	探明程度		可探明地质资源量/亿立方米	探明地质储量/亿立方米	待探明地质资源量/亿立方米	探明程度
渤海海域	94.6	56.8	16.9	39.9	0.30	10502	3146	428	2718	0.14
南黄海	7.9	3.0	0	3.0	0.00	19000	1847	0	1847	0.00
台西、台西南	5.1	1.9	0.1	1.8	0.03	4687	2052	614	1438	0.30
珠江口	60.8	22.0	6.2	15.8	0.28	19356	7427	535	6892	0.07
琼东南	6.1	27	0	27	0.00	19846	11142	1038	10104	0.09
莺歌海	未计算	未计算	0	未计算	未计算	23767	13068	1607	11461	0.12
北部湾	16.7	7.3	1.5	5.9	0.20	1532	599	56	543	0.09
合计	191.2	93.7	24.6	69.1	0.26	98690	39282	4278	35004	0.11

注:1. 石油、天然气远景资源量主要采用以往历次评价成因法计算结果;
2. 储量数据统计截至 2005 年 12 月;
3. 少量溶解气算入渤海石油资源量。

七个主要油气盆地的天然气地质资源量为 $1.62×10^3$ 亿 $\sim 6.63×10^3$ 亿立方米,可采资源量为 $1.02×10^3$ 亿 $\sim 4.16×10^3$ 亿立方米,集中分布在莺歌海盆地、琼东南盆地、珠江口盆地,各占总量的 33%、28%、19%。目前,我国近海海域已形成渤海、东海、南海东部、南海西部四个石油、天然气的主要生产基地。截止到

2005 年底，我国近海海域在生产的油气田有 46 个，其中自营和合作各 23 个。2005 年，我国原油产量 2789 万吨，天然气产量 60 亿立方米。浅海及近海海域是中国海洋油气资源的主要生产区域。

随着石油勘探技术的进步，我国将向油气资源丰富的深海进军。我国已探明的海洋石油储量的 70% 蕴藏在深海海域。1966 年，联合国亚洲及远东经济委员会经过对我国包括钓鱼岛列岛在内的东部海底资源的勘察，认为东海大陆架是世界上最丰富的油田之一，中国钓鱼岛附近水域油气资源丰富，类似"第二个中东"。1982 年，我国科学家估计，中国钓鱼岛周围海域的石油储量为（30~70）×10^8t。还有资料记载，该海域海底石油储量约为 $800×10^8$ 桶，远远超过 $100×10^8$t。在深海海域，中国南海正在成为继波斯湾、北海和墨西哥湾之后世界第四大海洋深水油气产区之一，2006 年 7 月，哈斯基能源公司在珠江口盆地水深 1480m 的深海水域发现 $1000×10^8$t 天然气，更证实了我国南海深海水域蕴藏着丰富的油气资源。经过对南海深海海域的初步调查和地质论证证实，南海深水海域有 200 多个含油构造，180 个油气田，目前只发现了曾母暗沙盆地、沙巴盆地、巴拉望西北盆地、礼乐太平盆地、中建岛西盆地、管事滩北盆地、万安滩西北盆地、冲绳盆地，这些盆地的石油储量估计约 $200×10^8$t，天然气资源量估计约 8 万亿立方米，南海被称为"第二个波斯湾"。其中，曾母暗沙海域面积为 1.83 万平方千米，是东南亚油气资源的主要聚集地，油气资源为 120 亿~130 亿吨，礼乐太平盆地面积约为 2.67 万平方千米，位于我国南沙群岛礼乐滩及其南部，石油资源量为 14 亿吨。巴拉望盆地位于巴拉望岛西北部，石油资源储存量约为 7 亿吨。深海油气资源的开发对现在及未来油气发展具有重要的意义，走向深海是我国缓解油气资源压力、保障能源安全供应、实施海洋强国战略的重要策略和必然趋势。

1.2　油气资源开发

1.2.1　开发现状

世界海洋油气资源开发从 20 世纪 40 年代开始，经过几十年的发展，取得了长足的进步。20 世纪 60 年代平均产量为 100 万桶/天，2005 年为 2500 万桶/天，2030 年将达到 10500 万桶/天，海洋油气资源开采量稳中上升，具有良好的发展前景。总的开发现状是海洋油气资源储量非常丰富，是未来油气资源开发的重要区域，但是探明率低；深水海域油气开发潜力巨大，产量和新增储量的比例继续上升，已成为海洋开发的核心领域；深水油气开发成本不断降低，促使深水的油气资源竞争力明显增强。据 IEA2018 年统计，全球海洋石油资源已探明储量为 354.7 亿吨，占全球总储量的 20.1%；天然气已探明储量为 95 万亿立方米，占全球总储量的 57.2%。从探明程度总量看，海洋石油的探明率仅为 23.7%，天然气资源的总体探明率约为30.6%，海洋油气资源总体尚处于勘探早期阶段。从已探明的海洋石油资源分布海域来看，浅水海域为28.1%、深水海域为13.8%、超深水海域为7.7%；天然气分布海域中，浅水海域为38.6%，深水海域为27.9%，深水海域为7.6%（见图1-22）。从开发现状来看，海洋油气的累计产量仅占技术可采储量的29.8%和17.7%，其中，深水、超深水的石油累计产量占可采储量的12%和2%；天然气累计产量占可采储量的5%和0.4%（见图1-23）。随着海洋资源开发的进行，深水油气资源的产量不断创出新高。1998年全球的深水油气资源产量为1.5亿吨（按1桶/日≈49.8吨/年折算），仅占全球海洋油气资源总量的18%；2008年全球深水油气资源的产量为3.4亿吨；2019年全球深水油气产量已达5.4亿吨。20年的时间，深水油气资源的产量增长了2.6倍，截至目前，全球海底生产系统2900m，最大探井水深为3400m。2019年全球新发现28个1亿桶（约13.6×10^{2}万吨）以上油当量储量的油气田，总储量约为14.2亿吨油当量。其中，在深水海域发现11个，储量为5.7亿吨油当量，大陆架发现7个，储量为4.4亿吨油当量；陆上仅发现3个，储量约1亿吨油当量。近10年，

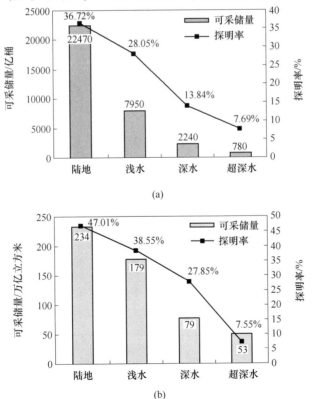

(a)

(b)

图1-22 2018年全球海洋油气可采储量及探明率［国际能源署（IEA）］

（a）石油可采储量及探明率；（b）天然气可采储量及探明率

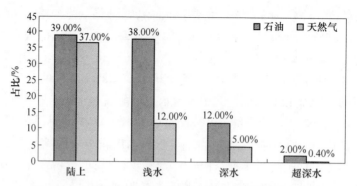

图 1-23　全球海洋油气资源累计产量在可采储量中的占比

新发现的海洋油气田的储量规模远高于陆地油气田的储量规模。尤其是超深水油气田的储量规模，其平均储量约是陆上的 16 倍（见图 1-24）。随着深水开发的不断增加，深海的基础设施和设备利用率大幅提高，作业效率持续上升，深海油气开采成本降低，从而促使深水油气竞争力明显增强。自 2013 年以来，全球深水油气资源单位成本的降幅已经超过了 50%。圭亚那和巴西盐下等部分深水油气的开发成本可达到 40 美元/桶以下。

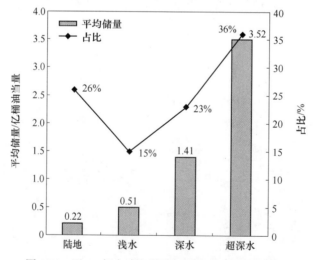

图 1-24　近 10 年全球海洋油气发现占比及平均储量

我国海洋油气资源总体比较丰富，主要分布于近海大陆架和深海海域，截至目前，我国海洋共发现 16 个、总面积有 130 余万平方千米的中新生代沉积盆地，其中，有 9 个沉积盆地位于近海大陆架上，面积约 90 万平方千米；7 个沉积盆地位于深海海域，面积为 40 多万平方千米。近海已经形成 4 个石油和天然气生产基地，分别是渤海、南海东部、东海、南海西部。虽然我国海洋油气资源的开发取得了很大的进展，但开发程度总体低于世界平均水平。我国南海拥有丰富的油气资源，开发潜力巨大。例如蓬莱 19-3 油田，其产量占渤海油田产量的一半，是我国除大庆以外的第二大整装油田，荔湾 3-1 气田是迄今为止中国发现的最大海上天然气田，流花 34-2 气田规模与荔湾 3-1 相当，于 1999 年 3 月建设的我国首个超百米水深级海上油田工程-文昌油田开发工程，在 2010 年 4 月刚刚通过技术鉴定。南海油气田分为西部油气田和东部油气田，西部油气田主要是自营建成的，在其内部有一个涠西南油田群，包括涠洲 11-4 油田和涠洲 12-1 油田。涠洲 11-4 油田于 1982 年 11 月被发现，于 1993 年 9 月 19 日自营建成，是涠西南油田群主力油田之一，设计产能为 60 万吨，改造之后可以达 80 万吨，与涠洲 11-4 东油田连片生产，年产能 90 万吨以上，至今已产原油约 600 万吨。涠洲 12-1 油田是 1989 年 12 月被发现，1999 年 6 月自营建成，目前是涠西南油田群的最大油田，其设计产能为 100 万吨，至今已产原油约 160 万吨。涠洲 10-3 油田于 1982年 12 月被发现，是南海西部最早的海上合作油田，与 1991 年 8 月自营建成的涠洲 10-3 北油田连片生产，形成年产能 30 万吨，至今已产原油约 400 万吨。崖城 13-1 大气田是 1983 年 8 月被发现的，处于水深约 100m 的地方，储藏量估计在 0.085 万亿立方米，是中国第一个海上气田。崖城 13-1 于 1995 年 10 月投入生产，天然气凝析油探明储量近 1030 万桶，天然气探明储量为 547 亿立方米，生产潜力很大，据统计，1999 年上半年，天然气平均每天的产量约为 0.043 亿立方米。南海东部油气田多为中外合作生产油田，在该海域内的惠州油田群，是中国南海首批对外合作开发的油田，包括惠州 21-1、惠州 26-1、惠州 32-2、惠州 32-3 和惠州 32-5 油田。其中，惠州 21-1 油田于 1990 年 9 月投产，惠州 26-1 油田于 1991 年 11 月投产，惠州 32-2 油田于 1995 年 6 月投产，惠州 32-3 油田于 1995 年 6 月投产，惠州 32-5 油田于 1999 年 2 月投产。2010 年，惠州油田群日产原油达到 4.5 万桶，天然气超过 113 万立方米。流花 11-1 油田于 1987 年 2 月被发现，平均水深 300m，1996 年投产，日产原油约 2 万桶，目前是中国南海发现的最大的油田。近些年，我国开始将油气勘探目标转移到中国南海，以中国海油为代表在南海北部湾盆地、琼东南盆地、珠江口盆地、莺歌海盆地陆续有油气资源新发现，总体情况是浅水陆架区的油气储量规模较小，但储藏量较多，并且主要富集于古近系。深水区油气储量规模大，主要富集于新近系，已成为南海北部新增储量的主要来源。

1.2.2 开发趋势

随着全球经济的快速发展，在第四次工业革命和新一轮能源革命蓬勃兴起的共同作用下，未来全球海洋油气资源开发将呈现以下趋势。

（1）海洋油气投资规模和产量将进一步增大，深水和超深水是主要增长来源。根据 Rystad Energy 统计，2018 年全球海洋油气投资支出是 1550 亿美元，达到近年的最低点。随后将会开始增长，到 2022 年，全球海洋油气支出预计为 2300 亿美元，与 2018 年相比，增幅达到了 48.39%，并且其投资与产量将持续的增长。根据 IEA 的预计，全球海洋油气投资总额在 2017~2030 年每年平均约为 1960 亿美元，在 2030~2040 年每年平均约为 2470 亿美元，与 2017~2030 年投资总额相比，增长了 26.0%，其增长的投资主要出自深水和超深水。伴随未来全球海洋投资规模的扩大，海洋油气资源产量将进一步增长。到 2030 年，预计全球海洋石油年产量将增长到 13.9 亿吨，天然气年产量将增长到 1.4 万亿立方米，与 2016 年相比，分别增长 3.7% 和 38.9%。据估计，到 2040 年，全球海洋石油的年产量将达到 14.4 亿吨，天然气年产量将达到 1.7 万亿立方米，比 2030 年再增长 3.6% 和 21.7%。

从投资区域上看，未来海洋油气资源投资的重点区域是巴西，其次是墨西哥湾，据估计到 2040 年每年平均投资总额将分别达到 600 亿美元和 300 亿美元。随着海上油气勘探开发技术及区域的日益成熟，欧洲区域不再是投资的重点，其投资规模将会逐渐减少，而南美及加勒比海域、非洲海域将会进一步增大，尤其是非洲海域，因安哥拉、尼日利亚等区域的油气项目的持续开发，将会成为海洋油气投资的热点区域，如图 1-25 所示。

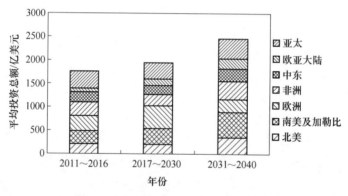

图 1-25　全球海洋油气年平均投资总额

（2）数字技术在未来海洋油气资源开发中将会被广泛应用。数字技术将对海洋油气行业产生很大的影响。大数据、生产环节"无人化"、云计算、人工智能等数字技术将有助于实现生产成本的大幅降低。因此，在不久的将来，海洋油气资源的竞争将会是生产成本的竞争，即是油气开发企业对数字技术利用的竞争。换句话说，数字技术在油气开发中的应用率和应用水平将决定油气开发企业的发展版图。根据目前对全球各行业数字化程度的研究结果，油气行业仅有 3%~5% 的油气设备应用了数字技术，数字化程度几乎排在最末端，数字技术在未来油气行业具有很大的发展空间。

根据 IEA 预测，大规模的应用数字技术能够使海洋油气生产成本减少 10%～20%，全球油气可采储量提高 5%。以 2019 年海洋油气生产为例，由《2019 年国内外油气行业发展报告》给出的数据，这一年全球总的石油生产量为 50.2 亿吨，按照每桶 64.2 美元的平均油价计算，仅 2019 年一年，数字技术的应用就可以使海洋油气生产减少 2350 亿～4700 亿美元的开发成本。

现在，石油生产企业已经意识到数字技术的重要作用，纷纷加紧进行数字技术应用及转型。道达尔在英国北海 Culzean 气田中应用了数字包技术后，其运营成本下降近 10%；壳牌在墨西哥湾施工世界上最深的钻井站时，采用了 3D 打印技术，节约成本近 4000 万美元。未来数字化技术将会助力海洋油气开发，降低开发成本。

（3）边际油气田资源丰富，开发潜力巨大，将会重新焕发生机，成为未来油气产量增长的重要补充。边际油气田是指中小型油气田或地处边远地区以及地层构造非常复杂的油气田，由于其规模小、开发困难、利润低，长期处于开发的边缘地带，远远没有发挥出应有的潜力。目前，随着油气开发装备和技术的发展进步，边际油气田的开发越来越受到重视，尤其在像北海等这些开发日趋成熟的海域，边际油气田的开发将会大大推动海洋油气的发展，使油气行业焕发新的生命力。Wood Mackenzie 公司对全球技术可采资源量少于 680 万吨油当量的"小型油气藏"进行了统计，其统计结果显示，全球"小型油气藏"的油气资源非常丰富，其可采量达到 37 亿吨油当量，且没有进行开发，具有非常大的开发潜力。这些"小型油气藏"在挪威、英国、尼日利亚、中国等分布的最多，如图 1-26 所示。目前，英国的一些公司也开始进行开发"小型油气藏"，如壳牌、道达尔、西门子、劳埃德船级社等企业。

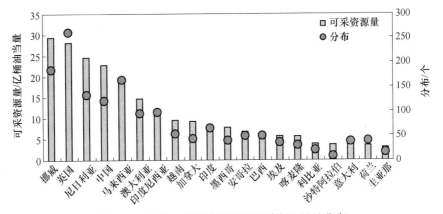

图 1-26　全球"小型油气藏"可采资源量及分布

在我国已探明的近海原油储量中，边际油田储量有 13 亿吨，对这些油气资源进行开采将会大大缓解我国石油的供需矛盾，有利于促进国家的快速发展。

1.3　本章小结

本章分别从全球海洋油气分布、深海油气分布、我国海洋油气分布三个层面系统阐述了各层面海洋油气资源的分布特点、储量和探明率、海洋油气产量的状况与增长趋势。详细介绍了世界油气资源的开发现状，并从海洋油气投资规模和产量、数字技术的应用、边际油气田开发利用三个方面描述了未来世界海洋油气资源开发呈现出的趋势。

参 考 文 献

[1] 童晓光，张光亚，王兆明，等．全球油气资源潜力与分布 [J]．石油勘探与开发，2018，45（04）：727-736.

[2] BP．世界能源统计年鉴 [R]，2019.

[3] 舟丹．世界海洋油气资源分布 [J]．中外能源，2017，22（11）：55.

[4] 高安荣，田楠．全球油气资源分布及我国海外油气资源战略举措 [J]．中外能源，2011，16（09）：15-20.

[5] 仇衍铭．世界油气资源分布特征及战略分析 [D]．北京：中国地质科学院，2019.

[6] 殷树铮．全球深水油气资源分布特征研究 [D]．北京：中国石油大学，2018.

[7] 赵津．我国海洋油气开发及国际合作研究 [D]．青岛：中国海洋大学，2012.

[8] IEA．Key world energy statistics [R]，2018.

[9] 连琏，孙清，陈宏民．海洋油气资源开发技术发展战略研究 [J]．中国人口·资源与环境，2006，（01）：66-70.

[10] 滕骥，吕玉娟，冯自兴，等．海洋油气资源的勘探与开发研究 [J]．化工管理，2018，（36）：215-216.

[11] 江怀友，赵文智，闫存章，等．世界海洋油气资源与勘探模式概述 [J]．海相油气地质，2008，（03）：5-10.

[12] 王震，陈船英，赵林．全球深水油气资源勘探开发现状及面临的挑战 [J]．中外能源，2010，15（01）：46-49.

[13] 何家雄，夏斌，施小斌，等．世界深水油气勘探进展与南海深水油气勘探前景 [J]．天然气地球科学，2006，（06）：747-752，806.

[14] 江文荣，周雯雯，贾怀存．世界海洋油气资源勘探潜力及利用前景 [J]．天然气地球科学，2010，21（06）：989-995.

2 海洋油气开发装备

海洋油气开发装备是在海洋油气勘探、开采及利用过程中所用的各类大型工程装备及辅助性装备的总称，包括油气勘探装备、油气开采装备、加工装备、储运装备、管理装备及后勤服务装备等，如图 2-1 所示是海洋油气开发的装备体系。

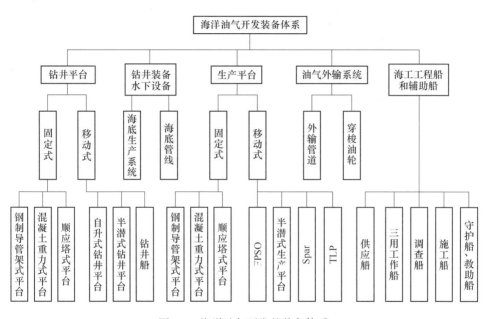

图 2-1 海洋油气开发的装备体系

2.1 钻井平台

钻井平台是一种海上结构物，主要作用是从事海洋中的钻探井工作。平台上装有各种设备，如钻井设备、动力设备、通信设备、安全救生设备、生活设备等，以保证海洋钻井活动的正常进行。钻井平台在海洋油气资源开发和勘探中起着非常重要的作用。钻井平台应用的工作区域越深，技术越先进，其先进程度通常通过其参数——工作深度来体现。钻井平台常见的有两种，一种是固定式钻井平台，一种是移动式钻井平台，固定式钻井平台在海洋中的位置固定不变，这一类平台有钢制导管架式平台、混凝土重力式平台、顺应塔式平台，移动式钻井平台在海洋中的位置可以发生变化，这一类平台主要包括自升式钻井平台、半潜式钻井平台、钻井船。

钢制导管架式平台的结构形式如图 2-2 所示，由桩柱、导管架、甲板、导管架帽组成。其中桩柱固定于海底，是整个平台的支撑结构，使平台能经受风、浪、流等外力的作用，所以此平台又称为桩式平台。1947 年，在墨西哥湾 6m 深的海域中，钢制导管架式平台第一次被使用，之后这种平台技术快速发展，1978 年该平台已被安装在海下 312m 的水深中。截至目前，世界上已有 7 座钢制导管架式平台作用于 300m 水深以上。据报道，将在墨西哥湾 411m 的水深中安装一座巨型导管架式平台，此导管架式平台的高度为 486m。

图 2-2　钢制导管架式平台

混凝土重力式平台大多数用混凝土制造而成，也有钢质材料制造的，所以也称为钢筋混凝土重力式平台，是一种固定式海洋平台。这种平台的重量可达几十万吨重，完全靠自身的重量和强度就能抵抗海洋复杂载荷的作用，在海中位置维持稳定。其结构组成包括沉垫、立柱和甲板三部分，如图 2-3 所示，巨大的混凝土基础沉垫作用于平台的最底部，平台的最上部是甲板结构，混凝土立柱作用在沉垫和甲板的中间，对甲板起支撑作用。根据平台的功能需要，混凝土立柱一般设置 3 个或者 4 个。这种平台建造时不需要打桩，节省钢材，且防火、防爆，抗腐蚀性比较强，制造维修费用较低，使用寿命长，但这种平台要求建造在比较好的地质条件中，并且由于重量大，在后期使用中出现的问题很难修复，致使平台的使用受到限制。1973 年，第一座混凝土重力式平台 EkofiskTank 在北海建成，安装水深为 70m；此后，有多座混凝土重力式平台持续地建造和投入使用，目前作用于北海的混凝土重力式平台已经有 20 余座，安装水深已经达到 305m。

顺应塔式平台也称为顺应式塔桩平台有三部分组成：底部的桩基、中间的钢架结构、上部甲板，与固定平台相似，二者都有导管架钢制结构用来支撑水面设

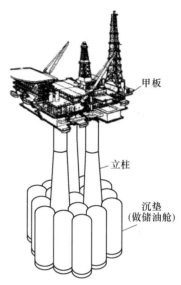

图 2-3 混凝土重力式平台

施，平台用导管架借助自身重量，通过 2~6 个插入泥面的桩固定于海底。顺应塔式平台与固定平台并不完全一样，该平台在水流或风载荷的作用下会随之产生移动。常见的顺应塔式平台最适宜的工作水深范围为 200~650m，最大工作水深可达到 1000m。如图 2-4 所示为顺应塔式平台的结构形式。

自升式钻井平台的组成结构主要有桩腿、升降机构和平台，桩腿是平台的支撑结构，大多数平台有 3 根或者 4 根桩腿，桩腿可以自由升降，从而带动钻井平台上升和下降，如图 2-5 所示。钻井平台在海中作业时，桩腿下降到海底并插入海中，支撑平台在海中站立。移航时桩腿被收回离开海底，平台在海面上处于漂浮状态，在拖轮的作用下移动到新的工作地点。第一座自升式钻井平台于 1953年在美国建成，经过六十多年的建设和发展，目前，自升式钻井平台的数量大大增加，几乎占据了移动式钻井平台的一半。自升式钻井平台相对于其他钻井平台投资小、稳定性好，缺点是工作水深小，主要用于浅水中，水深不大于 200m。表 2-1 显示了自升式钻井平台的性能参数及国际应用现状。

半潜式钻井平台由三部分组成：按照从上到下的顺序依次为浮体、立柱、甲板，其中浮体工作在平台的最下部，处于海面以下，一般为两个船体结构，对整个装置起着支撑作用；立柱工作在平台的中部，部分位于海面以下，用于连接支撑平台的上下结构；甲板工作在平台的最上面，距离海面一个安全高度。由于工作时整个平台半潜入海面以下，所以被称为半潜式钻井平台（见图 2-6）。这种平台的优点是受环境载荷的影响小，稳定性比较好，移动灵活，工作水深大，但是造价高，维持费用高，有效使用率比较低。目前，半潜式平台已发展到了第六

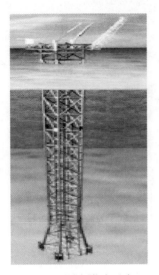

图 2-4　顺应塔式平台

图 2-5　自升式钻井平台

表 2-1　自升式钻井平台的性能指标及国际应用现状

性能指标	国际应用现状
工作水深	10~150m
可钻井深	超过 5000m
海底条件限制	根据海底土壤承载，决定插入深度
浮动时的稳定性	易受风浪影响
船体定位方法	桩脚插入；底垫压载

图 2-6　半潜式钻井平台

代，在平台上应用新发展的动力定位技术后，可使工作水深范围增大到900～1200m。中国首次独立设计并拥有知识产权的半潜式钻井平台"海洋石油981"，是第六代深水半潜式钻井平台，工作水深为3000m，可以完成勘探、钻井、完井与修井作业等工作，其设计和建造的技术代表了目前世界海洋钻井平台的最高水平。

钻井船是一种从事海上钻井工作的机动船或驳船，属于移动式钻井平台（见图2-7）。和普通船只不同，钻井船上布置有很多设备，如钻井设备、动力设备及生活设备，钻井设备一般位于船体的中央，以保持船的稳定性。通常通过系泊系统或动态定位系统将钻井船定位于钻井位置。钻井船的主体装置船身漂浮于海面上，稳定性比较差，在海洋载荷风、波浪、潮流的作用下极易产生摇摆、移动等各种运动，因此保持钻井船在海洋环境中的稳定是钻井船设计中的关键。由于钻井船可以在现有船舶的基础上进行改装建造，能快速投入使用，因此应用比较广泛。

图2-7 钻井船

2.2 生产平台

生产平台是从事海上油气资源等生产性的开采、处理、监控、测量和储藏等作业的海上建筑，是海上油气生产不可缺少的设备。根据运移性的不同，生产平台可以分为两类，即固定式生产平台和移动式生产平台，固定式生产平台的结构形式类似于固定式钻井平台，其位置在海洋中固定不变，此类平台主要有钢制导管架式平台、混凝土重力式平台、顺应塔式平台等。移动式生产平台的结构形式类似于移动式钻井平台，在海洋中的位置可以发生改变，此类平台主要有半潜式生产平台、FPSO、Spar、TLP等。

半潜式生产平台是进行海上油气生产及初步处理的浮式生产平台，如图2-8所示为该平台的基本结构形式。平台有三部分组成：下浮体、立柱、上部模块。下浮体工作在海面下，提供平台为减少波浪的干扰力所需要的浮力；立柱用来连接下浮体和上部模块，一般设置为4根或6根，有的平台设置8根，为保证平台

的稳定，各立柱间需要设置合适的间距。上部模块是平台的主体部分，上面安装
了各种功能空间和设备，如工艺处理功能、动力设备、生活空间等。1975 年，
"Deep Sea Pioneer" 号半潜式生产平台建成，这是世界上第一座半潜式生产平
台。由于生产平台的设计和建造技术水平有限，早期的半潜式生产平台很多是由
钻井平台改造的，随着技术的发展，半潜式生产平台的设计和建造能力也逐渐成
熟。目前，世界上有 41 座正在服役的半潜式生产平台，还有正在安装调试的 2
座、正在建设的 3 座，这些平台主要工作在北海、墨西哥湾、巴西等海域，其最
大工作水深已经达到 2438m。

图 2-8　ThunderHorse 半潜式生产平台

FPSO 是 Floating Production Storage and Offloading 首字母的缩写，中文名称为
浮式生产储卸油装置或系统，该装置的功能是实现海洋油气资源的生产、储存与
运输，即把海底油田的油水气进行加工处理使之成为合格的原油或天然气，然后
把原油或天然气储存在油舱，最后由 FPSO 的外输系统把合格的原油或天然气输
往穿梭油轮，人们常称之为"海上油气加工厂"（见图 2-9）。整个 FPSO 有数十
个子系统组成，包括生产系统、定位系统、动力系统、锚泊系统、外输系统等。
FPSO 是目前海洋油气开发中的重要装备，拥有多项高端技术，其优点很多，比
如深水生产的适应能力、良好的抗风浪能力、油气处理能力和储存能力等。

图 2-9　FPSO

Spar 平台是一种移动式生产平台，主要应用于深海海域的油气资源开采中，承担着钻探、海洋油气生产、完井、井口平台、油气储藏和装卸等工作，是深海油气开发的重要结构。Spar 平台主要由四个系统组成，即顶部模块、体壳、系泊系统、立管（生产、钻探、输油）系统，稳定性和运动性能好（见图 2-10）。目前为止，Spar 平台已经经历了三代的发展，第一代是筒柱形、第二代是桁架型、第三代是集束型和 WET TREE 型。第一座 Spar 平台于 1961 年在北海海域建成，主要用于海洋研究工作。平台工作水深 500~1700m。目前全球共有 Spar 平台 18 座，基本在墨西哥湾活动。

图 2-10 Spar 平台

张力腿式钻井平台的结构形式如图 2-11 所示，主要由六大部分组成：底基、锚系、张力钢索、船体、上部模块、甲板等。平台在张力钢索的作用下实现锚泊定位，一个平台一般设置 3~6 组张力钢索，且呈绷紧直线状态，钢索的下部伸入海底并锚定。张力腿式平台的浮力大于重力，绷紧状态的钢索利用向下的拉力补偿浮力与重力的差值，使平台始终保持平衡，减小平台的上下升降运动和左右移动运动。张力腿式平台稳定性比较好，造价相对比较低，一般工作于水深大于 300m 的深海海域，最大工作水深为 1500m，常用于油气储量较大油田的开采。

图 2-11 张力腿式钻井平台

2.3　水下设备

水下设备包括海底生产系统和海底管线，其中海底生产系统由井口、采油树、管汇等结构组成，海底管线由立管、控制管线、出油管等结构组成，如图2-12所示。水下设备是一套对海底油水气进行开采，并将其输送到陆上终端或依托设备的高技术系统，它由四部分组成，分别为水下完井系统、海底生产设施、海底管汇系统及海底管线。在海洋油气资源勘探与开采过程中，水下设备具有很多的优势，如适用水深范围比较大，可以从几米到几千米，适应复杂海况，可以用于不允许建立水面设施的航线区域。当海底油气储藏比较分散时，使用水下设备可以缩短建设周期、降低投资，特别是在开发边际油气田中，水下设备具有更大的优势。因此，水下设备得到了广泛的关注和应用，具有良好的发展前景。

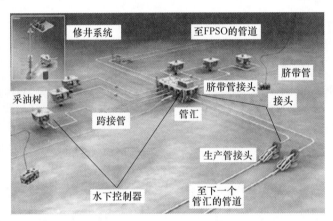

图 2-12　海底生产系统及海底管线

2.4　油气外输系统

油气外输系统是海洋油气资源生产中不可缺少的重要装备，其作用是把生产平台加工处理后的合格原油或天然气输送到陆上油气终端。目前，海洋油气外输系统主要有管道外输和穿梭油轮两种方式。

管道外输即利用海中的水下管道实现海洋油气的输送，按照外输介质的不同管道外输可以分为输油管道和输气管道，输油管道一般用于石油的外输，输气管道主要用于天然气的输送。相对于其他运输方式，管道外输有很多的优点，比如可以实现海洋油气的及时、连续输送，不受油气生产系统容量及海洋环境的影响，不会因为恶劣的海洋环境或者输送不及时导致油田减产停产；并且管道外输的运输力强，效率高，营运管理费用较低。但是，外输管道这种油气外输方式也有很大的缺点，由于管道埋于海底，检查和维修困难，在特殊的环境中，容易遭到海中结构物或船只的碰撞损伤；并且管道的建设投资大，如果油气产量低，会导致巨额成本很难收回，投资风险比较大。目前，管道外输仍然是海洋油气输送的主流方式。

利用穿梭油轮进行海上油气外输一般是根据油田的产量、生产平台的储油能力、生产平台与陆上石油终端的距离，选择一艘或几艘不同容量的穿梭油轮运油。这种油气外输方式最显著的特点是投资少，使用灵活方便，不会因为油田产量小产生投资风险，且设施可重复使用，如图 2-13 所示。

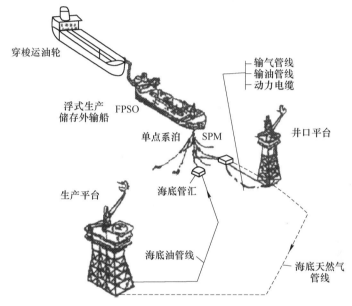

图 2-13　浮式生产集输系统的外输

2.5　海工工程船和辅助船

海工工程船和辅助船是海洋中为油气资源开采、生产、运输提供物资设备供应、人员运送服务、勘查测量与安装维护服务的各类船只，常用的海工工程船和辅助船有勘探船、铺管船、三用工作船、救助船、起重船、交通船、导管架下水驳船、平台供应船等，如图 2-14 所示。海工工程船和移动钻井平台、浮式生产平台一起并称为海洋工程技术装备的三大板块。海工辅助船如起重船、半潜船以及风电场工程船等船舶在海上安装、救捞、特种装备运输等方面也发挥着不可替代的作用。由于海工工程船和辅助船机动灵活、用途广泛、成本低，因此在海洋油气开发的快速发展的今天得到了广泛的应用。

图 2-14　部分海工工程船和辅助船

（a）勘探船；（b）勘察船；（c）起重船；（d）铺管船

2.6　本章小结

海洋油气资源开发是一个复杂而又系统的大型工程，包括很多生产过程和作业环节，如油气勘探、钻井、油气开采、油气储存及油气运输等，在每个作业环节都需要合适的工程装备提供服务。本章对这些工程装备，如钻井平台、生产平台、水下设备、油气外输系统及海工工程船和辅助船等从结构组成、应用特点、关键技术、发展前景等方面进行了详细系统的介绍。

参 考 文 献

［1］雯沛. 海洋工程装备那些事［J］. 国企管理，2016（14）：80.

［2］廖静. 海洋工程装备：从"水面"向"水下"、"井下"进军［J］. 海洋与渔业，2018，（2）：40-41.

［3］王兴旺. 高端装备制造产业创新与竞争力评价研究——以上海海洋工程装备产业为例［J］. 科技管理研究，2018，38（11）：36-40.

［4］吴平平，陈峰．海洋工程装备关键技术和支撑技术分析［J］．机电工程技术，2019，48
　　（07）：50-51.

［5］刘栋梁，顾继俊，康凯，等．海洋工程装备行业技术成熟度的研究与应用［J］．海洋石
　　油，2018，38（2）：101-104.

［6］车丽媛．浅谈海洋工程装备产业现状与发展对策探讨［J］．船舶物资与市场，2019，
　　（05）：62-63.

［7］马飒，慈艳柯，马修水，等．海洋工程装备产业发展现状及对策研究［J］．电子世界，
　　2018，（12）：21-22.

［8］孙伟．深海油气开发装备调研与前景分析［J］．科技视界，2016，（22）：31-33.

［9］杜庆贵，檀国荣，刘聪，等．深水油气生产装备应用现状及发展趋势浅析［J］．海洋工
　　程装备与技术，2018，5（05）：293-299.

［10］中国海洋工程学会．第十五届中国海洋（岸）工程学术讨论会论文集上［M］．北京：
　　　海洋出版社，2011：40-56.

［11］高云，熊友明．海洋平台与结构工程［M］．北京：石油工业出版社，2017：60-65.

［12］曹新建．2017年工程建设及工程技术成果论文集［C］．北京：中国石化出版社，2017：
　　　23-45.

［13］白勇．水下生产系统手册［M］．哈尔滨：哈尔滨工程大学出版社，2012：63-66.

［14］李伟，宁君．船舶种类概论［M］．大连：大连海事大学出版社，2017：65-71.

［15］中国石油学会石油工程专业委员会海洋工程工作部．海洋石油工程技术论文第6集
　　　［C］．中国石化出版社，2011：45-78.

3 海洋立管

世界海洋油气资源储量丰富，但是分布十分不均衡，在海洋油气资源大量开发的趋势下，采用何种方式把这些开发的油气资源输送到海洋平台或者陆上石油终端成为开发中的关键问题。目前，常采用船舶、管道以及船舶和管道联合使用的方式运送海洋油气资源。在这三种运输方式中，管道运输可以实现油气资源的连续输送、不受水深和地形的限制、输油效率高、安全可靠、运输成本低，在大批量运输时的成本几乎与水运运输成本相近，因此，在海洋油气运输中，管道运输是一种最高效、最节能的运输方式，也成为世界上大多数国家运送海洋油气资源的主要方式。

海洋立管是海洋油气运输的一种管道，是连接浮式海洋平台与海底油田的关键部件，承担着输送油气资源和注水等重要任务，被誉为"海洋石油生命线"。立管的下端利用万向节与海底油田输油井口相连，上端与浮式海洋平台或者通过滑移节与船舶底部连接（见图 3-1），这样被开采出的油气就可以源源不断从海底油田通过立管输送到海洋平台或者船舶上。当立管所系泊的船舶或海洋平台在风、浪、流等各种海洋载荷作用下产生运动时，立管可以产生相应的运动，以适应平台或船舶的运动，防止海洋平台或船舶的破坏。

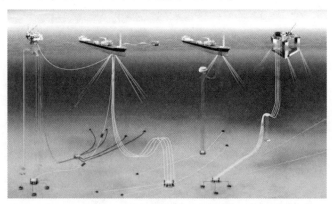

图 3-1 柔性立管的作用方式

3.1 立管的分类

立管的分类方法有很多种，根据不同的分类方法，可以将立管分成不同的类型。根据立管的外形进行分类，可以将立管分为整体式立管和非整体式立管，这两种立管的结构形式如图3-2所示。按照立管在油田开发中应用的阶段不同进行分类，可以将立管分为两类：钻井立管和生产立管，钻井立管是在油田钻井阶段所用的立管，用于海洋油气井的钻探，如图3-3所示；生产立管是在海洋油气生产过程中使用的立管，此类立管用于海洋油气的开采。根据立管结构及材料的不同，可以将立管分为四类，分别是钢悬链立管、顶部张紧立管、复合立管和柔性立管，各类立管的结构形式如图3-4所示。顶部张紧立管是由金属材料制成的钢管，由于自身的结构特点，应用的水深较浅，一般不超过1500m。钢悬链立管虽然在3000m的水深可以使用，但是钢制的材料造成了它的触地区域弯曲刚度较大，在复杂的海洋环境中，立管的触地段会发生严重的屈曲和疲劳。复合立管是一种刚性立管与跨接软管连接而成的立管结构，以刚性立管作为主体与海底油田

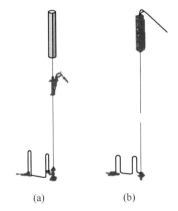

(a)   (b)

图3-2 整体式塔式立管和非整体式塔式立管结构示意图

(a) 分离式；(b) 整体式

图3-3 钻井立管

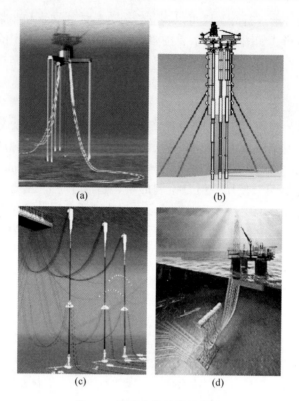

图 3-4　海洋立管的结构形式

（a）钢悬链立管；（b）顶部张紧立管；（c）复合立管；（d）柔性立管

相连，通过顶部浮力筒的作用竖立在海底，上面连接跨接软管作为输出装置与海洋平台或者船舶相连接。柔性立管是由多层复合材料制造而成，既能承受海洋环境的高压，又能保持良好的弯曲特性和力学性能，能更好地适应海洋环境，尤其对于恶劣海洋环境其优势更为明显。

3.2　立管的设计分析

海洋立管长期作用在复杂的海洋环境中，承受风、浪、流的作用，容易产生损伤甚至破坏，影响海洋油气生产的安全进行。因此，立管的设计分析非常重要，其基本理念是通过合理的设计分析保证立管的使用性、安全性及经济性，把风险降到最低。

3.2.1　立管的设计

海洋立管的设计过程与普通产品的设计过程类似，一般分为三个步骤：概念设计、初步设计、详细设计。

概念设计：从对立管的设计需求进行分析到生成概念立管所进行的一系列的设计活动和过程，它是一个从抽象的立管延伸到概念立管的过程，主要目的是检测方案、路线及技术是否可行，初步确定设计所需要的立管信息，根据这些信息进行所需资本及进度过程的估算。

初步设计：这是一个由方案设计到产品设计的过程，在初步设计中主要是确定立管的壁厚及其他各种主要参数，进行立管材料的选择，对设计标准检查，确定基本的设计方案。

详细设计：这是产品设计的最后过程，在这个过程中，需要对产品的整体及零部件进行详细的设计及完善；根据初步设计的结果绘制出立管的正确、完整和详细的结构图和装备图，根据设计结果，对所需材料及配件进行采购、制造。在此设计阶段，全面开展勘测、工程过程、MTO、说明书、测试和制图工作。

海洋立管的设计过程及步骤如图 3-5 所示。

3.2.2 立管的分析

海洋立管的分析通常安排在结构设计完成后，主要对立管进行模拟分析，以验证立管的性能，降低成本。立管的分析一般指的是在位分析，是立管分析的主要形式，是将立管处于类似海洋环境中，承受和工作状态一样的载荷，在此情况下对立管进行的模拟力学分析。在立管设计寿命的各个阶段都需要进行在位分析，如水压和充水测试阶段、管道实际运行阶段、管道冷却循环阶段等。在位分析还包括对立管承受负荷的分析，如管道侧向弯曲载荷、工作环境载荷、坠落物体等的冲击载荷、海洋浮式装置及平台的运动引起的载荷的影响等。在位分析一般包括静力分析和动力分析两种，静力分析是在静力载荷的作用下对立管进行的分析，一般使用商用软件 ABAQUS 等进行。因为立管承受的载荷比较复杂，立管呈现出非线性问题，因此立管的静力分析主要是采用大位移效应、边界非线性、材料非线性等处理非线性问题，如立管之间的连接、立管与海床之间的滑动及摩擦等。海洋立管的静力分析主要是用来分析和确定立管结构的一些参数，如总悬挂长度、顶部悬挂角度、着陆点等。动力分析是指在动态载荷作用下对立管进行的分析，海洋立管的动力分析主要用来分析立管及其系统在海洋动力载荷作用下的动力响应，这些动力载荷通常包括浮式装置及平台的运动，海洋中的风、浪、流等动力环境，海洋立管的动力分析也就是分析立管在这些动态载荷下的性能及响应。

由于立管的作用载荷非常复杂，既有外部载荷也有本身的一些结构影响，因此在海洋立管的静力分析和动力分析中，应对立管中的作用载荷尤其是一些非线性问题进行充分的考虑，如立管的几何非线性、摩擦、滑动、管道土壤相互作用等边界非线性，以便于对立管的性能进行准确的分析。

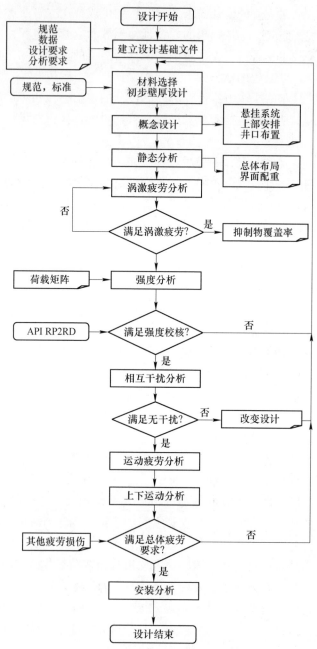

图 3-5 海洋立管设计过程及步骤

3.2.3 分析工具

海洋立管的分析工具主要是指可用于立管分析的软件，包括通用的软件和专用的软件，通用分析软件有有限元 FEA 分析软件，如 ABAQUS（通用非线性有限元分析程序包），ANSYS（通用非线性有限元分析程序包）。还有很多专为立管设计和分析开发的软件，已经高度商业化和知名的软件有 Norwegian Marine Technology Center（Marintek）的 Riflex，MCS International（Ireland）的 Flexcom 3D:，Orcina Ltd（UK）的 Orcaflex:，MIT（USA）的 SHEAR7。

3.3 立管的规范标准

尽管海洋立管已经存在并投入使用很多年了，但立管的主要结构还是原来的钢铁生产管线结构经过部分改造生成的。早期的海洋立管主要用在浅海海域，其设计方法简单，通常是把普通的钢管夹紧在导管架桩腿上。立管的设计也没有统一的标准，一般以独立管道标准作为基准，这些独立管道标准具有不同的安全系数。近年来，随着深海技术及产业的快速发展，深海立管运用也越来越多，为了使立管的设计和制造更为规范，世界各个国家开始编制自己的立管设计标准与规范。目前，世界上有四个应用比较广泛的海洋立管设计标准和规范，分别是 API-RP-2RD-2006 标准，DNV-OS-F201 规范，API-ST-2RD（2013）标准，ABS 规范和标准。

API-RP-2RD-2006 标准，全称 Design of Risers for Floating Production Systems and Tension-Leg Platforms，简称 API-RP，中文译为浮式生产系统及张力腿平台的立管设计，由美国石油协会制定。API-RP 标准于 1998 年 6 月作为第一个海洋立管的设计规范正式出版，基本内容包括三个部分：立管的结构设计与分析，构件选择标准，通用立管系统的设计。这个标准主要研究对象是柔性立管和由钢或者钛金属制成的刚性立管，对于其他金属制成的立管，比如铝制成的立管，如果能够符合规范规定的要求，也可运用 API-RP 规范。该规范以许用应力方法为基础，利用一个安全系数来考虑和设计结构的安全性，相对于 DNV 规范比较保守一些。由于 API-RP 规范出台的比较早，再加上墨西哥湾海域是深海油气开发的先锋，因此相对于其他规范，API-RP 规范目前应用的比较广泛。

DNV-OS-F201 规范，全称 Dynamic Risers，简称 DNV 规范，该规范主要以联合工业项目（JIP）为基础，由挪威船级社、SINTEF 及 SEAFLEX 共同研究完成。DNV 规范于 2001 年出版发行，是世界上第二个面向海洋立管的设计规范，该规范的研究对象主要是刚性立管，其他海洋立管的设计标准被列在 API-RP 规范中。DNV 规范的主要研究内容是海洋立管的可靠性设计和分析，其分析方法采用了荷载抗力系数法。后来，一些由管理机构发布的标准对立管设计做了一些扩展，例如美国船级社（2001），但很少在实际工程中采用。

API-ST-2RD（2013）标准，全称 Dynamic Risers for Floating Production Systems，简称 API-ST。API-ST 标准的主要研究对象是柔性立管和由钢、钛金属等材料制造

的刚性立管，研究内容主要包括海洋工况、立管强度、设计准则、安全系数等，与API-RP标准比较类似。该标准以工作应力设计法为基础，在使用时类似载荷和抗力系数设计方法，通过安全系数反映立管在每种极限状态下的安全余量。

ABS规范和标准，全称是Guide for Building Classing Subsea Riser System，简称ABS规范，由美国船级社制定。ABS规范主要适用于刚性立管，由各种金属材料制造而成，对于柔性立管的设计要求在附录中有所体现。ABS规范对于立管的设计要求、强度、极限状态、载荷等内容都在规范中明确列出，该规范采用了相对保守的工作应力设计法，与API-ST规范的设计方法类似。

海洋立管的四个设计标准和规范采用了基本相同的设计理论，由于各个规范的研究对象和适用的立管类型不同，采用的设计和分析方法也不尽相同，各标准和规范之间也存在一定的差异。所以在应用这四种规范时，要详细了解各个规范的背景、适用条件及公式的参数，了解不同立管的破坏过程及形态，以便于有针对性地使用合适的规范对海洋立管进行设计和分析。

此外还有一些专门的立管规范，专用于某一类型立管的设计分析，如1998年7月美国石油学会制定的API RP 17B标准，全称Recommended Practice for flexible PiPe；1999年11月美国石油学会制定的API RP 17J标准，全称Specification for Unbonded Flexible PiPe；ISO/FDIS 13628-7：2003（E）：Petroleum and natural gas industries-Design and Operation of Subsea Production systems-Part7：Completion/workover riser systems。

1992年，我国颁布了《海洋管道系统规范》（CCS 1992），2002年又颁布了《海洋管道系统规范》（SY/T 10037-2002），目前我国正在编制有关海洋立管的规范和标准。

3.4　柔性立管

柔性立管由聚合物和金属不同的材料组合而成，与钢管相比，柔性立管易铺设、弯曲性好、水深适应性强，可以高效率、长距离、持续性地输送海洋油气资源，并且对海洋平台的漂移和升沉运动具有良好的顺应性，能更好地适应海洋环境，尤其对于恶劣海洋环境其优势更为明显，因此柔性立管在海洋工程中得到了广泛的应用。自从1939年英国BP公司在英吉利海峡铺设了第一条柔性立管以来，在之后几十年的时间里，柔性立管在质和量上都出现了快速发展，到目前为止，柔性立管在全球所有在位运行的海洋立管中的占比达到85%以上，铺设水深已达到1500~3000m的超深水域。

3.4.1　柔性立管的结构

根据制造工艺的不同，柔性立管可以分为两种，即粘结柔性立管和非粘结柔性立管。

3.4.1.1 粘结柔性立管的典型结构

粘结柔性立管的结构比较复杂，它由多层材料复合而成，每一层结构又由不同的金属和聚合物制成，粘结柔性立管的典型结构如图3-6所示。

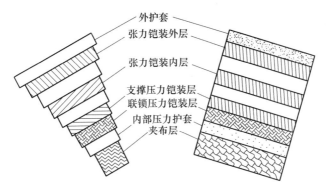

图 3-6 粘结柔性立管的典型结构

按照从内向外的顺序，粘结柔性立管的组成结构层有骨架层、内压层、压力恺装层、张力恺装层、外护套。骨架层处于柔性立管的最内层，由镀层钢丝制成。骨架层的外面是内压层，由聚偏氟乙烯（PVDF）或者聚酰胺（PA）材料制成。内压层的外面紧靠内压层的是压力恺装层和张力恺装层（抗拉层和抗压层），由镀层钢丝材料制成。外护套位于粘结柔性立管的最外层，由聚乙烯（PE）或者聚酰胺（PA）材料制成。粘结柔性立管的所有结构层通过压出、成型等物理方法挤压成一体，然后再通过特殊工序使各结构层之间产生高强度的粘合。粘结柔性立管的整体结构比较简单，但是制作工艺非常复杂，其制作过程需要硫化。立管长度易受到限制，所以粘结柔性立管常用于管长较短的工程结构中，如漂浮管、跨管等。

3.4.1.2 非粘结柔性立管的结构

非粘结柔性立管由金属结构层（基本层）和聚合物材料层（附加层）通过非粘结形式组合形成，各个结构层之间允许发生相对运动，每一结构层都有不同的功能和作用，并且可以根据功能要求增加或减少基本层或附加层，可以更好地满足海洋立管的应用环境和使用要求。图3-7所示是一个非粘结柔性立管的典型结构，该柔性立管共有八层，主要结构层从内到外依次为骨架层、内压防护层、抗压恺装层、内抗磨层、内抗拉恺装层、外抗磨层、外抗拉恺装层、外部保护层。

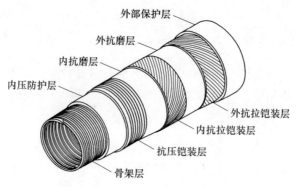

图 3-7　非粘结柔性立管的典型结构

　　骨架层是柔性立管的最内层，由金属材料制造而成，其剖面形式如图 3-8 所示。其主要作用是承载柔性立管的径向压力，防止立管在径向压力的作用下发生塌陷变形，从而导致立管压溃失效；内压防护层位于骨架层与抗压铠装层中间，由聚合材料制造而成，主要作用是防止油气的渗漏；抗压铠装层是由钢带螺旋缠绕制造而成，剖面结构如图 3-9 所示。抗压铠装层的主要作用是承载立管的内部压力和外部压力，增强柔性立管的径向强度。内抗磨层紧邻抗压铠装层和内抗拉铠装层，位于这两层中间，由聚合材料的胶带螺旋缠绕而成，设置该层的主要目的是减小柔性立管各层之间的磨损，降低磨损损伤，以延长立管的寿命；内抗拉铠装层处于内外两个抗磨层之间，由多根长条形钢带制造而成，承受柔性立管的轴向载荷，增强柔性立管的轴向强度，防止立管在轴向拉压作用下发生断裂或者压溃；外抗磨层置于内外两个抗拉铠装层中间，由聚合材料的胶带螺旋缠绕而成，目的是降低两个金属铠装层的磨损，延长立管的使用寿命；外抗拉铠装层位于外部保护层的里面，由多根长条形钢带螺旋缠绕制成，内外抗拉铠装层的缠绕方式相同，但缠绕方向相反，主要用于增强柔性立管在轴向的强度，承受较强的轴向载荷；外部保护层处于立管的最外层，是柔性立管与外部海洋环境的接触层，该层的主要作用是提高立管的抗腐蚀性。

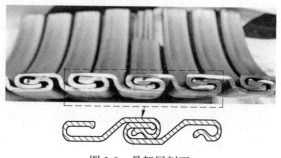

图 3-8　骨架层剖面

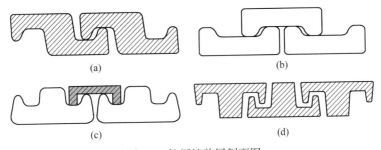

图 3-9 抗压铠装层剖面图

(a) Z 型；(b) C 型；(c) T 型 1；(d) T 型 2

实际上，上述所示的各个结构层只是非粘结柔性立管的基本结构层，在实际设计中会根据用户的需求或者柔性立管的功能增加或者减少结构层的类型、各层的数目。在非粘结柔性立管的所有组成结构层中，抗拉铠装层必须有，但其数量可以调整。护套层也是必不可少的。骨架层、抗压铠装层及抗磨层需要与否可以根据立管的功能需求自由选择。对于有特殊使用要求的非粘结柔性立管，还需要在以上基础层增加特殊功能层，如为了避免非粘结柔性立管发生鸟笼效应，会在外部抗拉铠装层外面增加防鸟笼失效层。图 3-10 所示的非粘结柔性立管的结构是调整了抗拉铠装层数目后的两类非粘结柔性立管，（a）图所示的立管有两层抗拉铠装层，（b）图所示的柔性立管存在四层抗拉铠装层。由于非粘结柔性立管由

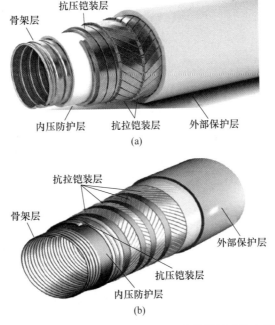

图 3-10 抗拉铠装层数目不同的两类非粘结柔性立管

(a) 两层抗拉铠装层；(b) 四层抗拉铠装层

几个独立的结构层组成，各个结构层之间不固接，允许相对运动和相互作用，每一结构层都有不同的功能和作用，并且，非粘结柔性立管的制造工艺简单，结构层的材料和数量可以根据客户要求改变，能更好地满足工程结构的特殊要求，因此非粘结柔性立管在海洋油气开发中被大量的使用，已成为海洋立管的主要应用结构，在海洋油气开发中得到了广泛应用。

3.4.2　柔性立管的布局

柔性立管在实际应用中的布局形式有很多种，常见的有自由悬链线型、缓波型、陡波型、缓波 S 型、陡波 S 型、中国灯笼型，如图 3-11 所示。这些布局形式都有各自的优势和劣势，在设计柔性立管时，需要根据其作用的水深、安装条件和海洋环境载荷以及经济状况等因素选择其布局形式。自由悬链线型和缓波型布局形式是目前海洋油气开发中应用广泛的柔性立管布局形式，自由悬链线型布局形式结构简单，安装、维修比较方便，并且制造成本比较低，但是这种布局形式的柔性立管在与海洋平台悬挂处的张力很大，容易产生应力集中，使立管产生疲劳和损伤，降低立管的使用寿命。缓波型布置方式是在柔性立管接近触地段的一段立管上安装一些浮力块，这段立管在浮力的作用下产生隆起，整个立管呈现出自由浮起的状态，其形状类似波浪，从而可以有效地分离立管的悬挂点和触地点，减少了立管顶部悬挂点的张力，提高了立管触地点的强度，同时也提高了立管的疲劳寿命，因此得到了广泛的应用，南海流花 11-1 油田的"胜利号"FPSO 的三根立管都采用的是缓波型布置方式。

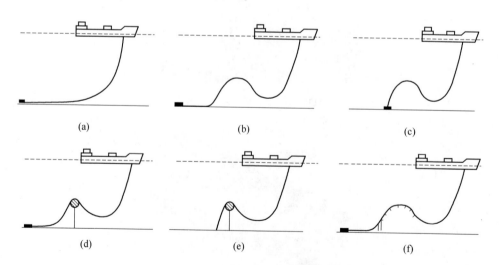

图 3-11　柔性立管常见的布局形式

（a）自由悬链线型；（b）缓波型；（c）陡波型；（d）缓波 S 型；（e）陡波 S 型；（f）中国灯笼型

3.4.3 柔性立管的应用

　　海洋油气资源在我国的储藏量非常丰富，我国第三次油气资源评价显示，海洋石油储藏量占全国石油储藏总量的 22.9%，天然气储藏量占全国天然气储藏总量的 29.0%。这些海洋油气资源的开发利用将会大大增加海洋立管的使用量，从而促使海洋非粘结柔性立管的开发和应用快速发展。但是，由于海洋非粘结柔性立管的设计、制造及安装非常复杂，技术水平很高，因此，海洋非粘结柔性立管在设计、制造、安装及维护等多个环节的关键技术几乎被国外的几个大公司所垄断，如法国的德西尼布公司（Technip）、英国油田服务控股公司（Wellstream）、丹麦的 NKTFlexibles 公司。法国的德西尼布公司（Technip）是世界上最大的柔性立管设计商和生产商，其生产的柔性立管约占全球市场份额的 75%，该公司的总部位于法国，在马来西亚、巴西都建有生产基地，高性能柔性复合管的年生产能力可达到 1060km。英国油田服务控股公司（Wellstream）成立于 1983 年，2011 年被美国 GE 公司合并，柔性立管的年总生产能力达到 570km，其生产工厂分布在英国和巴西尼泰罗伊。巴西石油使用于深海的柔性管有 60% 来自英国油田服务控股公司。丹麦的 NKTFlexibles 公司是丹麦的 NKT 集团所属的下属公司，主要从事柔性立管的生产，生产基地在丹麦，年产能力为 150km。这三大公司所生产的柔性管所占市场份额巨大，如图 3-12 所示，几乎占据了全球柔性管市场的全部份额，他们在非粘结柔性立管的设计、制造及安装方面技术非常先进，实力雄厚。目前，国外设计和生产的非粘结柔性管的最大直径为 507.9mm（20 英寸），最大工作水深为 3000m，能承受的最大压力可达到 137.94MPa，能承受的温度范围为 −50~+150℃。由于上述公司在柔性管的设计、制造及安装等各个方面都进行了专利保护，因此至今为止，柔性立管的关键技术仍然由这三大公司掌握和垄断。我国企业和研究机构对柔性立管的研究和生产从 2000 年开始，目前具备生产能力的企业比较少，主要有天津海王星海上工程技术有限公司、河北恒安泰油管有限公司、辽宁辽油祥宇特种管道有限公司、山东威海纳川管材有限公司。天津海王星海上工程技术有限公司生产的 3 寸输气软管、6 寸注水软管以及

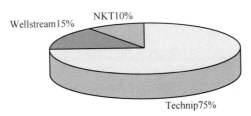

图 3-12　柔性立管国际市场占比

10 寸输油软管已在实际中应用，且运行效果良好。2009 年，该公司生产了一条海底复合软管线并进行了海上安装，该管线的设计压力 13MPa，涉及工作水深为50m，总长为 14km。2014 年，河北恒安泰设计制造的柔性立管的最大直径达到 6寸，能承受的最大外压为 4.0MPa（400m 水深），抗拉强度 60 吨以上，单根长度可达 2000m，最小弯曲半径为 2m。其研发制造的"高压复合柔性管"具有很多的优良性能，如抗腐蚀好、高温耐受度高、不容易结垢、能承载高压、施工方便，广受业界的好评。辽宁辽油祥宇特种管道有限公司研发生产出了柔性复合软管，该软管主要适用于浅海海域。该公司将柔性复合软管在渤海湾进行了成功铺设，铺设管线长度达到 1460m。同时也在委内瑞拉进行了成功铺设，铺设的管线长度达到 700m。在渤海湾和委内瑞拉铺设的管道主要用来输送天然气。经过持续的研发和改进，目前，该种柔性复合软管的性能有了很大的提高，软管的设计压力可达 25MPa，适用的最大工作水深可达 500m，工作温度范围达到 −40 ∼130℃，可基本满足我国在浅海海域进行油气资源开发的需求。山东威海纳川管材有限公司多年从事柔性管的研发，2016 年，"超深水多用途柔性管的研制与示范"研究项目获得国家科技部的重点研发计划资助，资助金额为 1000 万元。此项目主要是研制、开发具有自主知识产权、实现水深 3000m 以内油气开采全领域应用的非金属、粘结型的超深水多用途柔性管，并掌握其设计、生产、测试和铺设安装等关键技术。该项目研究范围为内径 5 ∼ 40cm（2 ∼ 16inch），设计水深3000m，使用寿命 30 年，使用温度最高可达 180℃。虽然我国在柔性立管的设计和制造方面发展较快，但是与国外相比，我国制造的非粘结柔性立管在工艺成熟度、管道性能方面还存在一定的差距。目前，我国使用的柔性立管绝大部分依靠进口，不但价格昂贵，而且供货周期长。在使用过程中一旦出现意外，难以得到及时的修复，往往导致油气资源开发停滞，严重影响油气资源的开发效率，给油气资源生产造成非常大的经济损失。因此，目前我国的海洋石油生产大部分采用刚性立管，很少采用复合柔性立管，我国已建成的近 2500km 的海底管道中，非粘结柔性立管的使用比例很低，仅在南海油田、番禺油田、惠州 32-5、陆丰 13-1油田、流花 11-1 油田有部分的使用，如表 3-1 所示。为了满足我国大规模勘探开发深海油气资源的需求，更好地开发深海油气资源，保障油气资源的供应，必须提高我国海洋非粘结柔性立管的自主设计和生产能力。

　　非粘结柔性立管由多个结构层通过非粘结的形式组合而成，各结构层之间允许相互运动，存在复杂的相互作用，这为非粘结柔性立管的性能分析和结构响应分析带来了困难。目前，国内外对非粘结柔性立管在单项载荷作用下的性能和结构响应研究得比较多，并且大多采用简化的方法，如等效非粘结柔性立管的多层结构为单层结构模型，忽略非粘结立管各结构层间的相互作用等，对非粘结柔性立管在组合载荷下的性能和结构响应研究得比较少。在实际工作的海洋环境中，

表 3-1　柔性立管在我国海上的使用情况

油田	管内径 /mm（英寸）	长度 /km	备 注
南海	152.4（6）	4.25	平台间输油
南海	152.4（6）	1.79	平台至单点输油
流花 11-1	342.0（13.5）	2×2.5	水下井口至单点输油
流花 11-1	152.4（6）	2.5	水下井口至单点计算软管
陆丰 13-1	152.4（6）	1.85	平台至单点输油
南海	177.8（7）	2×0.8	水下井口至单点输油
南海	152.4（6）	3.6	水下井口至单点输油
惠州 32-5	152.4（6）	3×3.5	水下井口至固定平台生产软管
惠州 32-5	101.6（4）	3.5	水下井口至固定平台气举软管
番禺 4-2	304.8（12）	0.35	水下井口至 FPSO 动态立管
番禺 5-1	304.8（12）	0.35	水下井口至 FPSO 动态立管
陆丰 13-1/2	152.4（6）		立管
	152.4（6）		流管

　　非粘结柔性立管大多承受着波、浪、流等组合载荷的作用，因此，综合考虑非粘结柔性立管的实际结构及各个结构层之间的接触摩擦，对其在组合载荷下的力学性能和结构响应进行分析和研究成为柔性立管开发与设计中亟待解决的问题。

3.5　本章小结

　　本章系统阐述了海洋立管的基础知识和要点，即海洋立管的分类、立管的设计规范、设计标准、设计流程及常用工具、动力分析及相应的工具。在此基础上，对应用广泛的非粘结柔性立管和粘结柔性立管两种柔性立管的典型结构、布局形式及目前的应用情况进行了详细的介绍，以便于对海洋立管有初步的认识和理解，为深入研究海洋立管及柔性立管的工程实际问题奠定良好的基础。

参 考 文 献

［1］白勇，白强．海洋工程设计手册：海底管道分册［M］．上海：上海交通大学出版社，2014.

［2］熊和金．管道运输是西部交通运输的首选方式［J］．武汉交通科技大学学报，2000，24（03）：237-240.

［3］黄维平，刘超．极端海洋环境对海洋平台疲劳寿命的影响［J］．海洋工程，2012，（03）：125-130.

［4］ 张国进.海洋立管设计准则研究［D］.浙江：浙江工业大学，2017.

［5］ American Petroleum Institute，API RP 1111-Design，Construction，Operation，and Maintenance of Offshore Hydrocarbon Pipeline（Limit State Design）［S］.American：American Petroleum Institute，2011.

［6］ Det Norske Veritas，Offshore Standard DNV-OS-F201-Dynamic Risers［S］.Norway：Det Norske Veritas，2010.

［7］ American Petroleum Institute，API ST 2RD-Dynamic Risers for Floating Production Systems［S］.American：American Petroleum Institute，2013.

［8］ American Bureau of Shipping，Guide for Building Classing Subsea Riser System［S］.American：American Bureau of Shipping，2008.

［9］ 宋儒鑫.深水开发中的海底管道和海洋立管［J］.船舶工业技术经济信息，2003，（06）：31-42.

［10］ Palmer Andrew Clennel，King Roger A. Subsea pipeline engineering［M］.Tulsa：PennWell Books，2004.

［11］ 郑杰馨.海洋非粘结性柔性管设计和分析的验证实验研究［D］.大连：大连理工大学，2010.

［12］ 石家铸.海权与中国［D］.上海：复旦大学，2006.

［13］ 王野.海洋非粘结柔性管道结构设计与分析研究［D］.大连：大连理工大学，2013.

［14］ 潜凌，李培江，张文燕.海洋复合柔性管发展及应用现状［J］.石油矿场机械，2012，2（02）：90-92.

［15］ 周佳.无粘结柔性立管的非线性迟滞特性研究［D］.哈尔滨：哈尔滨工程大学，2012.

［16］ American Petroleum Institute. API 17J. API 17J：Specification for Unbonded Flexible Pipe［S］.Washington：API Publishing Services，july，1，2008.

［17］ 姬鸢.柔性立管静态构型分析及防弯器设计［D］.大连：大连理工大学，2013.

［18］ 白勇，戴伟，孙丽萍.海洋立管设计［M］.哈尔滨：哈尔滨工程大学出版社，2014：25-30.

［19］ 康庄，孙丽萍.深海工程中立管系统的设计分析［M］.哈尔滨：哈尔滨工程大学出版社，2018：2-6.

［20］ 艾尚茂，王玮.海底管道工程设计与分析［M］.哈尔滨：哈尔滨工程大学出版社，2018：55-70.

［21］ 王懿，陈建义，段梦兰.水下生产系统及工程［M］.东营：中国石油大学出版社，2017：24-35.

［22］ 张国进，吴剑国，戴伟，等.海洋立管组合载荷作用的规范中校核准则比较［J］.港工技术，2018，（03）：48-52.

［23］ 梁程诚，吴剑国，戴伟.国外海洋立管规范静强度准则的比较［J］.港工技术，2015，226（05）：71-76.

［24］ 王懿，陈建义，段梦兰.水下生产系统及工程［M］.东营：中国石油大学出版社，2017：120-124.

［25］万波，杨清峡，王泓，等．水下管汇设计验证衡准及关键技术［J］．中国船检，2015，
　　　（11）：87-91.
［26］文世鹏．非金属粘结性海洋柔性立管接头结构综述［J］．石油矿场机械，2018，47
　　　（03）：68-71.

4 非粘结柔性立管的力学研究

非粘结柔性立管的力学研究主要是对柔性立管的整体力学性能、局部力学性能和疲劳性能进行分析和研究，整体分析主要研究在海洋环境载荷下柔性立管的力学特性和结构响应，分析沿管长方向的有效张力和弯曲曲率，既可以为局部分析提供有效的外部载荷，也可以获得立管的整体力学性能。局部分析包括立管各层或螺旋钢带的刚度、结构响应、应力等分析，主要用来确定柔性立管的局部力学性能和参数，为立管的设计和力学性能分析提供基础数据。疲劳分析主要对柔性立管的疲劳强度和疲劳寿命进行分析，得到柔性立管的疲劳性能，为柔性立管的疲劳设计提供参考。

4.1 整体分析

非粘结柔性立管的整体分析即整体结构响应分析和力学性能分析，包括静态分析和动态性能分析，静态分析常用来分析和研究柔性立管在浮力、重力及海流力等静态载荷下的平衡位形，为动态分析提供初始位形。动态分析主要对非粘结柔性立管在特定时间段的运动进行分析，研究非粘结柔性立管在载荷作用下所呈现的动态特性及响应。

非粘结柔性立管由多个结构层组合而成，每层结构都具有不同的材料和功能，层与层之间存在着相互作用和摩擦，柔性立管的这种复杂结构给立管的整体力学分析和研究带来非常大的困难，以至于很长一段时间科研人员对非粘结柔性立管的整体力学研究都是通过将立管的多层结构等效简化为单层立管模型的方法，研究其在各种单项载荷作用下的静态性能和动态响应。1978 年，Zoysa 开始对非粘结柔性立管进行整体力学性能研究，研究了立管在多项静力载荷作用下的力学特性及响应，这是有资料显示的立管整体力学性能的最早研究。该项研究利用悬链线理论进行。随后，Felippa 和 Chung、Lane 与 Mcnamara、朱胜昌等详细分析了非粘结柔性立管的整体结构响应。2002 年，Crisfield 和 Yazdchi 用二维梁单元对非粘结柔性立管在浮力、重力、海流载荷下的静性能进行了分析，在分析中采用了简化方法，如将非粘结柔性立管的弹性模量设置为定值。在之后的研究中，又加入了波浪力的影响，分析了非粘结柔性立管在四种载荷，即重力、浮力、海流力和波浪力等组合作用下的非线性响应。

随着非粘结柔性立管理论研究水平的提高和计算机水平的发展，科研人员在忽略层间摩擦的基础上开始研究非粘结柔性立管的多层结构和整体响应。卢青针研究了深水动态脐带缆这种非粘结、多层螺旋缠绕结构柔性管的拉伸性能、弯曲性能和疲劳性能，并提出原型实验方法进行验证。孙丽萍在不考虑层间摩擦的条件下，将非粘结柔性立管看成单层结构，利用集中质量法对缓波型布局的非粘结柔性立管进行了整体分析。Knapp 于 1979 年用单一的复合单元矩阵描述电缆的横截面，推导出了电缆在拉伸、扭转载荷下的单元刚度矩阵，在推导过程中忽略了弯曲载荷的耦合作用，据此对电缆进行了整体动力分析，得到了电缆的整体动力响应。Atadan 等人 1997 年用模态离散方法研究了非粘结柔性立管在波浪作用下的动态响应，忽略了立管各结构层之间的接触和摩擦。2000 年，Ramos 等人分析了非粘结柔性立管在轴向力、扭矩和内外压载荷作用下的动态响应理论模型，并利用螺旋钢带的静力平衡、变形协调条件和本构关系对理论模型进行迭代求解，在分析过程中，忽略了层间摩擦和螺旋钢带的局部变形的影响，也没有考虑弯曲载荷对其他载荷的耦合效应。

为了更为准确地研究非粘结柔性立管的结构响应，科研人员在柔性立管的研究中考虑的因素越来越多。Leroy 通过研究螺旋钢带的滑动过程分析了钢带的动态弯曲响应，其分析过程主要分为两个步骤：一是对变形的钢带进行几何分析，二是利用摩擦方程和平衡方程建立轴向力和滑移之间的关系方程。在分析过程中，未考虑其他载荷的影响。A. Bahtui 等人对非粘结柔性立管进行了一系列的整体分析，利用虚功原理推导了立管在轴对称载荷和弯曲载荷两种载荷组合作用下的动态响应和整体刚度矩阵，分析过程分成两个阶段进行：一是轴对称响应分析，即非粘结柔性立管在轴向力、扭矩以及内外压等轴向载荷作用下的响应；二是弯曲载荷力学分析，即非粘结柔性立管在弯曲载荷下的动态特性和结构响应。该研究结论通过与有限元模拟结果的对比，证明了其可行性。该研究是近年来比较全面的关于非粘结柔性立管力学性能、整体刚度及结构响应的研究。但是分析过程中没有考虑轴对称载荷和弯曲载荷的相互影响，即忽略了两种载荷之间的耦合作用，也没有考虑钢带的局部变形。周佳应用弹塑性理论建立了立管力学研究的理论模型，用来分析柔性立管在弯曲载荷作用下的动态结构响应，由于没有实验数据，通过有限元数值模拟提供理论分析所需的数据，根据这些数据得到了反映柔性立管迟滞响应的理论模型。2015 年，Rahmati 等人对简化后的非粘结柔性立管的一个立管模型进行了有限元数值分析和试验研究，该简化模型有骨架层、抗磨层、抗拉层和防护层四个结构层组成。试验过程中，为了防止材料产生屈服，施加的载荷限制为 13kN。有限元数值分析结构和试验结果基本吻合，从而验证了柔性立管在弯曲载荷下的非线性响应。但模型的简化对试验结果有一定的影响。

通过以上的分析可以看出，目前柔性立管的整体分析常用两种方法：一种是解析方程法；另一种是有限元数值模拟法。解析方法大多采用不同的简化假设且分析过程中只考虑单项载荷的影响，其计算结果有一定的局限性。有限元数值模拟法是目前广泛应用的方法，但是在对柔性立管进行整体分析时，由于柔性立管一般较长，节点数据过多，需要花费较长的计算时间，因此非粘结柔性立管的整体分析迫切需要一个精确而又有效的计算工具。

多体动力学是研究由若干个刚体和柔性体连接而成的多体系统的运动规律及力学性能的科学，它是力学学科的一个重要分支。国际理论与应用力学联合会（IUTAM）于 1977 年在慕尼黑举行了第一次有关多体动力学的研讨会，即"国际多体系统动力学研讨会"，从此，多体动力学得到了国际上众多研究人员和学者的关注，许多学者对此学科表现出了浓厚的研究兴趣。该学科得到了快速发展，在短短 20 多年的时间里成为目前应用力学领域最活跃的学科之一，以多体动力学为核心的很多分析计算软件面世，通过这些软件对产品进行分析和优化，缩短了设计周期，提高了产品的生产效率。由于非粘结柔性立管是柔性体，不但产生刚体变形，还会产生大的弹性变形，因此其整体动力学分析非常困难。在实际分析中，常采用离散的思想将柔性立管离散为由多个刚体和柔性体组合而成的多体系统，根据多体系统的结构建立多体动力学模型并求解。

常用的柔性体（立管）离散方法有假设模态法、有限元法、有限段法及模态综合技术等。假设模态法是在瑞利-里兹法（Rayleigh-Ritz）的基础上，首先分析系统的固有模态，然后分析多体系统的动态变化。这种方法可以选取模态的研究区间，从而减少了计算的工作量。有限元法是用有限个自由度的单元组合表示具有无限个自由度的连续体，如四面体单元、三角形单元、六面体单元等，用简单的数值计算代替复杂的分析问题，其基本方法是将载荷、刚度特性用离散单元表示的方法来描述连续体。有限段法是 Huston 于 1981 年提出的，其基本原理是把整个柔性体结构离散化为有限个刚体段，并用假设的无质量柔性关节连接各刚体段，如弹簧阻尼器等，柔性体的质量和惯性特征用相互连接的刚体段组合表示，用各刚体之间的关节特性来表示和描述柔性体的柔性特征。这种方法最适合梁类杆件等细长类零件的建模，将细长的柔性体离散化为一系列的连续的刚体，接点处用一个柔性关节来连接，从而模拟逼近一个连续的柔性体。接点处的柔性关节可以看成是一个复合虚铰链，实现旋转和平移运动。柔性关节的刚度系数和阻尼系数由杆件材料决定。有限段法的基本原理如图 4-1 所示。

利用有限段法建立的柔性体模型，虽然整体的变形很大，但是对于每一个刚性有线段来说，其变形是小应变，符合小变形条件，所以柔性体的有限段模型适用于小变形和大变形的情形。模态综合法由求解柔性体自由振动的特征值得到系统的动态模态，然后通过模态分析对柔性体的动力学方程进行模态分析与求解，采用模态坐标描述系统构件随时间的变化情况。在柔性多体系统离散化的这些方

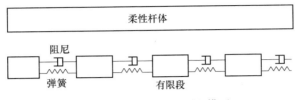

图 4-1　柔性杆件的有限段模型

法中，有限段法由于计算效率高，操作简单，在柔性多体系统的动力学分析中得到了较为广泛的应用。

对于柔性多体系统，其动力学方程建立正确与否的关键是能否准确地描述和处理系统构件的大幅度刚体运动与柔性体的柔性变形之间的耦合关系，主要包含两方面：一是正确处理柔性体的变形，二是正确处理多体系统中刚体的运动对柔性体的影响。建立动力学方程常用的方法有运动-弹性动力学方法、Newton-Euler 方程、Kane 方程、Lagrange 方程和虚功原理。运动-弹性动力学方法是把系统的真实运动看成名义运动和结构瞬时弹性变形的简单叠加，主要应用于柔性体运动速度不是太高、变形比较小的情况，运动-弹性动力学方法简单直接，一般应用在分析解决柔性多体系统的动力学问题。Newton-Euler 方程依据动量定义和动量矩定理列出若干个离散后的物体的动力学方程，然后把完整约束当作边界条件消去方程中的理想约束力或者力矩，这种方法方程数量比较多，计算工作量比较大。Lagrange 方程利用柔性系统的势能、动能和能量函数建立系统的动力学方程，该方程比较适合计算机处理和计算。Kane 方程是把柔性多体系统中各个构件的主动力或者力矩乘以偏速度、惯性力或力矩乘以偏角速度矢量，然后将各个构件的计算结果求和，得到若干个方程组，方程组的数量与多体系统的自由度数量相同，从而消除系统动力学方程中的内力项，使推导过程更为简单和系统，其计算过程和虚功原理的计算过程相似。

目前动力学方程数值求解的方法有很多，常用的主要有 Baumgarte 违约修正法、直接积分法、Bayo 罚函数法、广义坐标分块法、局部参数化法等，归纳起来，一般有两种方法：一是直接数值积分法；二是降为一阶微分方程组后再做数值解法。目前，每种求解方法都有一定的局限性，且求解复杂，随着多体动力学方法的发展，出现了很多商用的大型通用 CAD 分析求解软件，这些软件多以多体系统为理论核心，常见的有著名的商用软件 ADAMS，DADS 等，这些软件都在物体的动力学分析求解方面取得了不错的成绩。在产品的设计、制造及安装过程中，借助这些动力学软件对产品进行分析计算，既可以缩短设计周期，也降低了产品设计成本。因此，目前在柔性多体系统的分析求解过程中，大多借助动力学软件进行，以快速准确地求得柔性多体系统的解。

4.2　局部分析

非粘结柔性立管的局部力学特性具有强烈的非线性特点，这使得立管的局部分析非常复杂。目前，对于非粘结柔性立管的局部分析大多忽略次要因素的影响，对分析模型进行简化，完善的理论分析仍有一定的难度。

Feret 与 Boumazel 等人研究了立管的结构响应和螺旋钢带的应力，该研究忽略了非粘结柔性立管各结构层之间的相互作用，并描绘了非粘结柔性立管在弯曲载荷作用下的弯矩-曲率关系曲线，这是对于柔性立管局部分析较早的研究。Custodio 和 Vaz 提出了非粘结柔性结构（包括柔性软管和脐带缆）轴对称响应的一种分析模型，在一系列假设的基础上，推导出柔性结构的轴对称响应呈线性变化。Witz 和 Tan 在忽略轴对称载荷的条件下，根据螺旋钢带的受力平衡推导出了螺旋层的弯矩-曲率关系，此方法是目前求解非粘结柔性立管在弯曲载荷作用下的迟滞响应问题中比较常用的方法。Kebadze 和 Kraincanic 在考虑螺旋钢带层间摩擦和滑移的基础上利用能量方法推导了抗拉层螺旋钢带的弯矩-曲率关系，利用螺旋钢带的受力平衡得到了钢带滑移的临界曲率，并推导了钢带滑移之后的弯矩和曲率的表达公式。最后通过实验结果和理论结果的对比，证明了理论推导的合理性。但是，Kebadze 在推导过程中，忽略了钢带局部弯曲和扭转的影响，也没有考虑组合载荷的影响。Tan 等人预测了螺旋钢带在弯曲载荷下的结构响应，在研究过程中，忽略了层间摩擦和载荷耦合的影响。Zhang 等人利用能量守恒、变形协调、本构关系等理论和方程研究了当非粘结柔性软管弯曲时螺旋钢带的滑移、应力计算以及迟滞特性的弯矩-曲率关系，在研究过程中忽略了轴对称载荷及钢带局部变形的影响。董磊磊等人以 Kebadze 和 Kraincanic 学者的研究为基础，通过分析各层材料的特性，推导出各层的刚度矩阵，然后通过矩阵组装的方式得到了柔性立管的整体刚度矩阵，以此为基础可以对柔性立管进行整体力学研究。在分析过程中，忽略了轴向载荷和弯矩的耦合作用。Mciver 利用曲梁单元模拟螺旋钢带，研究钢带的刚度，结果表明，层与层之间的接触和分离对螺旋钢带的拉伸与弯曲刚度影响很大。Yutian Lu 等人利用有限元模型模拟了在弯曲载荷作用下非粘结柔性立管螺旋线的动态性能，通过与理论分析结果的对比，证明螺旋线的轴向应变对非粘结柔性立管的弯曲刚度影响很大。

总结以上的分析可以发现，目前非粘结柔性立管局部分析常用的方法是理论研究法和数值分析法。理论研究方法有两个：一是求解根据各层的能量守恒、变形协调条件和本构模型所列出的方程；二是在忽略轴对称载荷和弯矩的耦合作用下，首先根据能量法建立各层的理论分析模型，然后组合各结构层的理论模型得到非粘结柔性立管整体的理论模型。由于非粘结柔性立管的结构很复杂，其局部分析方法都存在一定的局限性，数值计算方法由于数据的繁琐性，使得能分析的非粘结柔性立管的长度比较小，理论研究方法大多对非粘结柔性立管进行简化，利用简化模型研究单一载荷下立管的局部性能，由于非粘结柔性立管在实际工作中大多承受组合载荷的作用，因此理论研究方法在分析结果的准确性上存在一定的欠缺。

4.3 疲劳分析

在深海油气资源开发过程中，非粘结柔性立管作为海洋油气资源输送的主要工具与管道，长期工作在海洋环境中，承受着波浪、海流等各种复杂载荷的作用（见图4-2）。在这些载荷的共同影响下，非粘结柔性立管容易产生疲劳断裂，给石油运输和生产带来灾难，因此科研人员采取了很多方法对非粘结柔性立管的疲劳性能进行分析，最典型的方法有理论研究、有限元分析以及试验研究。

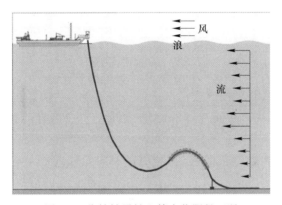

图 4-2　非粘结柔性立管在位服役工况

早期关于非粘结柔性立管疲劳的研究大多是在弯曲载荷作用下的疲劳，1985年，Oliveira 等人第一次提出了计算非粘结柔性立管疲劳寿命的方法，首先采用理论方法计算得到了非粘结柔性立管的应力，然后利用 S-N 关系曲线对应计算循环次数，最后依据线性疲劳累积损伤法则计算得到在弯曲单项载荷作用下非粘结柔性立管的疲劳寿命。在此分析中，仅考虑了螺旋抗压和抗拉层的摩擦力，忽略了其他层的摩擦力。此后，Nielsen、Claydon 利用相似的理论分析了在单一弯曲循环载荷作用下非粘结柔性立管的疲劳寿命。Witz 在考虑了各个结构层之间的接触后，利用 Oliveira 等人的理论方法分析和验证了立管的疲劳。Out 和 Morgen 用微分几何方程求解了非粘结柔性立管在单一弯曲载荷作用下缠绕钢带的应力及响应，首先利用微分几何推导出滑移与曲率之间的关系，然后由本构关系、摩擦方程、平衡方程等微分方程将力与滑移联系起来，并采用有限差分法进行求解。Martins 提出了基于设计的一种简化方法用于估算非粘结柔性立管的疲劳寿命，主要用于初步和早期设计阶段。这种方法首先计算每年和每个海况的损伤，然后累积所有海况的损伤，最后计算铠装层的平均应力和应变，如果平均应力小于允许的应力，非粘结柔性立管则不会疲劳；否则，非粘结柔性立管就达到了疲劳寿命，该方法是以 Feret 等人在 1986 提出的柔性立管平均寿命的计算理论为基础的。Grealish 分析了非粘结柔性立管的疲劳分析指南，这个指南是由合资业项目组织（JIP）制定的，共分九个部分，每一部分用来说明非粘结柔性立管分析的不同方面，主要包括：疲劳分析方法总览、整体疲劳分析、局部疲劳分析，疲劳设计标准等。Sævik 提出了一个用以预测非粘结柔性立管在轴对称载荷下的应力模型，最后通过试验验证了该模型对预估抗拉层疲劳的效果。Sousa 提出了一个计算疲劳寿命的理论方法，此理论方法适用于非粘结柔性立管，在这个方法中，首先利用经验弹性模量分析柔性立管的整体响应，得到时域中的力和力矩，通过力和力矩计算出抗拉层上的应力，利用 S-N 曲线计算出柔性立管横截面上各点的疲劳损伤，依据疲劳累积损伤法则估算出立管的疲劳累积损伤及疲劳寿命。ϕstergaard 分析了非粘结柔性立管抗拉层螺旋钢带在轴向压缩和弯曲载荷下的力学特性，主要分析了侧向屈曲的失效形式及原因。在这个分析中，不考虑铠装线所受到的扭矩、内外压作用。谢彬等人评述了近十年来有关柔性立管的疲劳损伤、断裂力学和可靠性的研究，提出了一些适用于非粘结柔性立管疲劳可靠性计算的实用理论和方法，并对海洋非粘结柔性立管疲劳计算理论的研究提出了建议。

有限元法的完善使得非粘结柔性立管的有限元分析变为可能。挪威科技大学的 Minghao Chen 利用 Bflex 软件分析了非粘结柔性立管的抗拉层以及整体的疲劳损伤，并将应变仪测得的抗拉层的应变结果和分析结果进行了对比，结果具有良好的一致性，最后分析了弯曲加强器的弹性模量、弯曲加强器和柔性立管之间的间隙对疲劳寿命的影响。上海交通大学的宋磊建根据环境载荷用 Orcaflex 软件模拟得到到了柔性立管沿管长方向的曲率和张力的变化规律，用 Bflex 软件计算得到了抗拉层的疲劳强度，依据 S-N 曲线分析计算了柔性立管的疲劳寿命。

截至目前为止，在非粘结柔性立管的疲劳分析及疲劳损伤和疲劳寿命估算方面，考虑各结构层之间的摩擦、载荷之间的偶合等各种影响因素的情况下，计算非粘结柔性立管的刚度矩阵，然后对立管进行时域分析，统计应力循环，最后累积得到立管的整体疲劳损伤，是非粘结柔性立管疲劳分析及疲劳寿命计算的常用方法。

因为非粘结柔性立管的结构复杂，疲劳分析的理论尚不成熟，因此对于非粘结柔性立管的疲劳分析，试验研究占据了重要的地位。Saevik 和 S. Berge 采用卧式试验装置对一个内径为 10cm，长度为 8m 的非粘结柔性立管进行了疲劳试验，结果表明，在内压为 25MPa、载荷为 250kN、加载频率为 0.4Hz 条件下，循环进行了 10^6 次之后，非粘结柔性立管没有明显的损伤；1.2×10^6 次之后，非粘结柔性立管开始出现疲劳；$1.3×10^6$次之后，非粘结柔性立管开始断裂。刘秀全对国内外海洋立管疲劳试验的研究成果进行了总结分析，对这些疲劳试验的基本原理、方法、试验设备及性能进行了综述，并对两种常用的试验方法——轴向拉伸疲劳试验法和共振弯曲疲劳试验法进行了重点介绍。巴西的 C-FER 和 Coppe 公司建立了立式疲劳试验装置对非粘结柔性立管进行疲劳试验，如图 4-3 所示，这种试验装置顶端施加交变载荷，底部施加拉力，进行柔性立管的拉弯疲劳试验。Wellstream、NKT 公司也都建立了类似的立式疲劳试验装置，如图 4-4～图 4-6 所示。

图 4-3　Coppe 和 C-FER 公司的立式疲劳试验装置　图 4-4　Wellstream 公司的立式疲劳试验装置

图 4-5　Wellstream 公司的立式疲劳试验装置　　图 4-6　NKT 公司的立式疲劳试验装置

由于立式试验装置高度太大，不方便安装和维修，卧式试验装置相对来说就没有这方面的缺点，因此得到了广泛的应用。如 Wellstream 公司、Technip 公司及 Sintef 公司都建立了卧式疲劳试验装置，其结构如图 4-7~图 4-9 所示。

图 4-7　Wellstream 公司的卧式疲劳试验装置

图 4-8　Technip 公司的卧式疲劳试验装置

图 4-9　Sintef 公司的卧式疲劳试验装置

卧式疲劳试验装置和立式疲劳试验装置虽然结构不一样，但是基本原理是一样的，都是考虑柔性立管所受的弯矩和拉力，也就是考虑海洋浮体结构对柔性立管的作用载荷及柔性立管本身的重力。

国内柔性立管的疲劳试验装置数量很少,刘存等人设计制作了一套悬臂梁往复弯曲腐蚀疲劳试验机,如图4-10所示。该试验机由支架、动力系统、振幅调节装置、固定底座、微调板、环境箱等六大部分组成,通过在试样表面上贴应变片的方法进行应力测试,该机主要是对裸钢及涂层包覆钢进行耐腐蚀疲劳性能试验与研究。上海交通大学在2011年提出了柔性立管立式疲劳试验装置的结构形式,该装置的关键部件如图4-11所示,图4-11(a)为试验装置模拟立管上部疲劳状况的结构形式,该装置在顶部作用缸3和4提供的横摇和纵摇载荷、底部作用缸8提供的轴向载荷、水平作用缸提供的水平载荷共同作用下,对柔性立管的上半部分进行疲劳试验;图4-11(b)为试验装置模拟立管下部疲劳状况的结构形式,该装置在顶部作用缸3和4提供的升降运动和水平运动作用下,模拟柔性立管在泥面接触区域的疲劳状况。2013年,中国石油集团的唐德渝等人设计了海洋刚性管道全尺寸疲劳试验机的结构形式(见图4-12),该试验机在伺服作动机构提供的循环载荷下对海洋立管进行多点弯曲疲劳试验,试验立管多为刚性立管,长度范围为3~12m,直径范围为108~610mm。刘秀全等人基于共振原理研制了一套油气管柱共振弯曲疲劳试验装置,如图4-13所示。该试验装置主要组成部分有油气管柱试件、传动系统、支撑系统、安全防护系统以及测控系统,主要进行小尺寸油气管柱的疲劳性能实验。

目前,国内外常见的柔性立管疲劳试验装置有两类:一类是轴向拉伸疲劳试验装置;另一类是弯曲疲劳试验装置。轴向拉伸疲劳试验装置主要对立管材料进行疲劳试验,验证立管材料的疲劳性能;弯曲疲劳试验装置主要对立管结构进行疲劳试验,验证丰管结构的疲劳性能。

环境箱

图4-10 悬臂梁往复弯曲腐蚀疲劳试验机

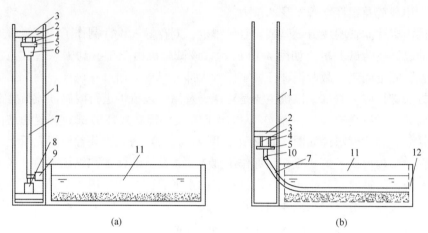

图 4-11 上海交通大学研制的立管立式疲劳试验装置

(a) 模拟立管上部; (b) 模拟立管下部

1—立式塔架; 2—刚性上底板; 3—顶部作用缸; 4—顶部作用缸; 5—刚性连接板; 6—立管套头;
7—试验立管; 8—底部作用缸; 9—水平作用缸; 10—连接杆; 11—卧式沙槽; 12—固定装置

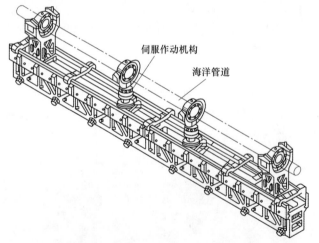

图 4-12 中国石油集团研制的海洋管道全尺寸疲劳试验机

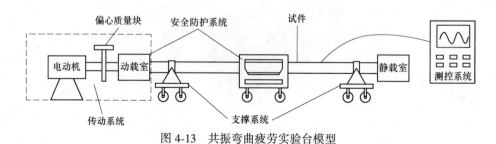

图 4-13 共振弯曲疲劳实验台模型

　　柔性立管疲劳试验完成后，需要对其检测，以判断是否发生疲劳失效和损伤。非粘结柔性立管常用以下几种方法检测其疲劳损伤失效情况：（1）渗漏检测，主要检测管道是否有油气渗漏，检测方法有直接检测法和间接检测方法，直接检测法是通过现场看、闻、听或者通过简单的硬件检测，间接检测法是通过压力传感器传出的压力值的变化判断。（2）圆度检测，主要检测金属层中的骨架层和抗压层，以此判断其自锁情况是否破坏，有接触式检测和非接触式检测两种方法。（3）钢带断裂检测，其检测方法一是安装声纳系统来判断钢带是否断裂，二是利用无损探伤方法、射线来检测。（4）静水压试验，此种试验在每种试验工况结束后都要进行。测试结束后，根据失效标准对柔性立管的疲劳失效情况进行判断。API 17B规范对柔性立管各结构层的失效及损伤明确了验收标准，见表4-1、表4-2。

表 4-1　验收标准—仿真实验

结构层	失 效 定 义	明 显 损 伤
内部骨架层	管壁出现穿透性裂缝，或者自锁消失，导致管子在任意平面内弯曲超过储存弯曲半径使压溃或受压层损坏	管子及横截面严重变形
抗压层	管壁出现穿透性裂缝，或者自锁消失，导致管子在任意平面内弯曲超过储存弯曲半径使内部压力层失效	剖面形状改变导致分析所得的服役寿命低于实际服役寿命；最大交变应力区出现非穿透性裂纹
抗拉层	在现场水压测试中，扭矩的失衡大于$1°/m$（一端自由旋转）；管道轴向刚度比开始测试时减小20%；在任意层上铠装线断裂数多于5%	在任意层上铠装线出现小于5%断裂

表 4-2　相关概念解释

概念	解 　 释
裂纹	材料在应力或环境（或两者同时）作用下产生的裂隙
	微裂纹：长度小于2mm，宽度小于0.2mm
	裂纹：长度2～5mm，宽度0.2～0.5mm
	裂缝：长度大于5mm，宽度大于0.5mm
	开裂：全宽度上的裂缝
断裂	金属扁带完全断开
穿透性裂缝	贯穿构件厚度的裂纹成为穿透裂缝。通常把裂纹延伸到构件厚度一半以上的都视为穿透裂纹。穿透性裂缝可以是直线的、曲线的或其他形状的
非穿透性裂纹	金属扁带或铠装线出现未贯穿全断面的局部裂缝或裂纹
服务寿命	经过相关计算及分析得出的服务寿命值
部面变形	剖面不再光滑平整或已不是圆形剖面

4.4　本章小结

　　本章对海洋非粘结柔性立管的力学性能研究进行了详细的介绍，系统阐述了立管的整体力学性能、局部力学性能及疲劳性能的研究现状、研究方法及发展趋势，为非粘结柔性立管的力学研究奠定了基础。

参 考 文 献

[1] Zoysa, De. A. P. K. Steady analysis of undersea cables [J]. Ocean Engineering, 1978, (5): 209-223.

[2] Felippa C. A., Chung J. S. Nonlinear static analysis of deep-ocean mining pipe (Part I): Modeling and formulation [C]. ASME Journal of Energy Resources Technology, 1981a, 103 (1): 11-15.

[3] McNamara J. F., Lane M. Practical modeling for articulated risers and loading columns [C]. Journal of Energy Resources Technology, Transactions of the ASME, 1984, 106 (4): 444-450.

[4] 朱胜昌，甘锡林，杨显成. 陡峭S形柔性管初始形状计算 [J]. 海洋工程, 1994, (01): 9-15.

[5] Yazdchi M., Crisfield M. A. Buoyancy forces and the 2D finite element analysis of flexible offshore pipes and risers [J]. International Journal for Numerical Methods in Engineering, 2002a, (54): 61-88.

[6] Yazdchi M., Crisfield M. A. Nonlinear dynamic behavior of flexible marine pipes and risers [J]. International Journal for Numerical Methods in Engineering, 2002b, (54): 1265-1308.

[7] 卢青针. 水下生产系统脐带缆的结构设计与验证 [D]. 大连：大连理工大学, 2013.

[8] 孙丽萍，周佳，王佳琦. 深水柔性立管的缓波型布置及参数敏感性分析 [J]. 中国海洋平台, 2011, (03): 37-42.

[9] Knapp R. H. Derivation of a new stiffness matrix for helically armoured cablesconsidering tension and torsion [J]. International Journal for Numerical Methods in Engineering, 1979, 14 (4): 515-529.

[10] Atadan A. S., Calisal S. M., Modi V. J., et al. Analytical and numerical analysis of the dynamics of a marine riser connected to a floating platform [J]. Ocean Engineering, 1997, 24 (2): 111-131.

[11] Ramos Jr R., Pesce C. P., Martins C. A. Comparative analysis between analytical and FE-based models for flexible pipes subjected to axisymmetric loads [C]. Proceeedings of the 10th International Offshore and Polar Engineering Conference, May 28, 2000 - June 2, 2000. Seattle, WA, USA: ISOPE, 2000. 80-88.

[12] Leroy J-M, Estrier P. Calculation of stresses and slips in helical layers of dynamically bent flexible pipes [J]. Oil & Gas Science and Technology, 2001, 56 (6): 545-554.

［13］ Bahtui A. , Bahai H. , Alfano G. A finite element analysis for unbonded flexible risers under torsion ［J］. Journal Of Offshore Mechanics And Arctic Engineering-Transactions Of the Asme, 2008, 130 (4): 15-20.

［14］ Bahtui A. , Alfano G. , Bahai H. , Hosseini-Kordkheili S A. On the multi-scale computation of un-bonded flexible risers ［J］. Engineering Structures, 2010, 32 (8): 2287-2299.

［15］ Bahtui Ali. Development of a constitutive model to simulate unbonded flexible riser pipe elements ［D］. Uxbridge : Brunel University, 2008.

［16］ MT Rahmati, Bahai H. , Norouzi S. , et al. Experimental and Numerical Study of the Bending Behavior of A Flexible Riser Model ［C］. Proceedings of the ASME 2015 34th International Conference on Ocean, Offshore and Arctic Engineering, May 31-June 5, 2015, St. John's, Newfoundland, Canada, OMAE2015-41816.

［17］ Huston R. L. Multibody Dynamics-Model and Analysis Methods ［J］. Appl. Mech. Rev, 1991, 44 (3): 109-117.

［18］ 蔡国平, 洪嘉振. 旋转运动柔性梁的假设模态方法研究 ［J］. 力学学报, 2005, (01): 48-56.

［19］ Chen Wen. Dynamic modeling of multi-link flexible robotic manipulators ［J］. Computers and Structures, 2001, 79 (2): 183-195.

［20］ Chu Zhongyi, Cui Jing. A finite element approach to dynamic modeling of multi-rigid body system ［C］. Asian Simulation Conference 2005, ASC 2005 and the 6th International Conference on System Simulation and Scientific Computing, ICSC 2005, October 24, 2005 - October 27, 2005. Beijing, China: World Publishing Corporation, 2005. 51-55.

［21］ Gerstmayr Johannes, Schoberl Joachim. A 3D finite element method for flexible multibody systems ［J］. Multibody System Dynamics, 2006, 15 (4): 305-320.

［22］ Huston Ronald L. Multi-body dynamics including the effects of flexibility and compliance ［J］. Computers & Structures, 1981, 14 (5): 443-451.

［23］ 闫绍泽, 刘冰清, 刘又午, 等. 柔性多体系统动力学——有限段方法 ［J］. 河北工业大学学报, 1997, (03): 1-9.

［24］ 孙宏丽. 机械系统刚—柔—液耦合多体动力学递推建模研究 ［D］. 南京: 南京航空航天大学, 2011.

［25］ Carrera Eliodoro, Serna Miguel A. Inverse dynamics of flexible robots ［J］. Mathematics and Computers in Simulation, 1996, 41 (5-6): 485-508.

［26］ 黄欢. 柔性机械臂的模态综合建模及其动力学分析 ［D］. 杭州: 浙江工业大学, 2005.

［27］ Winfrey R. C. Elastic link mechanism dynamics ［J］. 1971, 93 Ser B (1): 268-272.

［28］ 兰朋, 陆念力, 丁庆勇, 等. 精确运动弹性动力学分析方法的显式表达 ［J］. 南京理工大学学报 (自然科学版), 2005, (02): 153-157.

［29］ 罗冰. 起重机柔性臂架系统动力学建模与分析方法研究 ［D］. 哈尔滨: 哈尔滨工业大学, 2009.

［30］ 赵欣. 作大范围运动格构式桥检车刚柔耦合系统动力学分析研究 ［D］. 哈尔滨: 哈尔滨

工业大学，2013.

[31] 杨东武. 柔性多体系统动力学的建模研究 [D]. 西安：西安电子科技大学，2005.

[32] 王国平. 多体系统动力学数值解法 [J]. 计算机仿真，2006，（12）：86-89.

[33] Baumgarte J. W. New method of stabilization for holonomic constraints [J]. Journal of Applied Mechanics, Transactions ASME, 1983, 50 (4 a)：869-870.

[34] Bayo E. , Ledesma R. Augmented lagrangian and mass-orthogonal projection methods for constrained multibody dynamics [J]. Nonlinear Dynamics, 1996, 9 (1-2)：113-130.

[35] 潘振宽，赵维加，洪嘉振，等. 多体系统动力学微分/代数方程组数值方法 [J]. 力学进展，1996，（01）：28-40.

[36] 伍平. 多体系统动力学建模及数值求解研究 [D]. 成都：四川大学，2003.

[37] Feret J. J. , Bournazel C. L. Calculation of Stresses and Slip in Structural Layers of Unbonded Flexible Pipes [J]. Journal of Offshore Mechanics and Arctic Engineering, 1987, 109 (3)：263-269.

[38] Custodio A. B. , Vaz M. A. A nonlinear formulation for the axisymmetric response of umbilical cables and flexible pipes [J]. Applied Ocean Research, 2002, 24 (1)：21-29.

[39] Witz J A Tan Z. On the Flexural Structural Behaviour of Flexible Pipes, Umbilicals and Marine Cabies [J]. Marine structures, 1992, 5 (3)：229-249.

[40] Kebadze E. , Kraincanic I. Non-linear bending behaviour of offshore flexible pipes [C]. Proceedings of the International Offshore and Polar Engineering Conference, 1999：2226-233.

[41] Tan Zhimin, Sheldrake Terry, Case Michael. Higher order effects on bending of helical armor wire inside an unbonded flexible pipe [C]. 24th International Conference on Offshore Mechanics and Arctic Engineering, 2005. Halkidiki, Greece：American Society of Mechanical Engineers, 2005. 447-455.

[42] Zhang Yanqiu, Qiu Lun. Numerical model to simulate tensile wire behavior in unbonded flexible pipe during bending [C]. 26th International Conference on Offshore Mechanics and Arctic Engineering 2007. San Diego, CA, United states：American Society of Mechanical Engineers, 2007. 17-29.

[43] Zhang Y, Chen B, Qiu L, et al. State of the art analytical tools improve optimization of unbonded flexible pipes for deepwater environments [C]. The 2003 offshore technology conference. Houston, Texas：2003. 5-8.

[44] 董磊磊. 非粘合柔性立管截面特性的理论计算及 BSR 区域的疲劳分析 [D]. 大连：大连理工大学，2013.

[45] Mciver D. B. Method of modelling the detailed component and overall structural behaviour of flexible pipe sections [J]. Engineering Structures, 1995, 17 (4)：254-266.

[46] Yutian Lu, Huibin Yan, Yong Bai, et al. Helical Wire Behavior of Unbonded Flexible Pipes under Bending [C]. Proceedings of the ASME 2015 34th International Conference on Ocean, Offshore and Arctic Engineering, 2015. St. John's, Newfoundland, Canada, OMAE2015-41134.

［47］ De Oliveira J G, Goto Y, Okamoto T. Theoretical and methodological approaches to flexible pipe design and application ［C］. Proceedings. Offshore Technology Conference. TX, USA: 1985. 517.

［48］ Nielsen R, Colquhoun R S, McCone A, et al. Tools for predicting service life of dynamic flexible risers ［C］. The First ISOPE European Offshore Mechanics Symposium. Trondheim, Norway: International Society of Offshore and Polar Engineers, 1990. 449-456.

［49］ Claydon P, Cook G, Brown P A, et al. A theoretical approach to prediction of service life of unbonded flexible pipes under dynamic loading conditions ［J］. Marine structures, 1992, 5 (5): 399-429.

［50］ Witz J A, Tan Z. On the flexural structural behaviour of flexible pipes, umbilicals and marine cables ［J］. Marine structures, 1992, 5 (2): 229-249.

［51］ Out J. M. M., Morgen B. J. Slippage of helical reinforcing on a bent cylinder ［J］. Engineering Structures, 1997, 19 (6): 507-515.

［52］ Martins C. A., Pesce C. P. A simplified procedure to assess the fatigue-life of flexible risers ［C］. Proceedings Of the Twelfth International Offshore And Polar Engineering Conference. Kitakyushu, Japan: 2002. 179-186.

［53］ Feret J J, Bournazel C L, Rigaud J. Evaluation of flexible pipes' life expectancy under dynamic conditions ［C］. Offshore Technology Conference. Houston, Texas: Offshore Technology Conference, 1986. 83-90.

［54］ Grealish F, Smith R, Zimmerman J. New industry guidelines for fatigue analysis of unbonded flexible risers ［C］. Offshore Technology Conference. Houston, Texas: Offshore Technology Conference, 2006: 81-85.

［55］ Sævik Svein. Theoretical and experimental studies of stresses in flexible pipes ［J］. Computers & Structures, 2011, 89 (23): 2273-2291.

［56］ de Sousa José Renato M, de Sousa Fernando J M, de Siqueira Marcos Q. A Theoretical Approach to Predict the Fatigue Life of Flexible Pipes ［J］. Journal of Applied Mathematics, 2012: 2-29.

［57］ Østergaard Niels, Lyckegaard Anders, Andreasen Jens H. Imperfection analysis of flexible pipe armor wires in compression and bending ［J］. Applied Ocean Research, 2012, 3840-47.

［58］ 谢彬, 段梦兰, 秦太验, 等. 海洋深水立管的疲劳断裂与可靠性评估研究进展 ［J］. 石油学报, 2004, (03): 95-100.

［59］ Chen Minghao. Fatigue analysis of flexible pipes using alternative element types and bend stiffener data ［D］. Trondheim: Norwegian University of Science and Technology, 2011.

［60］ 宋磊建. 缓波形柔性立管总体响应特性研究及疲劳分析 ［D］. 上海: 上海交通大学, 2013.

［61］ Zwerneman F. J., Digre K. A. 22nd edition of API RP 2A recommended practice for planning, designing and constructing fixed offshore platforms - Working stress design ［C］. Offshore Technology Conference 2010. Houston, TX, United states: Offshore Technology Conference,

2010. 2364-2372.

[62] Saevik S, Berge S. Fatigue testing and theoretical studies of two 4 in flexible pipes [J]. Engineering Structures, 1995, 17 (4): 276-292.

[63] 刘秀全, 陈国明, 畅元江, 等. 海洋油气立管疲劳试验方法 [C]. 第十三届中国科协年会第 13 分会场——海洋工程装备发展论坛. 中国天津: 2011. 5.

[64] de Lemos Duarte, Alberto Carlos, Vaz Murilo Augusto. Flexible Riser Fatigue Design and Testing [C]. The Fifteenth International Offshore and Polar Engineering Conference. International Society of Offshore and Polar Engineers, 2005. 221-229.

[65] Clevelario Judimar. USP Course on Flexible Pipes Introduction to Unbonded Flexible Pipe [J]. Design & Manufacturing, 2009, 1-67.

[66] Berge Stig, Bendiksen Erik, Gudme Jonas, Clements Richard. Corrosion Fatigue Testing of Flexible Riser Armour: Procedures for Testing and Assessment of Design Criteria [C]. ASME 2003 22nd International Conference on Offshore Mechanics and Arctic Engineering. Cancun, Mexico: American Society of Mechanical Engineers, 2003: 225-231.

[67] Perdrizet T, Leroy J M, Barbin N, Le-Corre V, Charliac D, Estrier P. Stresses in armour layers of flexible pipes: comparison of Abaqus models [C]. 2011 SIMULIA Customer Conference. Barcelona, Spain, 2011. 1-14.

[68] Laboratory Marine Structures [J]. Technical specifications and testing facilities, 1998, 1-4.

[69] 刘存, 赵卫民, 信若飞, 等. 悬臂梁往复弯曲腐蚀疲劳试验机的设计 [J]. 腐蚀科学与防护技术, 2010, 22 (03): 238-242.

[70] 曹静, 王德禹, 张恩勇, 等. 一种立管立式疲劳试验装置 [P]. 中国, 发明专利, CN102095630A, 2011-06-15.

[71] 唐德渝, 方总涛, 胡艳华, 等. 海洋管道全尺寸疲劳试验机的研制 [J]. 石油工程建设, 2013, (03): 20-25.

[72] 刘秀全, 陈国明, 畅元江. 油气管柱共振弯曲疲劳实验平台研制 [J]. 实验室研究与探索, 2018, 37 (01): 54-57.

[73] Celines, Emmanuld, Jackym. Fatigue resistant threaded and coupled connectors for deepwater riser systems: design and performance evaluation by analysis and full scale tests [C]. Proceeding of the ASME 27th International Conference on offshore Mechanics and Arctic Engineerin g, Paper 57603. Esto ril, Portugal, 2008.

[74] 刘秀全, 陈国明, 畅元江, 等. 海洋油气立管疲劳试验方法 [C]. 中国造船工程学会: 第十三届中国科协年会海洋工程装备发展论坛暨 2011 年海洋工程学术年会论文集. 2011: 34-39.

[75] Berge Stig, Sævik Svein, Langhelle Nina, Holmås Tore, Eide Oddvar I. Recent Developments in Qualification and Design of Flexible Risers [C]. Int. Conf. Offshore Mechanics and Artic Engineering, Rio de Janeiro. Rio de Janeiro, Brazil: 2001. 1-9.

[76] 田政, 陈长风, 杜文燕, 等. 海底管道完整性评估及修复技术 [J]. 石油工程建设, 2005, (03): 40-43.

［77］赵林，段文静．海洋柔性立管疲劳试验及其失效检测探究［J］．海洋技术学报，2016，
　　　35（03）：109-114.

［78］蒋晓斌，郭江波，赵晓辉．海洋柔性管检测技术现状［J］．管道技术与设备，2013，
　　　（05）：22-24.

［79］Petroleum industries and natural gas. API RP 17B-2008 软管推荐做法［S］．Washington，
　　　D. C：Petroleum and natural gas industries，2008.

［80］王繁生．带式输送机柔性多体动力学分析方法［M］．徐州：中国矿业大学出版社，
　　　2013：11-24.

5 非粘结柔性立管的整体刚度分析

海洋非粘结柔性立管在工作中受到拉伸、扭转、径向和弯曲组合载荷的共同作用，这些载荷都会对立管的变形产生影响。如果载荷过大，非粘结柔性立管的刚度比较低，立管的变形就比较大，从而导致立管破坏或者失效，因此研究非粘结柔性立管的整体刚度是其设计和分析的重要工作。但是，由于非粘结柔性立管的材料和结构非常复杂，立管的整体刚度研究变得很困难。目前，在考虑层与层之间的摩擦和接触情况下，求解立管整体刚度的方法有两种：一种是依据立管材料的本构关系、立管的变形及边界条件建立微分方程，利用微分方程求解；另一种是用能量法求解。微分方程推导比较繁琐，能量法没有考虑组合载荷耦合及螺旋钢带局部变形的影响，这会对分析结果产生一定的影响。

本章在考虑载荷耦合以及螺旋钢带局部变形的条件下，利用虚功原理对海洋非粘结柔性立管在组合载荷下的整体刚度和结构响应进行分析，并与已有实验结果进行对比，为海洋非粘结柔性立管的结构分析提供理论和方法。

5.1 基本假设

非粘结柔性立管的整体刚度和结构响应分析基于以下的假设：立管各结构层具有相同的扭转角、轴向伸长和弯曲角度；立管横截面在变形前和变形后都保持圆形，忽略椭圆化影响；在同一层中，各螺旋钢带之间没有接触；非金属层为各向同性。

以上述假设为基础，把非粘结柔性立管的各个结构层根据材料的不同分为金属层和非金属层，根据各层的特性利用虚功原理推导其刚度和结构响应方程。

5.2 非金属层的刚度分析

海洋非粘结柔性立管的非金属层指材料为复合材料的各层，包括防护层、抗磨层。本节在考虑内压、外压、拉伸、扭转和弯曲组合载荷的作用下，分析非粘结柔性立管的整体刚度和结构响应。图 5-1 所示为立管的非金属层所受的载荷和变形情况。图中，ΔR_i 表示径向变形量，$\Delta \mu_z$ 表示轴向变形量，$\Delta \phi_z$ 表示扭转角度，N 表示拉伸载荷，M_x 表示绕 x 轴的弯矩，M_z 表示扭矩，$\Delta \phi_x$ 为弯曲角度，ε_1、ε_2 为轴向应变和周向应变，σ_1、σ_2 为轴向应力和周向应力，γ_{12} 为扭转变形。

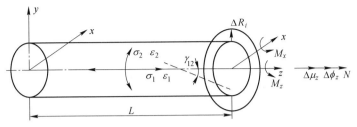

图 5-1 非金属层的载荷和变形

由于非粘结柔性立管的非金属层厚度和外径相比比较小，一般小于 0.05，因此可以采用薄壁圆筒理论求解其变形。在组合载荷下，长度为 L 的非金属层的变形为：

$$\begin{cases} \varepsilon_1 = \dfrac{\Delta\mu_z}{L} + \dfrac{y\Delta\phi_x}{L} \\[3mm] \varepsilon_2 = \dfrac{\Delta R_i}{R_i} \\[3mm] \gamma_{12} = R_i\dfrac{\Delta\phi_z}{L} \end{cases} \tag{5-1}$$

对于弹性变形体非金属层来说，其变形能可表示为：

$$U = \frac{1}{2}\int_V (\sigma_1\varepsilon_1 + \sigma_2\varepsilon_2 + \tau_{12}\gamma_{12})\,\mathrm{d}V \tag{5-2}$$

式中，R_i 为 i 层中性层的半径，τ_{12} 为剪切应力。

设 ν_i 为 i 层的泊松比，由广义胡克定律知：

$$\begin{cases} \varepsilon_1 = \dfrac{1}{E_i}(\sigma_1 - \nu_i\sigma_2) \\[3mm] \varepsilon_2 = \dfrac{1}{E_i}(\sigma_2 - \nu_i\sigma_1) \end{cases}, \quad 即： \begin{cases} \sigma_2 = \dfrac{E_i\varepsilon_2 + \nu_iE_i\varepsilon_1}{1 - \nu_i^2} \\[3mm] \sigma_1 = \dfrac{E_i\varepsilon_1 + \nu_iE_i\varepsilon_2}{1 - \nu_i^2} \end{cases} \tag{5-3}$$

把公式（5-3）代入公式（5-2），可以得到柔性立管非金属层的变形能为：

$$U = \frac{1}{2}\iint_{V_i} \left(\frac{E_i}{1-\nu_i^2}\varepsilon_1^2 + \frac{E_i}{1-\nu_i^2}\varepsilon_2^2 + 2\nu_i\frac{E_i}{1-\nu_i^2}\varepsilon_1\varepsilon_2 + G_i\gamma_{12}^2 \right)\mathrm{d}V_i \tag{5-4}$$

将公式（5-1）代入公式（5-4）中，得到变形能 U 为：

$$U = \frac{1}{2}\int_{V_i} \left(\begin{array}{l} \dfrac{E_i}{1-\nu_i^2}\left(\dfrac{\Delta\mu_z}{L} + \dfrac{y\Delta\phi_x}{L}\right)\left(\dfrac{\Delta\mu_z}{L} + \dfrac{y\Delta\phi_x}{L}\right) + \dfrac{E_i}{1-\nu_i^2}\left(\dfrac{\Delta R_i}{R_i}\right)\left(\dfrac{\Delta R_i}{R_i}\right) + \\[4mm] 2\nu_i\dfrac{E_i}{1-\nu_i^2}\left(\dfrac{\Delta\mu_z}{L} + \dfrac{y\Delta\phi_x}{L}\right)\left(\dfrac{\Delta R_i}{R_i}\right) + G_i\left(R_i\dfrac{\Delta\phi_z}{L}\right)\left(R_i\dfrac{\Delta\phi_z}{L}\right) \end{array} \right)\mathrm{d}V_i$$

整理得：

$$U = \frac{1}{2}\int\limits_{V_i}\left(\begin{array}{l}\dfrac{E_i}{1-\nu_i^2}\dfrac{\Delta\mu_Z^2 + 2\Delta\mu_z y\Delta\phi_x + y^2\Delta\phi_x^2}{L^2} + \dfrac{E_i}{1-\nu_i^2}\dfrac{\Delta R_i^2}{R_i^2} + \\[2mm] 2\nu_i\dfrac{E_i}{L-\nu_i^2}\dfrac{(\Delta\mu_z + y\Delta\phi_x)\Delta R_i}{LR_i} + G_i R_i^2\dfrac{\Delta\phi_z^2}{L^2}\end{array}\right)dV_i \quad (5\text{-}5)$$

当非粘结柔性立管的非金属层产生 Δu_z 的轴向变形，ΔR_i 的径向变形，$\Delta\phi_z$ 的扭转角度，$\Delta\phi_x$ 的弯曲角度时，外力在此非金属层上所做的功为：

$$W = N_i\Delta\mu_z + T_i\Delta\phi_z + M_{xi}\Delta\phi_x + P_i(2\pi R_i L\Delta R_i + \pi R_i^2\Delta\mu_z) \quad (5\text{-}6)$$

式中，P_i 为 i 层的内外压力差。

根据虚功原理，在非金属层小变形情况下，应变能等于外力所做的功，即：

$$\delta U = \delta W \quad (5\text{-}7)$$

分别对公式（5-5）和（5-6）求微分得：

$$\delta U = \frac{1}{2}\int\limits_{V_i}\left(\begin{array}{l}\dfrac{E_i}{1-\nu_i^2}\dfrac{2\Delta\mu_z\delta\Delta\mu_z + 2\delta\Delta\mu_z y\Delta\phi_x + 2\Delta\mu_z y\delta\Delta\phi_x + 2y^2\Delta\phi_x\delta\Delta\phi_x}{L^2} + \\[2mm] \dfrac{E_i}{1-\nu_i^2}\dfrac{2\Delta R_i\delta\Delta R_i}{R_i^2} + 2\nu_i\dfrac{E_i}{1-\nu_i^2}\dfrac{(\delta\Delta\mu_z + y\delta\Delta\phi_x)\Delta R_i + (\Delta\mu_z + y\Delta\phi_x)\delta\Delta R_i}{LR_i} + \\[2mm] G_i R_i^2\dfrac{2\Delta\phi_z\delta\Delta\phi_z}{L^2}\end{array}\right)dV_i$$

$$(5\text{-}8)$$

$$\delta W = N_i\delta\Delta\mu_z + T_i\delta\Delta\phi_z + M_{xi}\delta\phi_x + P_i(2\pi R_i L\delta\Delta R_i + \pi R_i^2\delta\Delta\mu_z) \quad (5\text{-}9)$$

把公式（5-8）和（5-9）代入公式（5-7），整理得到在组合载荷作用下立管非金属层的响应方程为：

$$\begin{bmatrix}\dfrac{E_i}{1-\nu_i^2}A_i & 0 & 0 & \dfrac{\nu_i E_i}{1-\nu_i^2}A_i \\[2mm] 0 & G_i I_{zi} & 0 & 0 \\[2mm] 0 & 0 & \dfrac{E_i}{1-\nu_i^2}I_{xi} & 0 \\[2mm] \dfrac{\nu_i E_i A_i}{1-\nu_i^2} & 0 & 0 & \dfrac{E_i A_i}{1-\nu_i^2}\end{bmatrix}\begin{bmatrix}\dfrac{\Delta\mu_z}{L} \\[2mm] \dfrac{\Delta\phi_z}{L} \\[2mm] \dfrac{\Delta\phi_x}{L} \\[2mm] \dfrac{\Delta R_i}{R_i}\end{bmatrix} = \begin{bmatrix}N_l + \pi R_i^2 P_i \\[2mm] T_i \\[2mm] M_{xi} \\[2mm] 2\pi R_i^2 P_i\end{bmatrix} \quad (5\text{-}10)$$

式中，I_{xi}、I_{zi} 为第 i 层非金属层对 x、z 轴的惯性矩；A_i 为 i 层的截面积；E_i 为 i 层的弹性模量；G_i 为 i 层的剪切模量。

由式（5-10）可知柔性立管中第 i 层非金属层的刚度矩阵 K_i 为：

$$K_i = \begin{bmatrix} \dfrac{E_i}{1-\nu_i^2}A_i & 0 & 0 & \dfrac{\nu_i E_i}{1-\nu_i^2}A_i \\[3mm] 0 & G_i I_{zi} & 0 & 0 \\[3mm] 0 & 0 & \dfrac{E_i}{1-\nu_i^2}I_{xi} & 0 \\[3mm] \dfrac{\nu_i E_i A_i}{(1-\nu_i^2)R_i} & 0 & 0 & \dfrac{E_i A_i}{(1-\nu_i^2)R_i} \end{bmatrix} \tag{5-11}$$

5.3 螺旋钢带未滑动时金属层的刚度分析

非粘结柔性立管的金属层是指由金属材料制造的各结构层，包括骨架层、抗压层、抗拉层。根据柔性立管金属层的结构，在不考虑滑移和变形的情况下，金属层的变形能是该层上所有螺旋钢带的变形能之和，所以要得到金属层的变形能只需要计算螺旋钢带的变形能。

非粘结柔性立管 j 层上第 s 条螺旋钢带的坐标系及参数如图 5-2 所示，在轴对称载荷下螺旋钢带变形前的长度和变形后的长度如图 5-3 所示。由图可知，第 s 条钢带变形后的长度为 $\dfrac{h+\Delta u_z}{\cos\alpha'}$，变形前的长度为 $\dfrac{h}{\cos\alpha}$，所以螺旋钢带的轴向应变为：

$$\varepsilon_1^{s1} = \frac{\dfrac{h+\Delta u_z}{\cos\alpha'} - \dfrac{h}{\cos\alpha}}{\dfrac{h}{\cos\alpha}} \tag{5-12}$$

$$\cos\alpha' = \frac{h+\Delta u_z}{\sqrt{(h+\Delta u_z)^2 + [\varphi(R_s+\Delta R_s)+R_s\Delta\phi_z]^2}} \tag{5-13}$$

$$h = \frac{R_s\varphi}{\tan\alpha} \tag{5-14}$$

式中，h 为螺旋钢带 s 的螺距；Δu_z 为变形后螺旋钢带 s 沿 z 轴的伸长；$\Delta\phi_z$ 为沿 z 轴的扭转角度；R_s 为钢带 s 所在 j 层的中性层半径；ΔR_s 为中性层半径的增量；α 为螺旋钢带 s 变形前的螺旋角；α' 为螺旋钢带 s 变形后的螺旋角；φ 为螺旋线某点的径向角度。

将公式（5-13）、公式（5-14）代入公式（5-12），整理得到沿螺旋钢带长度（轴向）方向的应变为：

$$\varepsilon_1^{s1} = \frac{\Delta u_z}{L}\cos^2\alpha + \frac{\Delta R_s}{R_s}\sin^2\alpha + \frac{\Delta\phi_z}{L}R_s\sin\alpha\cos\alpha \tag{5-15}$$

式中，ε_1^{s1} 为轴对称载荷产生的轴向应变。

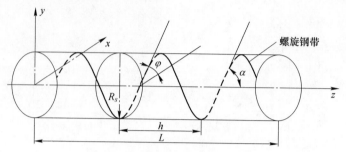

图 5-2　螺旋钢带的坐标系及参数

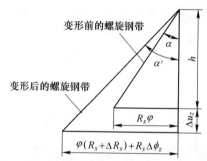

图 5-3　螺旋钢带变形前和变形后的长度及参数

在组合载荷中，弯矩也会使柔性立管产生应变，在弯矩作用下螺旋钢带变形前的位形如图 5-4 所示，螺旋钢带上的点 P 的坐标值为：

$$\begin{cases} x = R_s\cos\varphi \\ y = R_s\sin\varphi \\ z = \dfrac{R_s\varphi}{\tan\alpha} \end{cases} \tag{5-16}$$

螺旋钢带变形后的位形如图 5-5 所示，螺旋钢带上的点 P' 的坐标值为：

$$\begin{cases} x' = R_s\cos\varphi \\ y' = \left[1 - \left(\cos\dfrac{R_s\varphi}{\tan\alpha}\kappa \right) \right]\dfrac{1}{\kappa} + R_s\sin\varphi\cos\left(\dfrac{R_s\varphi}{\tan\alpha}\kappa \right) \\ z' = \sin\left(\dfrac{R_s\varphi}{\tan\alpha}\kappa \right)\dfrac{1}{\kappa} - R_s\sin\varphi\sin\left(\dfrac{R_s\varphi}{\tan\alpha}\kappa \right) \end{cases} \tag{5-17}$$

式中，κ 为弯曲曲率。

j 层上螺旋钢带 s 由于弯矩产生的应变为：

$$\varepsilon_1^{s2} = \frac{\mathrm{d}s'}{\mathrm{d}s} - 1 = \sqrt{\left(\frac{\mathrm{d}x'^2 + \mathrm{d}y'^2 + \mathrm{d}z'^2}{\mathrm{d}x^2 + \mathrm{d}y^2 + \mathrm{d}z^2} \right)} - 1 \tag{5-18}$$

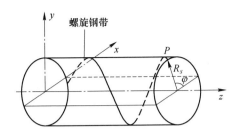

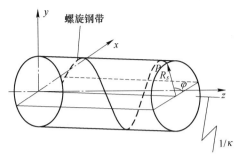

图 5-4 弯矩作用下螺旋钢带变形前的位形   图 5-5 螺旋钢带变形后的位形

将公式（5-16）、公式（5-17）代入公式（5-18），并整理得：

$$\varepsilon_1^{s2} = \sqrt{1 - 2R_s\cos^2\alpha\sin\varphi\kappa + R_s^2\cos^2\alpha\sin^2\varphi\kappa^2} - 1 \tag{5-19}$$

依据图 5-5 和图 5-6 中的参数可得：$\varphi = \dfrac{2\pi s}{m} + \dfrac{z\tan\alpha}{R}$

根据小变形条件和假设（见图 5-6），公式（5-19）可以写成：

$$\varepsilon_1^{s2} = R_s\cos^2\alpha\sin\varphi\kappa = R_s\cos^2\alpha\sin\left(\frac{2\pi s}{m} + \frac{z\tan\alpha}{R_s}\right)\kappa \tag{5-20}$$

式中，m 为 j 层上螺旋钢带的条数；s 为螺旋钢带的头数。

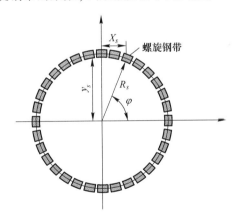

图 5-6 螺旋钢带在 $z=0$ 处的位形

在轴对称和弯矩组合载荷作用下，螺旋钢带 s 的轴向应变为：

$$\varepsilon_{s1} = \varepsilon_1^{s1} + \varepsilon_1^{s2} \tag{5-21}$$

$$\varepsilon_{s1} = \frac{\Delta u_z}{L}\cos^2\alpha + \frac{\Delta R_s}{R_s}\sin^2\alpha + \frac{\Delta\varphi_z}{L}R_s\sin\alpha\cos\alpha + R_s\cos^2\alpha\sin\left(\frac{2\pi s}{m} + \frac{z\tan\alpha}{R_s}\right)\frac{\Delta\varphi_x}{L} \tag{5-22}$$

式中，ε_{s1} 为螺旋钢带 s 在轴向的总应变。

假设 j 层上有 m 条钢带均匀地布置在圆周上，在轴对称和弯矩组合载荷作用下，柔性立管 j 层的应变能为：

$$U = \frac{1}{2}\sum_{s=1}^{m}\int_{V_s}\sigma_s\varepsilon_{s1}\mathrm{d}V_s = \frac{1}{2}\sum_{s=1}^{m}\int_L E_s\varepsilon_{s1}^2 A_s\frac{\mathrm{d}z}{\cos\alpha}$$

$$\delta U = \frac{1}{2}\sum_{s=1}^{m}\int_{V_s}\sigma_s\delta\varepsilon_{s1}\mathrm{d}V_s = \sum_{s=1}^{m}\int_L E_s\varepsilon_{s1}\delta\varepsilon_{s1}A_s\frac{\mathrm{d}z}{\cos\alpha} = \frac{mE_sA_s}{\cos\alpha}\int_L\varepsilon_{s1}\delta\varepsilon_{s1}\mathrm{d}z \quad (5\text{-}23)$$

当非粘结柔性立管的金属层产生 $\Delta\mu_z$ 的轴向变形，ΔR_j 的径向变形，$\Delta\phi_z$ 的扭转角度，$\Delta\phi_x$ 的弯曲角度时，外力在此金属层上所做的功为：

$$W = N_j\Delta u_z + T_j\Delta\phi_z + M_{xj}\Delta\phi_x + P_j(2\pi R_jL\Delta R_j + \pi R_j^2\Delta u_z) \quad (5\text{-}24)$$

$$\delta W = N_j\delta\Delta u_z + T_j\delta\Delta\phi_z + M_{xj}\delta\Delta\phi_x + P_j(2\pi R_jL\delta\Delta R_j + \pi R_j^2\delta\Delta u_z) \quad (5\text{-}25)$$

根据虚功原理 $\delta U = \delta W$，联合公式（5-23）和公式（5-25），略去高阶项，得到立管的响应公式（5-26）：

$$K_j\begin{bmatrix}\dfrac{\Delta u_z}{L}\\[2mm]\dfrac{\Delta\phi_z}{L}\\[2mm]\dfrac{\Delta\phi_x}{L}\\[2mm]\dfrac{\Delta R_s}{R_s}\end{bmatrix} = \begin{bmatrix}N_j + \pi R_j^2 P_j\\[2mm]T_j\\[2mm]M_{xj}\\[2mm]2\pi R_j^2 P_j\end{bmatrix} \quad (5\text{-}26)$$

式中，$R_j = R_s$，在立管响应方程中，为了描述方便，特用 R_j 表示；K_j 表示柔性立管中第 j 层金属层的刚度矩阵，其计算公式为：

$$K_j = \frac{mE_sA_s}{L}\begin{bmatrix}L\cos^3\alpha & LR_s\sin\alpha\cos^2\alpha & \dfrac{R_s^2\cos^4\alpha}{\sin\alpha} & L\sin^2\alpha\cos\alpha\\[3mm]LR_s\sin\alpha\cos^2\alpha & LR_s^2\sin^2\alpha\cos\alpha & R_s^2\cos^3\alpha & LR_s\sin^3\alpha\\[3mm]\dfrac{R_s^2\cos^4\alpha}{\sin\alpha} & R_s^2\cos^3\alpha & \dfrac{\pi R_s^3\cos^4\alpha}{\sin\alpha} & R_s^2L\cos^2\alpha\sin\alpha\\[3mm]L\sin^2\alpha\cos\alpha & LR_s\sin^3\alpha & R_s^2L\cos^2\alpha\sin\alpha & \dfrac{L\sin^4\alpha}{\cos\alpha}\end{bmatrix} \quad (5\text{-}27)$$

5.4　螺旋钢带滑动后金属层的刚度分析

由于非粘结柔性立管各层之间的连接方式是非粘结的，因此当立管弯曲到一定程度时，各层之间会产生相对滑动，从而影响非粘结柔性立管的刚度。本节主要研究柔性立管各层之间产生相对滑动时金属层的刚度。

5.4.1　螺旋钢带发生滑动时柔性立管的最小曲率

　　柔性立管的最小曲率即为滑动的临界曲率，如果柔性立管的弯曲曲率小于临界曲率，螺旋钢带不产生滑动；反之，则会产生滑动，通过螺旋钢带的微段 ds 的受力平衡推导得到柔性立管的最小曲率。

　　在组合载荷下，立管的螺旋钢带微段 ds 的受力情况如图 5-7 所示。

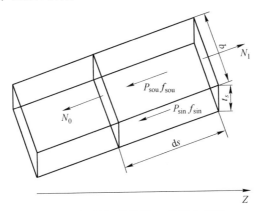

图 5-7　螺旋钢带微段 ds 的受力情况

　　由 5.3 中的公式（5-22）可知，在组合载荷下螺旋钢带微段 ds 的内力为：

$$N_0 = E_s A_s \left[\begin{array}{l} \dfrac{\Delta u_z}{L}\cos^2\alpha + \dfrac{\Delta R_s}{R_s}\sin^2\alpha + \dfrac{\Delta \phi_z}{L}R_s\sin\alpha\cos\alpha + \\[2mm] R_s\cos^2\alpha\sin\left(\dfrac{2\pi s}{m} + \dfrac{z\tan\alpha}{R_s}\right)\kappa \end{array} \right] \tag{5-28}$$

$$N_1 = E_s A_s \left[\begin{array}{l} \dfrac{\Delta u_z}{L}\cos^2\alpha + \dfrac{\Delta R_s}{R_s}\sin^2\alpha + \dfrac{\Delta \phi_z}{L}R_s\sin\alpha\cos\alpha + \\[2mm] R_s\cos^2\alpha\sin\left(\dfrac{2\pi s}{m} + \dfrac{(z+\mathrm{d}z)\tan\alpha}{R_s}\right)\kappa \end{array} \right] \tag{5-29}$$

　　因此，螺旋钢带微段 ds 要产生滑动，必须使摩擦力 F_s 等于或者小于 N_1 与 N_0 的差值，即：

$$F_s \le N_1 - N_0 \tag{5-30}$$

　　考虑到 $\dfrac{\mathrm{d}z\tan\alpha}{R}$ 的值比较小，因此令 $\sin\dfrac{\mathrm{d}z\tan\alpha}{R} \approx \dfrac{\mathrm{d}z\tan\alpha}{R}$，整理得：

$$F_s \le E_s A_s \kappa \cos^2\alpha\cos\left(\dfrac{2\pi s}{m} + \dfrac{z\tan\alpha}{R_s}\right)R_s\dfrac{\mathrm{d}z\tan\alpha}{R}$$

$$= E_s A_s \kappa \cos^2\alpha\cos\left(\dfrac{2\pi s}{m} + \dfrac{z\tan\alpha}{R_s}\right)\mathrm{d}z\tan\alpha$$

$$= E_s A_s \kappa \cos^2\alpha \cos\left(\frac{2\pi s}{m} + \frac{z\tan\alpha}{R_s}\right) ds\sin\alpha \tag{5-31}$$

摩擦力计算公式为：

$$F_s = (P_{\sin}f_{\sin} + P_{sou}f_{sou})bds \tag{5-32}$$

因此，公式（5-31）可以写为：

$$(P_{\sin}f_{\sin} + P_{sou}f_{sou})bds \leqslant E_s A_s \kappa \cos^2\alpha \cos\left(\frac{2\pi s}{m} + \frac{z\tan\alpha}{R_s}\right) ds\sin\alpha \tag{5-33}$$

式中，$P_{\sin}$ 为钢带 s 内层的压强；$f_{\sin}$ 为钢带 s 内层的摩擦系数；P_{sou} 为钢带 s 外层的压强；f_{sou} 为钢带 s 外层的摩擦系数；b 为钢带 s 的宽度；ds 为螺旋钢带微段的长度。

由公式（5-33）可知，螺旋钢带 s 要产生滑动，其临界曲率为：

$$\kappa_l = \frac{P_{\sin}f_{\sin} + P_{sou}f_{sou}}{E_s t_s \cos^2\alpha \cos\left(\dfrac{2\pi s}{m} + \dfrac{z\tan\alpha}{R}\right)\sin\alpha} = \frac{P_{\sin}f_{\sin} + P_{sou}f_{sou}}{E_s t_s \cos^2\alpha\sin\alpha\cos\varphi} \tag{5-34}$$

式中，t_s 为钢带 s 的厚度。

由公式（5-34）可知，在其他参数不变的情况下，当 $\cos\varphi = \pm 1$ 时，即 $\varphi = \dfrac{2\pi s}{m} + \dfrac{z\tan\alpha}{R_s}$ 为 0 和 π 的整数倍时，曲率达到滑动时的最小曲率，其值为：

$$\kappa_{\min} = \frac{P_{\sin}f_{\sin} + P_{sou}f_{sou}}{E_s t_s \cos^2\alpha\sin\alpha} \tag{5-35}$$

由式（5-34）可知，曲率与 φ 之间的关系呈正割函数，这两个参数之间的关系曲线如图 5-8 所示。由图 5-8 可以得知，当立管的弯曲曲率小于最小曲率 $\kappa_{\min}$ 时，柔性立管好像粘结立管，各层之间没有发生相对滑动。当弯曲曲率等于最小弯曲曲率 $\kappa_{\min}$ 时，φ 为 0°、180°、360°处的钢带发生滑动，其余的螺旋钢带未发生滑动。随着弯曲曲率的逐渐增大，弯曲半径的逐渐减小，越来越多的螺旋钢带产生滑动，但不管弯曲曲率增大到多大值，φ 为 90°、270°处的螺旋钢带一直不会产生滑动，这是因为，φ 为 90°、270°处的螺旋钢带的左右两面与中性层的距离相等，即轴向力相等，这个位置的螺旋钢带始终处于平衡状态，所以不会发生滑动。

要求得 j 层上螺旋钢带的全部应变能，需要求出未发生滑动的钢带和发生滑动的钢带的分界线，也就是求出在非粘结柔性立管弯曲到某一个曲率时，j 层上未滑动区域和滑动区域的分界角度值。

设未滑动区域和滑动区域的分界角度 φ 为 φ_{di}，则未滑动一侧的内力为：

$$N_2 = E_s A_s \left(\frac{\Delta u_z}{L}\cos^2\alpha + \frac{\Delta R_s}{R_s}\sin^2\alpha + \frac{\Delta \phi_z}{L}R_s\sin\alpha\cos\alpha + R_s\cos^2\alpha\sin\varphi_{di}\kappa\right)$$

$$\tag{5-36}$$

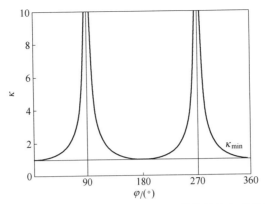

图 5-8 螺旋钢带滑动时的最小曲率随钢带的径向角度变化曲线

滑动一侧的内力和弯曲曲率没有关系，即：

$$N_3 = E_s A_s \left(\frac{\Delta u_z}{L} \cos^2\alpha + \frac{\Delta R_s}{R_s} \sin^2\alpha + \frac{\Delta \phi_z}{L} R_s \sin\alpha\cos\alpha \right) + F_S$$

$$= E_s A_s \left(\frac{\Delta u_z}{L} \cos^2\alpha + \frac{\Delta R_s}{R_s} \sin^2\alpha + \frac{\Delta \phi_z}{L} R_s \sin\alpha\cos\alpha \right) +$$

$$(P_{\sin} f_{\sin} + P_{\text{sou}} f_{\text{sou}}) b \frac{R_s \phi_{\text{di}}}{\sin\alpha} \tag{5-37}$$

螺旋钢带处于平衡状态，则两侧的内力相等，即：

$$E_s A_s R_s \cos^2\alpha \sin\varphi_{\text{di}} \kappa = (P_{\sin} f_{\sin} + P_{\text{sou}} f_{\text{sou}}) b \frac{R_s \varphi_{\text{di}}}{\sin\alpha} \tag{5-38}$$

整理得：

$$\kappa = \frac{(P_{\sin} f_{\sin} + P_{\text{sou}} f_{\text{sou}}) \varphi_{\text{di}}}{E_s t_s \cos^2\alpha \sin\alpha \sin\varphi_{\text{di}}} = \kappa_{\min} \frac{\varphi_{\text{di}}}{\sin\varphi_{\text{di}}} \tag{5-39}$$

由公式（5-39）可以得知，当 φ_{di} 趋向于 $\frac{\pi}{2}$ 时，曲率 κ 趋向于 $\frac{\pi}{2}\kappa_{\min}$。求解公式（5-39），可以得到：

$$\varphi_{\text{di}} = 1.78 \arccos \frac{k_{\min}}{k} \tag{5-40}$$

5.4.2 螺旋钢带发生滑动后金属层的刚度

在组合载荷下，金属层分成了未滑动区域和滑动区域。由于滑动区域释放了产生的应变能，所以金属层增加的应变能只有未滑动区域由于弯曲增加的应变能，其值为：

$$U = \frac{1}{2} \sum_{s=1}^{m} \int_{V_S} \sigma_s \varepsilon_{s1} \mathrm{d}V_s = \frac{1}{2} \sum_{s=1}^{m} \int_L E_s \varepsilon_{s1}^2 A_s \frac{\mathrm{d}z}{\cos\alpha} + \frac{1}{2} \sum_{s=1}^{m} \int_\varphi E_s (\varepsilon_1^{s2})^2 A_s \frac{R_s \mathrm{d}\varphi}{\sin\alpha} \tag{5-41}$$

$$\delta U = \frac{1}{2} \sum_{s=1}^{m} \int_{V_s} \sigma_s \delta \varepsilon_{s1} \mathrm{d} V_s = \frac{m E_s A_s}{\cos\alpha} \int_{L} \varepsilon_{s1} \varepsilon_{s1} \mathrm{d} z + \frac{4 m E_s A_s R_s}{\sin\alpha} \int_{\varphi_{di}}^{\frac{\pi}{2}} \varepsilon_1^{s2} \delta \varepsilon_1^{s2} \mathrm{d} \varphi \quad (5\text{-}42)$$

根据虚功原理，可以求得螺旋钢带发生部分滑动后金属层 j 层的响应方程式 (5-43)：

$$K_j \begin{bmatrix} \dfrac{\Delta u_z}{L} \\[2mm] \dfrac{\Delta \phi_z}{L} \\[2mm] \dfrac{\Delta \phi_x}{L} \\[2mm] \dfrac{\Delta R_s}{R_s} \end{bmatrix} = \begin{bmatrix} N_j + \pi R_j^2 P \\[2mm] T_j \\[2mm] M_{xj} \\[2mm] 2\pi R_j^2 P_j \end{bmatrix} \quad (5\text{-}43)$$

式中，刚度矩阵 K_j 为：

$$K_j = \frac{m E_s A_s}{L} \begin{bmatrix} L\cos^3\alpha & LR_s\sin\alpha\cos\alpha & \dfrac{R_s^2\cos^4\alpha}{\sin\alpha} & L\sin^2\alpha\cos\alpha \\[3mm] LR_s\sin\alpha\cos^2\alpha & LR_s^2\sin^2\alpha\cos\alpha & R_s^2\cos^3\alpha & LR_s\sin^3\alpha \\[3mm] \dfrac{R_s^2\cos^4\alpha}{\sin\alpha} & R_s^2\cos^3\alpha & \dfrac{R_s^3\cos^4\alpha}{\sin\alpha}(\pi+\sin2\varphi_{di}-2\varphi_{di}) & R_s^2 L\cos^2\alpha\sin\alpha \\[3mm] L\sin^2\alpha\cos\alpha & LR_s\sin^3\alpha & R_s^2 L\cos^2\alpha\sin\alpha & \dfrac{L\sin^4\alpha}{\cos\alpha} \end{bmatrix} \quad (5\text{-}44)$$

完全滑动后，即 φ_{di} 趋近 $\dfrac{\pi}{2}$ 时，j 层的响应方程和刚度矩阵为：

$$K_j \begin{bmatrix} \dfrac{\Delta u_z}{L} \\[2mm] \dfrac{\Delta \phi_z}{L} \\[2mm] \dfrac{\Delta \phi_x}{L} \\[2mm] \dfrac{\Delta R_s}{R_s} \end{bmatrix} = \begin{bmatrix} N_j + \pi R_j^2 P \\[2mm] T_j \\[2mm] M_{xj} \\[2mm] 2\pi R_j^2 P_j \end{bmatrix} \quad (5\text{-}45)$$

$$K_j = \frac{m E_s A_s}{L} \begin{bmatrix} L\cos^3\alpha & LR_s\sin\alpha\cos^2\alpha & \dfrac{R_s^2\cos^4\alpha}{\sin\alpha} & L\sin^2\alpha\cos\alpha \\[3mm] LR_s\sin\alpha\cos^2\alpha & LR_s^2\sin^2\alpha\cos\alpha & R_s^2\cos^3\alpha & LR_s\sin^3\alpha \\[3mm] \dfrac{R_s^2\cos^4\alpha}{\sin\alpha} & R_s^2\cos^3\alpha & 0 & R_s^2 L\cos^2\alpha\sin\alpha \\[3mm] L\sin^2\alpha\cos\alpha & LR_s\sin^3\alpha & R_s^2 L\cos^2\alpha\sin\alpha & \dfrac{L\sin^4\alpha}{\cos\alpha} \end{bmatrix} \quad (5\text{-}46)$$

根据金属层的刚度矩阵公式（5-27）、公式（5-44）和公式（5-46）可以推导出弯曲刚度与弯曲曲率之间的关系式：

$$EI = \begin{cases} K_j(\alpha) & (k \leqslant k_{\min}) \\ K_j(k, \alpha) & \left(k_{\min} < k < \dfrac{\pi}{2}k_{\min}\right) \\ 0 & k \geqslant \dfrac{\pi}{2}k_{\min} \end{cases} \tag{5-47}$$

由公式（5-47）可以看出，当曲率小于滑动的最小临界曲率时，弯曲刚度是一个常数，其值由公式（5-27）求出，弯矩和曲率之间是直线关系。当曲率大于最小临界曲率并且小于等于 $\dfrac{\pi}{2}$ 倍的最小临界曲率时，弯曲刚度是曲率的非线性函数，其值由公式（5-44）求出，弯矩与曲率之间是曲线关系。当曲率大于等于 $\dfrac{\pi}{2}$ 倍的最小临界曲率时，弯曲刚度是零，弯曲和曲率之间是平行于水平轴的直线关系，由此得到螺旋钢带的弯矩和曲率的关系如图 5-9 所示，与文献给出的弯矩和弯曲曲率的关系一致。

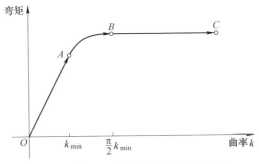

图 5-9　弯矩和弯曲曲率的关系示意图

5.5　螺旋钢带的局部变形对金属层刚度的影响

在组合载荷下，螺旋钢带除了产生沿其轴向的变形，还会产生自身的局部变形，包括局部弯曲和扭转。

将曲率 κ 分别投影到螺旋钢带的法向、副法向和轴向方向，投影示意图如图 5-10 所示，从而得到这三个方向的曲率，分别为：

$$\begin{cases} \kappa_t = \kappa\cos\varphi \\ \kappa_b = \kappa\sin\varphi\cos\alpha \\ \kappa_n = \kappa\sin\varphi\sin\alpha \end{cases} \tag{5-48}$$

式中，κ_t 为钢带副法向的曲率；κ_b 为钢带法向的曲率；κ_n 为钢带轴向的曲率。

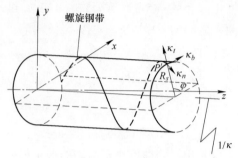

图 5-10　弯曲曲率在三个方向的投影示意图

金属层上螺旋钢带的局部弯曲和局部扭转所引起的应变能为：

$$U_b = \sum_{s=1}^{m} \int_s \left(\frac{1}{2} E_j I_n \kappa_n^2 + \frac{1}{2} E_j I_b \kappa_b^2 + \frac{1}{2} G_j I_t \kappa_t^2 \right) \mathrm{d}s \qquad (5\text{-}49)$$

由于 $\mathrm{d}s = \dfrac{L\mathrm{d}\varphi}{\cos\alpha}$，整理式（5-49）可以得到：

$$U_b = \frac{2mL}{\pi\cos\alpha} \int_0^{\frac{\pi}{2}} \left(\frac{1}{2} E_j I_n \kappa_n^2 + \frac{1}{2} E_j I_b \kappa_b^2 + \frac{1}{2} G_j I_t \kappa_t^2 \right) \mathrm{d}\varphi \qquad (5\text{-}50)$$

式中，I_n 为极惯性矩；I_b 为螺旋钢带法线方向的惯性距；I_t 为螺旋钢带副法线方向的惯性距。

对于矩形螺旋钢带来说，$I_n = \dfrac{tb^3}{12} + \dfrac{bt^3}{12}$，$I_b = \dfrac{bt^3}{12}$，$I_t = \dfrac{tb^3}{12}$，$t$ 为螺旋钢带的厚度。

将公式（5-48）代入公式（5-50），可以得到：

$$U_b = \frac{mL}{2\cos\alpha} \left(\frac{1}{2} E_j I_n \kappa^2 + \frac{1}{2} E_j I_b \kappa^2 \cos^2\alpha + \frac{1}{2} G_j I_t \kappa^2 \sin^2\alpha \right) \qquad (5\text{-}51)$$

$$\delta U_b = \frac{mL}{2\cos\alpha} \left(E_j I_j \kappa \delta\kappa + E_j I_b \kappa \delta\kappa \cos^2\alpha + G_j I_t \kappa \delta\kappa \sin^2\alpha \right)$$

$$= \frac{m}{2\cos\alpha} \left(E_j I_n + E_j I_b \cos^2\alpha + G_j I_t \sin^2\alpha \right) \frac{\Delta\phi_X}{L} \delta\Delta\phi_X \qquad (5\text{-}52)$$

将螺旋钢带的局部弯曲和扭转引起的变形能公式（5-52）分别与公式（5-26）、公式（5-27）和公式（5-43）~公式（5-46）相加，即可得到在考虑螺旋钢带的局部弯曲和扭转情况下，金属层 j 层在螺旋钢带未产生滑动、产生滑动和产生完全滑动时的刚度和变形方程，即：

$$\delta U_j + \delta U_b = \delta W \tag{5-53}$$

根据螺旋钢带的刚度和变形方程式（5-53），可以整理得到考虑螺旋钢带的局部变形后具有 m 条螺旋钢带的金属层在螺旋钢带未产生滑动、产生部分滑动和产生完全滑动时的响应方程和刚度矩阵。为了简化方程表示，令 $K_b = \dfrac{m}{2\cos\alpha}(E_j I_n + E_j I_b \cos^2\alpha + G_j I_t \sin^2\alpha)$。

金属层未产生滑动时，柔性立管的响应方程和刚度矩阵为：

$$K_j \begin{bmatrix} \dfrac{\Delta u_z}{L} \\[2mm] \dfrac{\Delta \phi_z}{L} \\[2mm] \dfrac{\Delta \phi_x}{L} \\[2mm] \dfrac{\Delta R_S}{R_s} \end{bmatrix} = \begin{bmatrix} N_j + \pi R_j^2 P \\[2mm] T_j \\[2mm] M_{xj} \\[2mm] 2\pi R_j^2 P_j \end{bmatrix} \tag{5-54}$$

$$K_j = \frac{mE_sA_s}{L} \begin{bmatrix} L\cos^3\alpha & LR_s\sin\alpha\cos^2\alpha & \dfrac{R_s^2\cos^4\alpha}{\sin\alpha} & L\sin^2\alpha\cos\alpha \\[3mm] LR_s\sin\alpha\cos^2\alpha & LR_s^2\sin^2\alpha\cos\alpha & R_s^2\cos^3\alpha & LR_s\sin^3\alpha \\[3mm] \dfrac{R_s^2\cos^4\alpha}{\sin\alpha} & R_s^2\cos^3\alpha & \dfrac{\pi R_s^3\cos^4\alpha}{\sin\alpha} + \dfrac{l}{mE_sA_s}K_b & R_s^2L\cos^2\alpha\sin\alpha \\[3mm] L\sin^2\alpha\cos\alpha & LR_s\sin^3\alpha & R_s^2L\cos^2\alpha\sin\alpha & \dfrac{L\sin^4\alpha}{\cos\alpha} \end{bmatrix} \tag{5-55}$$

金属层部分产生滑动时，其响应方程和刚度矩阵为：

$$K_j \begin{bmatrix} \dfrac{\Delta u_z}{L} \\[2mm] \dfrac{\Delta \phi_z}{L} \\[2mm] \dfrac{\Delta \phi_x}{L} \\[2mm] \dfrac{\Delta R_s}{R_s} \end{bmatrix} = \begin{bmatrix} N_j + \pi R_j^2 P \\[2mm] T_j \\[2mm] M_{xj} \\[2mm] 2\pi R_j^2 P_j \end{bmatrix} \tag{5-56}$$

$$K_j = \frac{mE_sA_s}{L} \begin{bmatrix} L\cos^3\alpha & LR_s\sin\alpha\cos^2\alpha & \dfrac{R_s^2\cos^4\alpha}{\sin\alpha} & L\sin^2\alpha\cos\alpha \\[2mm] LR_s\sin\alpha\cos^2\alpha & LR_s^2\sin^2\alpha\cos\alpha & R_s^2\cos^3\alpha & LR_s\sin^3\alpha \\[2mm] \dfrac{R_s^2\cos^4\alpha}{\sin\alpha} & R_s^2\cos^3\alpha & K_w & R_s^2L\cos^2\alpha\sin\alpha \\[2mm] L\sin^2\alpha\cos\alpha & LR_s\sin^3\alpha & R_s^2L\cos^2\alpha\sin\alpha & \dfrac{L\sin^4\alpha}{\cos\alpha} \end{bmatrix} \tag{5-57}$$

式中，$K_w = \dfrac{R^3\cos^4\alpha}{\sin\alpha}(\pi + \sin2\varphi_{di} - 2\varphi_{di}) + \dfrac{L}{mE_sA_s}K_b{}_\circ$

金属层产生完全滑动时，其响应方程和刚度矩阵为：

$$K_j \begin{bmatrix} \dfrac{\Delta u_z}{L} \\[2mm] \dfrac{\Delta\phi_z}{L} \\[2mm] \dfrac{\Delta\phi_x}{L} \\[2mm] \dfrac{\Delta R_s}{R_s} \end{bmatrix} = \begin{bmatrix} N_j + \pi R_j^2 P \\[2mm] T_j \\[2mm] M_{xj} \\[2mm] 2\pi R_j^2 P_j \end{bmatrix} \tag{5-58}$$

$$K_j = \frac{mE_sA_s}{L} \begin{bmatrix} L\cos^3\alpha & LR_s\sin\alpha\cos^2\alpha & \dfrac{R_s^2\cos^4\alpha}{\sin\alpha} & L\sin^2\alpha\cos\alpha \\[2mm] LR_s\sin\alpha\cos^2\alpha & LR_s^2\sin^2\alpha\cos\alpha & R_s^2\cos^3\alpha & LR_s\sin^3\alpha \\[2mm] \dfrac{R_s^2\cos^4\alpha}{\sin\alpha} & R_s^2\cos^3\alpha & \dfrac{L}{mE_sA_s}Kb & R_s^2L\cos^2\alpha\sin\alpha \\[2mm] L\sin^2\alpha\cos\alpha & LR_s\sin^3\alpha & R_s^2L\cos^2\alpha\sin\alpha & \dfrac{L\sin^4\alpha}{\cos\alpha} \end{bmatrix} \tag{5-59}$$

5.6　非粘结柔性立管的整体刚度分析

　　非粘结柔性立管通过端部接头将非金属层和金属层连接在一起，因此，柔性立管的整体刚度可以由非金属层和金属层的刚度组合得到。根据 5.1 中的基本假设，认为非粘结柔性立管各结构层的长度相等，均为 L，轴向位移均为 Δu_z，扭转角度均为 $\Delta\phi_z$，弯曲曲率均为 κ，整个柔性立管的轴向力等于各结构层的轴向力之和，扭矩等于各结构层的扭矩之和，弯矩等于各层的弯矩之和，但各层的径向位移是不同的。由此，在非粘结柔性立管的层数及各层的材料属性确定的情况下，根据公式（5-10）、公式（5-11）和公式（5-54）~公式（5-59），可以得到该柔性立管的整体刚度矩阵和响应方程。本节为了非粘结柔性立管的理论验证和设计的需要，分别给出了 8 层和 16 层立管的整体刚度矩阵和响应方程。

5.6.1 8 层立管的整体刚度模型

1、3、5、7 层为立管的金属层，2、4、6、8 层为立管的非金属层，8 层非粘结柔性立管的整体刚度矩阵和响应方程为：

$$
\begin{bmatrix}
K_{11} & K_{12} & K_{13} & K_{14} & K_{15} & K_{16} & K_{17} & K_{18} & K_{19} & K_{110} & K_{111} \\
K_{21} & K_{22} & K_{23} & K_{24} & 0 & K_{26} & 0 & K_{28} & 0 & K_{210} & 0 \\
K_{31} & K_{32} & K_{33} & K_{34} & 0 & K_{36} & 0 & K_{38} & 0 & K_{310} & 0 \\
K_{41} & K_{42} & K_{43} & K_{44} & 0 & 0 & 0 & 0 & 0 & 0 & 0 \\
K_{51} & 0 & 0 & 0 & K_{55} & 0 & 0 & 0 & 0 & 0 & 0 \\
K_{61} & K_{62} & K_{63} & 0 & 0 & K_{66} & 0 & 0 & 0 & 0 & 0 \\
K_{71} & 0 & 0 & 0 & 0 & 0 & K_{77} & 0 & 0 & 0 & 0 \\
K_{81} & K_{82} & K_{83} & 0 & 0 & 0 & 0 & K_{88} & 0 & 0 & 0 \\
K_{91} & 0 & 0 & 0 & 0 & 0 & 0 & 0 & K_{99} & 0 & 0 \\
K_{101} & K_{102} & K_{103} & 0 & 0 & 0 & 0 & 0 & 0 & K_{1010} & 0 \\
K_{111} & 0 & 0 & 0 & 0 & 0 & 0 & 0 & 0 & 0 & K_{111}
\end{bmatrix}
\begin{bmatrix}
\dfrac{\Delta u_z}{L} \\[2mm]
\dfrac{\Delta \phi_z}{L} \\[2mm]
\dfrac{\Delta \phi_x}{L} \\[2mm]
\dfrac{\Delta R_1}{R_1} \\[2mm]
\dfrac{\Delta R_2}{R_2} \\[2mm]
\dfrac{\Delta R_3}{R_3} \\[2mm]
\dfrac{\Delta R_4}{R_4} \\[2mm]
\dfrac{\Delta R_5}{R_5} \\[2mm]
\dfrac{\Delta R_6}{R_6} \\[2mm]
\dfrac{\Delta R_7}{R_7} \\[2mm]
\dfrac{\Delta R_8}{R_8}
\end{bmatrix}
=
\begin{bmatrix}
N_T \\[2mm]
T_T \\[2mm]
M_{xT} \\[2mm]
2\pi R_1^2 p_1 \\[2mm]
2\pi R_2^2 p_2 \\[2mm]
2\pi R_3^2 p_3 \\[2mm]
2\pi R_4^2 p_4 \\[2mm]
2\pi R_5^2 p_5 \\[2mm]
2\pi R_6^2 p_6 \\[2mm]
2\pi R_7^2 p_7 \\[2mm]
2\pi R_8^2 p_8
\end{bmatrix}
$$

$$(5\text{-}60)$$

式中，$K_{11} \sim K_{111}$ 为与柔性立管轴向变形有关的系数；$K_{12} \sim K_{112}$ 为与柔性立管扭转变形有关的系数；$K_{13} \sim K_{113}$ 为与柔性立管弯曲变形有关的系数；$K_{1i} \sim K_{11i}$（$i = 4 \sim 11$）为与柔性立管各层径向变形有关的系数。

$$K_{11} = \sum_{i=1,3,5,7} k_{11} + \sum_{i=2,4,6,8} k_{11} \qquad K_{12} = K_{21} = \sum_{i=1,3,5,7} k_{12} + \sum_{i=2,4,6,8} k_{12}$$

$$K_{13} = K_{31} = \sum_{i=1,3,5,7} k_{13} + \sum_{i=2,4,6,8} k_{13} \qquad K_{14} = K_{41} = \sum_{i=1} k_{14}$$

$$K_{15} = K_{51} = \sum_{i=2} k_{14} \qquad K_{16} = K_{61} = \sum_{i=3} k_{14} \qquad K_{17} = K_{71} = \sum_{i=4} k_{14}$$

$$K_{18} = K_{81} = \sum_{i=5} k_{14} \qquad K_{19} = K_{91} = \sum_{i=6} k_{14} \qquad K_{110} = K_{101} = \sum_{i=7} k_{14}$$

$$K_{111} = \sum_{i=8} k_{14} \qquad K_{22} = \sum_{i=1,3,5,7} k_{22} + \sum_{i=2,4,6,8} k_{22} \qquad K_{23} = K_{32} = \sum_{i=1,3,5,7} k_{23} + \sum_{i=2,4,6,8} k_{23}$$

$$K_{24} = K_{42} = \sum_{i=1} k_{24} \qquad K_{25} = K_{52} = \sum_{i=2} k_{24} \qquad K_{26} = K_{62} = \sum_{i=3} k_{24}$$

$$K_{27} = K_{72} = \sum_{i=4} k_{24} \qquad K_{28} = K_{82} = \sum_{i=5} k_{24} \qquad K_{29} = K_{92} = \sum_{i=6} k_{24}$$

$$K_{210} = K_{102} = \sum_{i=7} k_{24} \qquad K_{211} = K_{112} = \sum_{i=8} k_{24} \qquad K_{33} = \sum_{i=1,3,5,7} k_{33} + \sum_{i=2,4,6,8} k_{33}$$

$$K_{34} = K_{43} = \sum_{i=1} k_{34} \qquad K_{35} = K_{53} = \sum_{i=2} k_{34} \qquad K_{36} = K_{63} = \sum_{i=3} k_{34}$$

$$K_{37} = K_{73} = \sum_{i=4} k_{34} \qquad K_{38} = K_{83} = \sum_{i=5} k_{34} \qquad K_{39} = K_{93} = \sum_{i=6} k_{34}$$

$$K_{310} = K_{103} = \sum_{i=7} k_{34} \qquad K_{311} = K_{113} = \sum_{i=8} k_{34} \qquad K_{44} = \sum_{i=1} k_{44}$$

$$K_{55} = \sum_{i=2} k_{44} \qquad K_{66} = \sum_{i=3} k_{44} \qquad K_{77} = \sum_{i=4} k_{44}$$

$$K_{88} = \sum_{i=5} k_{44} \qquad K_{99} = \sum_{i=6} k_{44} \qquad K_{1010} = \sum_{i=7} k_{44} \qquad K_{1111} = \sum_{i=8} k_{44}$$

式中，k_{11} 为非粘结柔性立管金属层或非金属层整体刚度矩阵元素 k_{11}，其他参数依此类推。

由刚度矩阵元素的计算公式，考虑金属层螺旋钢带未产生滑动、部分滑动、完全滑动三种状态，联合非金属层的刚度矩阵公式（5-11）、金属层的刚度矩阵公式（5-55）或公式（5-57）、公式（5-59）计算求得公式（5-60）中的各矩阵元素。

$$K_{11} = m_1 E_1 A_1 \cos^3 \alpha_1 + \frac{E_2}{1-\nu_2^2} A_2 + m_3 E_3 A_3 \cos^3 \alpha_3 + \frac{E_4}{1+\nu_4^2} A_4 +$$
$$m_5 E_5 A_5 \cos^3 \alpha_5 + \frac{E_6}{1-\nu_6^2} A_6 + m_7 E_7 A_7 \cos^3 \alpha_7 + \frac{E_8}{1-\nu_8^2} A_8$$

$$K_{12} = K_{21} = m_1 E_1 A_1 R_1 \sin\alpha_1 \cos^2\alpha_1 + m_3 E_3 A_3 R_3 \sin\alpha_3 \cos^2\alpha_3 +$$
$$m_5 E_5 A_5 R_5 \sin\alpha_5 \cos^2\alpha_5 + m_7 E_7 A_7 R_7 \sin\alpha_7 \cos^2\alpha_7$$

$$K_{14} = K_{41} = m_1 E_1 A_1 \sin^2\alpha_1 \cos\alpha_1$$

$$K_{15} = K_{51} = \frac{\nu_2 E_2}{(1 - \nu_2^2) A_2} \qquad K_{17} = \frac{\nu_4 E_4}{1 - \nu_4^2} A_4$$

$$K_{13} = K_{31} = \frac{m_1 E_1 A_1 R_1^2 \cos^4 \alpha_1}{L \sin \alpha_1} + \frac{s_3 E_3 A_3 R_3 R_3^2 \cos^4 \alpha_3}{L \sin \alpha_3} +$$

$$\frac{m_5 E_5 A_5 R_5^2 \cos^4 \alpha_5}{L \sin \alpha_5} + \frac{m_7 E_7 A_7 R_7^2 \cos^4 \alpha_7}{L \sin \alpha_7}$$

$$K_{19} = \frac{v_6 E_6}{1 - \nu_6^2} A_6 \qquad\qquad K_{111} = \frac{\nu_8 E_8}{1 - \nu_8^2} A_8$$

$$K_{16} = K_{61} = m_3 E_3 A_3 \sin^2 \alpha_3 \cos \alpha_3 \qquad K_{18} = m_5 E_5 A_5 \sin^2 \alpha_5 \cos \alpha_5$$

$$K_{110} = m_7 E_7 A_7 \sin^2 \alpha_7 \cos \alpha_7$$

$$K_{22} = m_1 E_1 A_1 R_1^2 \sin^2 \alpha_1 \cos \alpha_1 + G_2 I_{z2} + m_3 E_3 A_3 R_3^2 \sin^2 \alpha_3 \cos \alpha_3 + G_4 i_{z4} +$$

$$m_5 E_5 A_5 R_5^2 \sin^2 \alpha_5 \cos_5 + G_6 I_{z6} + m_7 E_7 A_7 R_7^2 \sin^2 \alpha_7 \cos \alpha_7 + G_8 I_{z8}$$

$$K_{23} = K_{32} = \frac{m_1 E_1 A_1 R_1^2 \cos^3 \alpha_1}{L} + \frac{m_3 E_3 A_3 R_3^2 \cos^3 \alpha_3}{L} +$$

$$\frac{m_5 E_5 A_5 R_5^2 \cos^3 \alpha_5}{L} + \frac{m_7 E_7 A_7 R_7^2 \cos^3 \alpha_7}{L}$$

$$K_{24} = K_{42} = m_1 E_1 A_1 R_1 \sin^3 \alpha_1 \qquad K_{26} = K_{62} = m_3 E_3 A_3 R_3 \sin^3 \alpha_3$$

$$K_{28} = m_5 E_5 A_5 R_5 \sin^3 \alpha_5 \qquad\qquad K_{210} = m_7 E_7 A_7 R_7 \sin^3 \alpha_7$$

$$K_{34} = K_{43} = m_1 E_1 A_1 R_1^2 \cos^2 \alpha_1 \sin \alpha_1$$

$$K_{36} = K_{63} = m_3 E_3 A_3 R_3^2 \cos^2 \alpha_3 \sin \alpha_3$$

$$K_{38} = K_{83} = m_5 E_5 A_5 R_5^2 \cos^2 \alpha_5 \sin \alpha_5$$

$$K_{310} = K_{103} = m_7 E_7 A_7 R_7^2 \cos^2 \alpha_7 \sin \alpha_7$$

$$K_{44} = \frac{m_1 E_1 A_1 \sin^4 \alpha_1}{\cos \alpha_1} \qquad K_{55} = \frac{E_2 A_2}{1 - \nu_2^2} \qquad K_{66} = \frac{m_3 F_3 A_3 \sin^4 \alpha_3}{\cos \alpha_3} \qquad K_{77} = \frac{E_4 A_4}{1 - \nu_4^2}$$

$$K_{88} = \frac{m_5 E_5 A_5 \sin^4 \alpha_5}{\cos \alpha_5} \qquad K_{99} = \frac{E_6 A_6}{1 - \nu_6^2}$$

$$K_{1010} = \frac{m_7 E_7 A_7 \sin^4 \alpha_7}{\cos \alpha_7} \qquad K_{111} = \frac{E_8 A_8}{1 - \nu_8^2}$$

$$N_T = \sum_{i=1}^{n} (N_i + \pi R_i^2 P_i) = N + \pi (R_1^2 P_{\text{int}} - R_2^2 P_{\text{out}})$$

$$T_T = \sum_{i=1}^{n} T_i = T \qquad\qquad M_T = \sum_{i=1}^{n} M_{xi} = M_x$$

当金属层螺旋钢带未产生滑动时：

$$K_{33} = m_1 E_l A_l \frac{\pi R_1^3 \cos^4\alpha_1}{L\sin\alpha_1} + \frac{m_1}{2\cos\alpha_1}(E_1 I_{n1} + E_1 I_{b1}\cos^2\alpha_1 + G_1 I_{t1}\sin^2\alpha_1) + \frac{E_2}{1-\nu_2^2}I_{x2} +$$

$$m_3 E_3 A_3 \frac{\pi R_3^3 \cos^4\alpha_3}{L\sin\alpha_3} + \frac{m^3}{2\cos\alpha_3}(E_3 I_{n3} + E_3 I_{b3}\cos^2\alpha_3 + G_3 I_{t3}\sin^2\alpha_3) + \frac{E_4}{1-\nu_4^2}I_{x4} +$$

$$m_5 E_5 A_5 \frac{\pi R_5^3 \cos^4\alpha_5}{L\sin\alpha_5} + \frac{m^5}{2\cos\alpha_5}(E_5 I_{n5} + E_5 I_{b5}\cos^2\alpha_5 + G_5 I_{t5}\sin^2\alpha_5) + \frac{E_6}{1-\nu_6^2}I_{x6} +$$

$$m_7 E_7 A_7 \frac{\pi R_7^3 \cos^4\alpha_7}{L\sin\alpha_7} + \frac{m^7}{2\cos\alpha_7}(E_7 I_{n7} + E_7 I_{b7}\cos^2\alpha_7 + G_7 I_{t7}\sin^2\alpha_7) + \frac{E_8}{1-\nu_8^2}I_{x8}$$

当金属层螺旋钢带产生部分滑动时：

$$K_{33} = m_1 E_1 A_1 \frac{\pi R_1^3 \cos^4\alpha_1}{L\sin\alpha_1}(\pi + \sin2\varphi_{di} - 2\varphi_{di}) + \frac{m_1}{2\cos\alpha_1}(E_1 I_{n1} + E_1 I_{b1}\cos^2\alpha_1 + G_1 I_{t1}\sin^2\alpha_1) +$$

$$m_3 E_3 A_3 \frac{\pi R_3^3 \cos^4\alpha_3}{L\sin\alpha_3}(\pi + \sin2\varphi_{di} - 2\varphi_{di}) + \frac{m_3}{2\cos\alpha_3}(E_3 I_{n3} + E_3 I_{b3}\cos^2\alpha_3 + G_3 I_{t3}\sin^2\alpha_3) +$$

$$m_5 E_5 A_5 \frac{\pi R_5^3 \cos^4\alpha_5}{L\sin\alpha_5}(\pi + \sin2\varphi_{di} - 2\varphi_{di}) + \frac{m_5}{2\cos\alpha_5}(E_5 I_{n5} + E_5 I_{b5}\cos^2\alpha_5 + G_4 I_{t5}\sin^2\alpha_5) +$$

$$m_7 E_7 A_7 \frac{\pi R_7^3 \cos^4\alpha_7}{L\sin\alpha_7}(\pi + \sin2\varphi_{di} - 2\varphi_{di}) + \frac{m_7}{2\cos\alpha_7}(E_7 I_{n7} + E_7 I_{b7}\cos^2\alpha_7 + G_7 I_{t7}\sin^2\alpha_7) +$$

$$\frac{E_2}{1-\nu_2^2}I_{x2} + \frac{E_4}{1-\nu_4^2}I_{x4} + \frac{E_6}{1-\nu_6^2}I_{x6} + \frac{E_8}{1-\nu_8^2}I_{x8}$$

当金属层螺旋钢带产生完全滑动时：

$$K_{33} = \frac{m_1}{2\cos\alpha_1}(E_1 i_{n1} + E_1 I_{b1}\cos^2\alpha_1 + G_1 I_{t1}\sin^2\alpha_1) + \frac{E_2}{1-\nu_2^2}I_{x2} +$$

$$\frac{m_3}{2\cos\alpha_3}(E_3 i_{n3} + E_3 I_{b3}\cos^2\alpha_3 + G_3 I_{t3}\sin^2\alpha_3) + \frac{E_4}{1-\nu_4^2}I_{x4} +$$

$$\frac{m_5}{2\cos\alpha_5}(E_5 i_{n5} + E_5 I_{b5}\cos^2\alpha_5 + G_5 I_{t5}\sin^2\alpha_5) + \frac{E_6}{1-\nu_6^2}I_{x6} +$$

$$\frac{m_7}{2\cos\alpha_7}(E_7 i_{n7} + E_7 I_{b7}\cos^2\alpha_7 + G_7 I_{t7}\sin^2\alpha_7) + \frac{E_8}{1-\nu_8^2}I_{x8}$$

5.6.2 16 层立管的整体刚度模型

1、4、7、10 层为金属层，2、3、5、6、8、9、11、12、13、14、15、16 层为非金属层的 16 层非粘结柔性立管整体刚度矩阵和响应方程为：

$$
\begin{bmatrix}
K_{11} & K_{12} & K_{13} & K_{14} & K_{15} & K_{16} & K_{17} & K_{18} & K_{19} & K_{110} & K_{111} & K_{112} & K_{113} & K_{114} & K_{115} & K_{116} & K_{117} & K_{118} & K_{119} \\
K_{21} & K_{22} & K_{23} & K_{24} & 0 & 0 & K_{27} & 0 & 0 & K_{210} & 0 & 0 & K_{213} & 0 & 0 & 0 & 0 & 0 & 0 \\
K_{31} & K_{32} & K_{33} & K_{34} & 0 & 0 & K_{37} & 0 & 0 & K_{310} & 0 & 0 & K_{313} & 0 & 0 & 0 & 0 & 0 & 0 \\
K_{41} & K_{42} & K_{43} & K_{44} & 0 & 0 & 0 & 0 & 0 & 0 & 0 & 0 & 0 & 0 & 0 & 0 & 0 & 0 & 0 \\
K_{51} & 0 & 0 & 0 & K_{55} & 0 & 0 & 0 & 0 & 0 & 0 & 0 & 0 & 0 & 0 & 0 & 0 & 0 & 0 \\
K_{61} & 0 & 0 & 0 & 0 & K_{66} & 0 & 0 & 0 & 0 & 0 & 0 & 0 & 0 & 0 & 0 & 0 & 0 & 0 \\
K_{71} & K_{72} & K_{73} & 0 & 0 & 0 & K_{77} & 0 & 0 & 0 & 0 & 0 & 0 & 0 & 0 & 0 & 0 & 0 & 0 \\
K_{81} & 0 & 0 & 0 & 0 & 0 & 0 & K_{88} & 0 & 0 & 0 & 0 & 0 & 0 & 0 & 0 & 0 & 0 & 0 \\
K_{91} & 0 & 0 & 0 & 0 & 0 & 0 & 0 & K_{99} & 0 & 0 & 0 & 0 & 0 & 0 & 0 & 0 & 0 & 0 \\
K_{101} & K_{102} & K_{103} & 0 & 0 & 0 & 0 & 0 & 0 & K_{1010} & 0 & 0 & 0 & 0 & 0 & 0 & 0 & 0 & 0 \\
K_{111} & 0 & 0 & 0 & 0 & 0 & 0 & 0 & 0 & 0 & K_{1111} & 0 & 0 & 0 & 0 & 0 & 0 & 0 & 0 \\
K_{121} & 0 & 0 & 0 & 0 & 0 & 0 & 0 & 0 & 0 & 0 & K_{1212} & 0 & 0 & 0 & 0 & 0 & 0 & 0 \\
K_{131} & K_{132} & K_{133} & 0 & 0 & 0 & 0 & 0 & 0 & 0 & 0 & 0 & K_{1313} & 0 & 0 & 0 & 0 & 0 & 0 \\
K_{141} & 0 & 0 & 0 & 0 & 0 & 0 & 0 & 0 & 0 & 0 & 0 & 0 & K_{1414} & 0 & 0 & 0 & 0 & 0 \\
K_{151} & 0 & 0 & 0 & 0 & 0 & 0 & 0 & 0 & 0 & 0 & 0 & 0 & 0 & K_{1515} & 0 & 0 & 0 & 0 \\
K_{161} & 0 & 0 & 0 & 0 & 0 & 0 & 0 & 0 & 0 & 0 & 0 & 0 & 0 & 0 & K_{1616} & 0 & 0 & 0 \\
K_{171} & 0 & 0 & 0 & 0 & 0 & 0 & 0 & 0 & 0 & 0 & 0 & 0 & 0 & 0 & 0 & K_{1717} & 0 & 0 \\
K_{181} & 0 & 0 & 0 & 0 & 0 & 0 & 0 & 0 & 0 & 0 & 0 & 0 & 0 & 0 & 0 & 0 & K_{1818} & 0 \\
K_{191} & 0 & 0 & 0 & 0 & 0 & 0 & 0 & 0 & 0 & 0 & 0 & 0 & 0 & 0 & 0 & 0 & 0 & K_{1919}
\end{bmatrix}
\begin{bmatrix}
\dfrac{\Delta u_z}{L} \\[4pt]
\dfrac{\Delta \phi_z}{L} \\[4pt]
\dfrac{\Delta \phi_x}{L} \\[4pt]
\dfrac{\Delta R_1}{R_1} \\[4pt]
\dfrac{\Delta R_2}{R_2} \\[4pt]
\dfrac{\Delta R_3}{R_3} \\[4pt]
\dfrac{\Delta R_4}{R_4} \\[4pt]
\dfrac{\Delta R_5}{R_5} \\[4pt]
\dfrac{\Delta R_6}{R_6} \\[4pt]
\dfrac{\Delta R_7}{R_7} \\[4pt]
\dfrac{\Delta R_8}{R_8} \\[4pt]
\dfrac{\Delta R_9}{R_9} \\[4pt]
\dfrac{\Delta R_{10}}{R_{10}} \\[4pt]
\dfrac{\Delta R_{11}}{R_{11}} \\[4pt]
\dfrac{\Delta R_{12}}{R_{12}} \\[4pt]
\dfrac{\Delta R_{13}}{R_{13}} \\[4pt]
\dfrac{\Delta R_{14}}{R_{14}} \\[4pt]
\dfrac{\Delta R_{15}}{R_{15}} \\[4pt]
\dfrac{\Delta R_{16}}{R_{16}}
\end{bmatrix}
=
\begin{bmatrix}
N_T \\
T_T \\
M_{xT} \\
2\pi R_1^2 P_1 \\
2\pi R_2^2 P_2 \\
2\pi R_3^2 P_3 \\
2\pi R_4^2 P_4 \\
2\pi R_5^2 P_5 \\
2\pi R_6^2 P_6 \\
2\pi R_7^2 P_7 \\
2\pi R_8^2 P_8 \\
2\pi R_9^2 P_9 \\
2\pi R_{10}^2 P_{10} \\
2\pi R_{11}^2 P_{11} \\
2\pi R_{12}^2 P_{12} \\
2\pi R_{13}^2 P_{13} \\
2\pi R_{14}^2 P_{14} \\
2\pi R_{15}^2 P_{15} \\
2\pi R_{16}^2 P_{16}
\end{bmatrix}
$$

$$\tag{5-61}$$

式中各参数的意义与计算方法与 5.6.1 中的 8 层非粘结柔性立管整体刚度和响应方程中的一致。根据该计算方法，考虑金属层螺旋钢带未产生滑动、部分滑动、完全滑动三种状态，联合非金属层的刚度矩阵公式（5-11）、金属层的刚度矩阵公式（5-55）或公式（5-57）、公式（5-59）计算求得公式（5-61）中的各矩阵元素。

$$K_{11} = m_1 E_1 A_1 \cos^3 \alpha_1 + \frac{E_2}{1 - \nu_2^2} A_2 + \frac{E_3}{1 - \nu_3^2} A_3 + m_4 E_4 \cos^3 \alpha_4 + \frac{E_5}{1 - \nu_5^2} A_5 +$$

$$\frac{E_6}{1 - \nu_6^2} A_6 + m_7 E_7 A_7 \cos^3 \alpha_7 + \frac{E_8}{1 - \nu_8^2} A_8 + \frac{E_9}{1 - \nu_9^2} A_9 +$$

$$m_{10} E_{10} A_{10} \cos^3 \alpha_{10} + \frac{E_{11}}{1 - \nu_{11}^2} A_{11} + \frac{E_{12}}{1 - \nu_{12}^2} A_{12} + \frac{E_{13}}{1 - \nu_{13}^2} A_{13} + \frac{E_{14}}{1 - \nu_{14}^2} +$$

$$\frac{E_{15}}{1 - \nu_{15}^2} A_{15} + \frac{E_{16}}{1 - \nu_{16}^2} A_{16}$$

$$K_{12} = K_{21} = m_1 E_1 A_1 R_1 \sin\alpha_1 \cos^2\alpha_1 + m_4 E_4 A_4 R_4 \sin\alpha_4 \cos^2\alpha_4 +$$

$$m_7 E_7 A_7 R_7 \sin\alpha_7 \cos^2\alpha_7 + m_{10} E_{10} A_{10} R_{10} \sin\alpha_{10} \cos^2\alpha_{10}$$

$$K_{14} = K_{41} = m_1 E_1 A_1 \sin^2\alpha_1 \cos\alpha_1 \qquad K_{17} = K_{17} = m_4 E_4 A_4 \sin^2\alpha_4 \cos\alpha_4$$

$$K_{13} = K_{31} = \frac{m_1 E_1 A_1 R_1^2 \cos^4\alpha_1}{L\sin\alpha_1} + \frac{m_4 E_4 A_4 R_4^2 \cos^4\alpha_4}{L\sin\alpha_4} +$$

$$\frac{m_7 E_7 A_7 R_7^2 \cos^4\alpha_7}{L\sin\alpha_7} + \frac{M_{10} E_{10} A_{10} R_{10}^2 \cos^4\alpha_{10}}{L\sin\alpha_{10}}$$

$$K_{110} = m_7 E_7 A_7 \sin^2\alpha_7 \cos\alpha_7 \qquad K_{113} = M_{10} E_{10} A_{10} \sin^2\alpha_{10} \cos\alpha_{10}$$

$$K_{15} = K_{51} = \frac{\nu_2 E_2}{1 - v_2^2} A_2 \qquad K_{16} = K_{61} = \frac{\nu_3 E_3}{1 - \nu_3^2} A_3 \qquad K_{18} = \frac{\nu_5 E_5}{1 - \nu_5^2} A_5$$

$$K_{19} = \frac{\nu_6 E_6}{1 - \nu_6^2} A_6 \qquad K_{111} = \frac{\nu_8 E_8}{1 - \nu_8^2} A_8 \qquad K_{112} = \frac{\nu_9 E_9}{1 - \nu_9^2} A_9$$

$$K_{114} = \frac{\nu_{11} E_{11}}{1 - \nu_{11}^2} A_{11} \qquad K_{115} = \frac{\nu_{12} E_{12}}{1 - \nu_{12}^2} A_{12} \qquad K_{116} = \frac{\nu_{13} E_{13}}{1 - \nu_{13}^2} A_{13}$$

$$K_{117} = \frac{\nu_{14} E_{14}}{1 - \nu_{14}^2} A_{14} \qquad K_{118} = \frac{\nu_{15} E_{15}}{1 - \nu_{15}^2} A_{15} \qquad K_{119} = \frac{\nu_{16} E_{16}}{1 - \nu_{16}^2} A_{16}$$

$$K_{22} = m_1 E_1 A_1 R_1^2 \sin^2\alpha_1 \cos\alpha_1 + G_2 I_{z2} + G_3 I_{z3} + m_4 E_4 A_4 R_4^2 \sin^2\alpha_4 \cos\alpha_4 + G_5 I_{z5} +$$

$$G_6 I_{z6} + m_7 E_7 A_7 R_7^2 \sin^2\alpha_7 \cos\alpha_7 + G_8 I_{z8} + G_9 I_{z9} + m_{10} E_{10} A_{10} R_{10}^2 \sin^2\alpha_{10} \cos\alpha_{10} +$$

$$G_{11} I_{z11} + G_{12} I_{z12} + G_{13} I_{z13} + G_{14} I_{z14} + G_{15} I_{z15} + G_{16} I_{z16}$$

$$K_{23} = K_{32} = \frac{m_1 E_1 A_1 R_1^2 \cos^3\alpha_1}{L} + \frac{m_4 E_4 A_4 R_4^2 \cos^3\alpha_4}{L} +$$

$$\frac{m_7 E_7 A_7 R_7^2 \cos^3\alpha_7}{L} + \frac{m_{10} E_{10} A_{10} R_{10}^2 \cos^3\alpha_{10}}{L}$$

$$K_{24} = K_{42} = m_1 E_1 A_1 R_1 \sin^3 a_1 \qquad K_{27} = K_{72} = m_4 E_4 A_4 R_4 \sin^3 \alpha_4$$

$$K_{210} = m_7 E_7 A_7 R_7 \sin^3 \alpha_7 \qquad K_{213} = m_{10} E_{10} A_{10} R_{10} \sin^3 \alpha_{10}$$

$$K_{34} = K_{43} = m_1 E_1 A_1 R_1^2 \cos^2\alpha_1 \sin\alpha_1 \qquad K_{37} = K_{73} = m_4 E_4 A_4 R_4^2 \cos^2\alpha_4 \sin\alpha_4$$

$$K_{310} = K_{103} = m_7 E_7 A_7 R_7^2 \cos^2\alpha_7 \sin\alpha_7$$

$$K_{313} = K_{133} = m_{10} E_{10} A_{10} R_{10}^2 \cos^2\alpha_{10} \sin\alpha_{10}$$

$$K_{44} = \frac{m_1 E_1 A_1 \sin^4\alpha_1}{\cos\alpha_1} \qquad K_{55} = \frac{E_2 A_2}{1 - \nu_2^2} \qquad K_{66} = \frac{E_3 A_3}{1 - \nu_3^2}$$

$$K_{77} = \frac{m_4 E_4 A_4 \sin^4\alpha_4}{\cos\alpha_4} \qquad K_{88} = \frac{E_5 A_5}{1 - \nu_5^2} \qquad K_{99} = \frac{E_6 A_6}{1 - \nu_6^2}$$

$$K_{1010} = \frac{m_7 E_7 A_7 \sin^4\alpha_7}{\cos\alpha_7} \qquad K_{1111} = \frac{E_8 A_8}{1 - \nu_8^2} \qquad K_{1212} = \frac{E_9 A_9}{1 - \nu_9^2}$$

$$K_{1313} = \frac{m_{10} E_{10} A_{10} \sin^4\alpha_{10}}{\cos\alpha_{10}} \qquad K_{1414} = \frac{E_{11} A_{11}}{1 - \nu_{11}^2} \qquad K_{1515} = \frac{E_{12} A_{12}}{1 - \nu_{12}^2}$$

$$K_{1616} = \frac{E_{13} A_{13}}{1 - \nu_{13}^2} \qquad K_{1717} = \frac{E_{14} A_{14}}{1 - \nu_{14}^2} \qquad K_{1818} = \frac{E_{15} A_{15}}{1 - \nu_{15}^2} \qquad K_{1919} = \frac{E_{16} A_{16}}{1 - \nu_{16}^2}$$

$$N_T = \sum_{i=1}^{n} (N_i + \pi R_i^2 P_i) = N + \pi (R_1^2 P_{\text{int}} - R_2^2 P_{\text{out}})$$

$$T_T = \sum_{i=1}^{n} T_i = T \qquad M_T = \sum_{i=1}^{n} M_{xi} = M_x$$

当金属层螺旋钢带未产生滑动时:

$$K_{33} = m_1 E_1 A_1 \frac{\pi R_1^3 \cos^4\alpha_1}{L\sin\alpha_1} + \frac{m_1}{2\cos\alpha_1} (E_1 I_{n1} + E_1 I_{b1}\cos^2\alpha_1 + G_1 I_{t1}\sin^2\alpha_1) + \frac{E_2}{1-\nu_2^2} I_{x2} +$$

$$\frac{E_3}{1-\nu_3^2} I_{x3} + m_4 E_4 A_4 \frac{\pi R_4^3 \cos^4\alpha_1}{L\sin\alpha_4} + \frac{m_4}{2\cos\alpha_4} (E_4 I_{n4} + E_4 I_{b4}\cos^2\alpha_4 + G_4 I_{t4}\sin^2\alpha_4) +$$

$$\frac{E_5}{1-\nu_5^2} I_{x5} + \frac{E_6}{1-\nu_6^2} I_{x6} + m_7 E_7 A_7 \frac{\pi R_7^3 \cos^4\alpha_7}{L\sin\alpha_7} + \frac{m_7}{2\cos\alpha_7} (E_7 I_{n7} + E_7 I_{b7}\cos^2\alpha_7 +$$

$$G_7 I_{t7}\sin^2\alpha_7) + \frac{E_8}{1-\nu_8^2} I_{x8} + \frac{E_9}{1-\nu_9^2} I_{x9} + m_{10} E_{10} A_{10} \frac{\pi R_{10}^3 \cos^4\alpha_{10}}{L\sin\alpha_{10}} +$$

$$\frac{m_{10}}{2\cos\alpha_{10}} (E_{10} I_{n10} + E_{10} I_{b10}\cos^2\alpha_{10} + G_{10} I_{t10}\sin^2\alpha_{10}) + \frac{E_{11}}{1-\nu_{11}^2} I_{x11} + \frac{E_{12}}{1-\nu_{12}^2} I_{x12} +$$

$$\frac{E_{13}}{1-\nu_{13}^2} I_{x13} + \frac{E_{14}}{1-\nu_{14}^2} I_{x14} + \frac{E_{15}}{1-\nu_{15}^2} I_{x15} + \frac{E_{16}}{1-\nu_{16}^2} I_{x16}$$

当金属层螺旋钢带产生部分滑动时:

$$K_{33} = m_1 E_1 A_1 \frac{\pi R_1^3 \cos^4\alpha_1}{L\sin\alpha_1} (\pi + \sin2\varphi_{di} - 2\varphi_{di}) + \frac{m_1}{2\cos\alpha_1} (E_1 I_{n1} + E_1 I_{b1}\cos^2\alpha_1 +$$

$$G_1 I_{t1}\sin^2\alpha_1) + \frac{E_2}{1-\nu_2^2}I_{x2} + \frac{E_3}{1-\nu_3^2}I_{x3} + m_4 E_4 A_4 \frac{\pi R_4^3\cos^4\alpha_4}{L\sin\alpha_4}(\pi +$$

$$\sin2\varphi_{di} - 2\varphi_{di}) + \frac{m_4}{2\cos\alpha_4}(E_4 I_{n4} + E_4 I_{b4}\cos^2\alpha_4 + G_4 I_{t4}\sin^2\alpha_4) +$$

$$\frac{E_5}{1-\nu_5^2}I_{x5} + \frac{E_6}{1-\nu_6^2}I_{x6} + m_7 E_7 A_7 \frac{\pi R_7^3\cos^4\alpha_7}{L\sin\alpha_7}(\pi + \sin2\varphi_{di} - 2\varphi_{di}) +$$

$$\frac{m_7}{2\cos\alpha_7}(E_7 I_{n7} + E_7 I_{b7}\cos^2\alpha_7 + G_7 I_{t7}\sin^2\alpha_7) + \frac{E_8}{1-\nu_8^2}I_{x8} + \frac{E_9}{1-\nu_9^2}I_{x9} +$$

$$m_{10} E_{10} A_{10} \frac{\pi R_{10}^3\cos^4\alpha_{10}}{L\sin\alpha_{10}}(\pi + \sin2\varphi_{di} - 2\varphi_{di}) + \frac{m_{10}}{2\cos\alpha_{10}}(E_{10}I_{n10} +$$

$$E_{10}I_{b10}\cos^2\alpha_{10} + G_{10}I_{t10}\sin^2\alpha_{10}) + \frac{E_{11}}{1-\nu_{11}^2}I_{x11} + \frac{E_{12}}{1-\nu_{12}^2}I_{x12} +$$

$$\frac{E_{13}}{1-\nu_{13}^2}I_{x13} + \frac{E_{14}}{1-\nu_{14}^2}I_{x14} + \frac{E_{15}}{1-\nu_{15}^2}I_{x15} + \frac{E_{16}}{1-\nu_{16}^2}I_{x16}$$

当金属层螺旋钢带产生完全滑动时：

$$K_{33} = \frac{m_1}{2\cos\alpha_1}(E_1 I_{n1} + E_1 I_{b1}\cos^2\alpha_1 + G_1 I_{t1}\sin^2\alpha_1) + \frac{E_2}{1-\nu_2^2}I_{x2} +$$

$$\frac{E_3}{1-\nu_3^2}I_{x3} + \frac{m_4}{2\cos\alpha_4}(E_4 I_{n4} + E_4 I_{b4}\cos^2\alpha_4 + G_4 I_{t4}\sin^2\alpha_4) +$$

$$\frac{E_5}{1-\nu_5^2}I_{x5} + \frac{E_6}{1-\nu_6^2}I_{x6} + \frac{m_7}{2\cos\alpha_7}(E_7 I_{n7} + E_7 I_{b7}\cos^2\alpha_7 + G_7 I_{t7}\sin^2\alpha_7) +$$

$$\frac{E_8}{1-\nu_8^2}I_{x8} + \frac{E_9}{1-\nu_9^2}I_{x9} + \frac{m_{10}}{2\cos\alpha_{10}}(E_{10}I_{n10} + E_{10}I_{b10}\cos^2\alpha_{10} + G_{10}I_{t10}\sin^2\alpha_{10}) +$$

$$\frac{E_{11}}{1-\nu_{11}^2}I_{x11} + \frac{E_{12}}{1-\nu_{12}^2}I_{x12} + \frac{E_{13}}{1-\nu_{13}^2}I_{x13} + \frac{E_{14}}{1-\nu_{14}^2}I_{x14} +$$

$$\frac{E_{15}}{1-\nu_{15}^2}I_{x15} + \frac{E_{16}}{1-\nu_{16}^2}I_{x16}$$

　　分析非粘结柔性立管的整体刚度矩阵和响应方程式（5-60）和式（5-61）可以得知，在方程中，只有各层的内压和外压是未知数，而各层的内压和外压与各层之间的径向位移相关，也与最小曲率相关。因此，要得到柔性立管的整体刚度矩阵首先需要计算各层的内压和外压数值。

　　设第 i 层的内压和外压值分别为 $P_{i\text{int}}$ 和 $P_{i\text{out}}$，则：

$$P_i = P_{i\text{int}} - P_{i\text{out}}$$

$$P_{i\text{out}} = P_{(i+1)\text{int}}$$

因此：
$$\sum_{i=1}^{n} P_i = P_{\text{int}} - P_{\text{out}} \tag{5-62}$$

其中 $P_1 = 0$，当 i 为金属层时，$P_i = m_i A \varepsilon_i \dfrac{\sin^3 \alpha}{2\pi R_i^2 \cos \alpha}$。

当层间接触时，间隙为 0，即
$$\Delta R_{i\text{out}} = \Delta R_{(i+1)\text{int}} + g_i = \Delta R_{(i+1)\text{int}} \tag{5-63}$$

考虑螺旋钢带层的厚度不变，所以：
$$\Delta R_{3\text{int}} = \Delta R_{3\text{out}}, \quad \Delta R_{5\text{int}} = \Delta R_{5\text{out}}, \quad \Delta R_{7\text{int}} = \Delta R_{7\text{out}} \tag{5-64}$$

所以
$$\Delta R_{i\text{out}} = \Delta R_{(i+2)\text{int}}$$

非金属层各层的厚度改变量为：
$$\Delta t_i = \Delta R_{i\text{out}} - \Delta R_{i\text{int}} = P_i \frac{R_i^2}{t_i} \frac{2 - \nu_i}{2E_i} - \frac{\nu_i R_i N_i}{A_i E_i} \tag{5-65}$$

变形后各层中性层的半径为：
$$R_i + \Delta R_i = \frac{R_{i\text{int}} + R_{i\text{out}}}{2} + \frac{\Delta R_{i\text{int}} + \Delta R_{i\text{out}}}{2} \tag{5-66}$$

把公式（5-64）、公式（5-65）代入公式（5-66），整理得：

当 i 表示非金属层时：
$$2(R_i + \Delta R_i) = R_{i\text{int}} + R_{i\text{out}} + 2\Delta R_{i\text{int}} + P_i \frac{R_i^2}{t_i} \frac{2 - \nu_i}{2E_i} - \frac{\nu_i R_i N_i}{A_i E_i}$$

当 i 表示金属层时：
$$2(R_i + \Delta R_i) = R_{i\text{int}} + R_{i\text{out}} + 2\Delta R_{i\text{int}} = R_{i\text{int}} + R_{i\text{out}} + 2\Delta R_{(i-1)\text{out}}$$
$$= R_{i\text{int}} + R_{i\text{out}} + 2\Delta R_{(i-1)\text{int}} + 2P_{i-1} \frac{R_{i-1}^2}{t_{i-1}} \frac{2 - \nu_{i-1}}{2E_{i-1}} -$$
$$\frac{2\nu_{i-1} R_{i-1} N_{i-1}}{A_i E_{i-1}} \tag{5-67}$$

当各层之间分离时：接触压力为 0，即 $P_{i\text{out}} = P_{(i+1)\text{int}}$，间隙不为 0，即：
$$\Delta R_{i\text{out}} = \Delta R_{(i+1)\text{int}} + g_i \tag{5-68}$$
$$\Delta R_{i\text{out}} = \Delta R_{(i+2)\text{int}} + g_i + g_{i+1} \tag{5-69}$$

将公式（5-65）、公式（5-69）代入公式（5-66），整理得到下面的公式。

当 i 表示非金属层时：
$$2(R_i + \Delta R_i) = R_{i\text{int}} + R_{i\text{out}} + 2\Delta R_{i\text{int}} + P_i \frac{R_i^2}{t_i} \frac{2 - \nu_i}{2E_i} - \frac{\nu_i R_i N_i}{A_i E_i}$$

当 i 表示金属层时：

$$2(R_i + \Delta R_i) = R_{iint} + R_{iout} + 2\Delta R_{iint} = R_{iint} + R_{iout} + 2\Delta R_{(i-1)out} - 2g_i$$
$$= R_{iint} + R_{iout} + 2\Delta R_{(i-1)int} +$$
$$2P_{i-1}\frac{R_{i-1}^2}{t_{i-1}}\frac{2 - \nu_{i-1}}{2E_{i-1}} - \frac{2\nu_{i-1}R_{i-1}N_{i-1}}{A_i E_{i-1}} - 2g_i \qquad (5\text{-}70)$$

式中，R_{iout} 为 i 层的外径；R_{iint} 为 i 层的内径；ΔR_i 为 i 层中性层的半径变化量；g_i 为 i 层的间隙；P_{iout} 为 i 层外层的接触压力；P_{iint} 为 i 层内层的接触压力；P_i 为 i 层的压力差。

利用压力平衡公式（5-62）和变形协调方程式（5-67）或式（5-70）求解各层的压差及内径变化量的过程为：首先假定层之间的相互关系为接触，即间隙 g_i =0，利用公式（5-62）和（5-67）确定各层的接触压力，如果压力大于零，说明层之间没有发生分离，此时用压力平衡式（5-62）和变形协调方程式（5-67）求解各层的接触压力及内径变化量。如果压力小于等于零，说明层之间没有发生分离，此时用压力平衡式（5-62）和变形协调方程式（5-70）求解各层的接触压力及内径变化量。求解得到各层的压差之后，代入公式（5-60）或公式（5-61）就可以求解得到 8 层或 16 层非粘结柔性立管的结构响应。

5.7　实例立管验证与设计立管分析

为了验证本章所提出的计算非粘结柔性立管结构响应的理论可行性，选取 Witz 实验中的 8 层非粘结柔性立管作为实例立管，用本节中的理论建立 8 层实例立管的响应分析模型，如公式（5-60）所示。利用该公式对 8 层实例立管进行计算分析并用 Matlab 编程求解，得到该实例立管的轴向响应、扭转响应及弯曲响应，与 Witz 的实验结果进行对比。

通过 8 层非粘结柔性立管的实例验证了非粘结柔性立管整体刚度模型及结构响应计算理论可靠之后，用该理论建立 16 层设计立管的响应分析模型，即公式（5-61），利用此分析模型对所设计的 16 层柔性立管进行响应分析，并与数值模拟结果对比，获得设计立管的刚度。

5.7.1　8 层实例立管的整体刚度验证

5.7.1.1　实例立管的基本参数

表 5-1 为 Witz 实验中 8 层实例立管的基本参数，立管的单位长度质量为 30.43kg/m，内径为 63.2mm，用于分析的立管长度为 15m，各层之间的摩擦系数为 0.1。

表 5-1 8层海洋非粘结柔性立管的基本参数

层名	E/MPa	v	外径 mm	内径 /mm	截面 /mm×mm	$I_b \times I_t \times I_n$ /mm	螺旋角 /(°)	钢带 /根
骨架层	$1.9×10^5$	0.3	70.2	63.2	28×0.7	20×556×6.5	87.5	1
内防护	284	0.28	80	70.2				
抗压层	$2.07×10^5$	0.3	92.5	80.1	9.25×6.2	100×771×204.6	85.5	1
抗磨层	301	0.28	95.5	92.5				
内抗拉	$2.07×10^5$	0.3	101.5	95.5	6×3	13.5×54×108	35	40
抗磨层	301	0.28	104.5	101.5				
外抗拉	$2.07×10^5$	0.3	110.5	104.5	6×3	13.5×54×108	35	44
外防护	600	0.28	111.5	110.5				

5.7.1.2 实例立管整体刚度结果分析与对比

A 拉伸作用下立管的轴向响应

为了与 Witz 的实验结果进行对比，也为了验证弯矩耦合对立管轴向响应的影响，分三种情况进行分析，第一种是轴对称载荷和弯矩未耦合时立管的轴向响应，此时，内外压设为 0MPa，扭矩设为 0N·m，弯矩设为 100kN·m，公式（5-60）中的 K_{13}、K_{31}、K_{23}、K_{32} 为 0。第二种是轴对称载荷和弯矩耦合时立管的轴向响应，此时，内外压设为 0MPa，扭矩设为 0N·m，弯矩设为 100kN·m，公式（5-60）中的 K_{13}、K_{31}、K_{23}、K_{32} 不为 0。第三种是轴对称载荷和弯矩耦合后，弯矩大小对立管轴向响应的影响，此时，内外压设为 0MPa，扭矩设为 0N·m，弯矩设为 1000kN·m，公式（5-60）中的 K_{13}、K_{31}、K_{23}、K_{32} 不为 0。根据设定条件，用 Matlab 编程求解，可以得到各种条件下立管的轴向响应。

a 轴向力-应变关系

如图 5-11 所示给出了实例立管的轴向力-应变的理论分析曲线和实验曲线。在允许立管端部发生扭转的条件下，实验共进行了 3 个加载周期和 3 个卸载周期。从实验结果可以看出，轴向力-应变曲线出现了较小的非线性响应，并且立管的拉伸刚度变化与应变的变化趋势一致，随着应变的增大而增大。这是由各层之间的初始间隙和接触所导致的，当拉伸刚开始时，立管各结构层之间并没有充分接触，各层的径向位移变化较大，轴向刚度比较小，随着拉伸的进行，各层之间产生充分接触，轴向刚度增大。

由图 5-11 可以看出，未考虑轴对称载荷和弯矩的耦合时，立管的拉力-应变曲线与实验结果差值比较大，而当考虑轴对称载荷和弯矩的耦合时，理论的拉

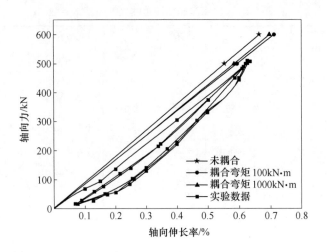

图 5-11　实例立管的拉力-应变曲线

力-应变曲线比较接近于实验曲线，这说明轴对称载荷和弯矩的耦合对立管的结构响应有一定的影响。当考虑耦合之后，随着弯矩的增大，轴向应变逐渐较小，轴向刚度增大，这是因为弯曲载荷会使立管的轴向伸长减小，这和实际情况吻合。

　　b　弯矩耦合对轴向刚度的影响

　　表 5-2 以数值的形式给出了弯矩和轴对称载荷的耦合对非粘结柔性立管轴向刚度的影响。从表 5-2 中可以看出，不论是否考虑轴对称载荷和弯矩耦合，理论分析结果都非常接近实验结果，这说明本章所建立的理论模型是可靠的，此理论模型可以用于非粘结柔性立管轴向刚度和轴向响应的分析计算。

表 5-2　轴向载荷和弯矩的耦合对立管轴向刚度的影响

项　　目	理论分析		实验结果
	未考虑耦合	考虑耦合	
拉伸刚度/MN	90.4	84.4	79~119

　　B　立管扭矩作用下的响应

　　在扭矩作用下非粘结柔性立管的响应分三种情况进行分析，第一种是轴对称载荷和弯矩未耦合时立管的扭转响应，此时，内外压设为 0MPa，轴向力设为 0N，弯矩设为 100kN·m，公式（5-60）中的 K_{13}、K_{31}、K_{23}、K_{32} 为 0。第二种是轴对称载荷和弯矩耦合时立管的扭转响应，此时，内外压设为 0MPa，轴向力设为 0N，弯矩设为 100kN·m，公式（5-60）中的 K_{13}、K_{31}、K_{23}、K_{32} 不为 0。第三种是轴对称载荷和弯矩耦合后，弯矩大小对立管的扭转响应的影响，此时，内外压设为 0MPa，轴向力设为 0N，弯矩设为 1000kN・m，公式（5-60）中的 K_{13}、K_{31}、K_{23}、K_{32} 不为 0。根据设定条件，用 Matlab 编程求解，可以得到各种条件下立管的扭转响应，即扭矩–单位扭转角关系。

a　扭矩–单位扭转角关系

如图 5-12 所示给出了实例立管的扭矩–单位长度扭转角度的理论分析结果和实验结果，在禁止立管端部产生轴向运动的条件下，实验共进行了 2 次加载和卸载，在 2 次加载和卸载过程中，考虑不同的扭转方向。从图 5-12 中可以看出，当所施加的扭矩为负值（顺时针方向）时，扭转刚度较小，这是因为扭矩方向与螺旋钢带的缠绕方向相反，螺旋钢带处于放松状态，从而使得立管的刚度变小；当所施加的扭矩为正值（逆时针方向）时，扭转刚度较大，这是因为扭矩方向与螺旋钢带的缠绕方向相同，螺旋钢带处于张紧状态，从而增大了立管的刚度。

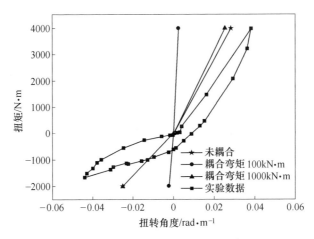

图 5-12　实例立管的扭矩–单位长度扭转角度关系曲线

图 5-12 同时给出了模型的理论分析结果，在理论模型中，施加正值（逆时针方向）的扭矩时，螺旋钢带处于张紧状态，立管的扭转刚度较大；当施加负值（顺时针方向）的扭矩时，螺旋钢带处于放松状态，立管的扭转刚度较小，这和实验结果一致。在理论模型的分析结果中，当考虑轴向载荷和弯矩耦合时，扭转刚度增大，这是因为弯矩使得各层之间的接触更充分，增大了扭转的难度。当考虑耦合之后，随着弯矩的增大，扭转刚度逐渐较小，这是因为过大的弯矩使立管各层之间产生了滑动，减小了各层之间的接触。

b　弯矩耦合对扭转刚度的影响

表 5-3 以数值的形式给出了弯矩和轴对称载荷的耦合对立管扭转刚度的影响。从表 5-3 中可以直观地看出，不管施加的扭矩是正向还是负向，轴向载荷和弯矩的耦合都会增大立管的扭转刚度，这说明本章建立的理论模型能够反映出弯矩耦合对立管扭转刚度的影响。

表 5-3　轴向载荷和弯矩的耦合对立管扭转刚度的影响

项　　目	理论分析				实验结果	
	未考虑耦合		考虑耦合			
扭转刚度	逆时针	顺时针	逆时针	顺时针	逆时针	顺时针
/kN·m²·rad⁻¹	141.9	78.7	151.8	89.4	115.3	94.5

C　弯矩作用下立管的响应

为了验证载荷耦合、钢带的局部变形对立管弯曲响应的影响，分为四种情况进行分析，第一种是轴对称载荷和弯矩未耦合时立管的弯曲响应，此时，轴向力设为 10kN，扭矩设为 100kN·m，内压设为 0MPa 或 30MPa，外压设为 0MPa，公式（5-60）中的 $K_{13} = K_{31} = K_{23} = K_{32}$ 设为 0。第二种是轴对称载荷和弯矩耦合时立管的弯曲响应，此时，轴向力设为 10kN，扭矩设为 100kN·m，内压设为 0MPa 或 30MPa，外压设为 0MPa，公式（5-60）中的 K_{13}、K_{31}、K_{23}、K_{32} 不为 0。第三种是轴对称载荷和弯矩耦合后，轴向力大小对立管弯曲响应的影响，此时，轴向力设为 200kN，扭矩设为 100kN·m，内压设为 0MPa 或 30MPa，外压设为 0MPa，公式（5-60）中的 K_{13}、K_{31}、K_{23}、K_{32} 不为 0。第四种是未考虑螺旋钢带的局部变形时立管的弯曲响应，此时，轴向力设为 10kN，扭矩设为 100kN·m，内压设为 0MPa 或 30MPa，外压设为 0MPa，公式（5-60）中的 K_{13}、K_{31}、K_{23}、K_{32} 不为 0，K_{33} 中与钢带局部变形有关的刚度为 0。用 Matlab 编程求解公式（5-60），可以得到立管的弯曲响应。

a　0MPa 内压下弯矩-曲率关系

如图 5-13 所示为实例立管的弯矩-曲率关系的实验曲线。分析实验曲线可以得知，在弯矩作用下，立管的结构响应出现了明显的迟滞响应，当曲率小于临界曲率时，弯曲刚度基本是一个常数，弯矩和曲率的关系是直线关系；当曲率大于最小临界曲率时，弯矩与曲率的关系是曲线关系。

图 5-13 也给出了四种理论计算结果，分别是未考虑轴对称载荷和弯矩耦合时的弯矩-曲率关系、考虑耦合轴向载荷为 10kN 时的弯矩-曲率关系、轴向载荷为 200kN 时的弯矩-曲率关系、未考虑局部变形的弯矩-曲率关系。分析这四种理论分析结果，我们可以看出，当轴向载荷较小时，轴向载荷和弯矩的耦合对立管的弯曲刚度影响不大，随着轴向载荷的增大，耦合对弯曲刚度的影响越来越明显，它使弯曲刚度减小，原因在于轴向载荷减小了立管的半径，从而使立管的弯曲变得容易。螺旋钢带的局部变形也会影响立管的弯曲刚度，从图 5-13 中可以看出，当考虑螺旋钢带的局部变形时，立管的弯曲刚度比未考虑钢带的局部变形时增大。

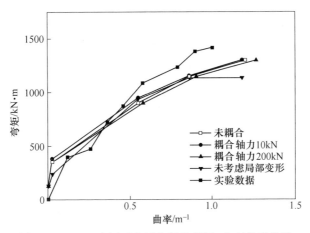

图 5-13　0MPa 内压下实例立管的弯矩–曲率关系曲线

b　30MPa 内压下弯矩–曲率关系

如图 5-14 所示给出了 30MPa 内压作用下实例立管的弯矩–曲率关系实验曲线和理论曲线，从图中可以看出，在弯矩–曲率实验曲线中柔性立管表现出了明显的迟滞响应。轴向载荷和弯矩的耦合、螺旋钢带的局部变形都会对柔性立管的弯曲刚度产生影响，轴向载荷的耦合会减小立管的弯曲刚度，而螺旋钢带的局部变形会增大柔性立管的弯曲刚度。

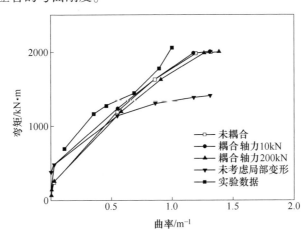

图 5-14　30MPa 内压下实例立管的弯矩–曲率关系曲线

5.7.2　16 层设计立管的整体刚度分析

5.7.2.1　16 层设计立管的基本参数

16 层设计立管主要作用在南海 11-1 油田的"胜利号"FPSO 上，立管的截面参数见表5-4，单位长度质量为218 kg/m，内径为203.2mm。

5.7.2.2　16层设计立管整体刚度的理论分析

5.7.1中通过实例验证了分析非粘结柔性立管结构响应理论的可靠性，本节中利用该理论所建立的16层非粘结柔性立管响应分析模型，即公式（5-61）对所设计的16层柔性立管进行整体刚度和结构响应分析，以获得16层设计立管的整体弯曲刚度和拉伸刚度。

将表5-4中16层设计立管的基本参数代入公式（5-61）中，并设置分析长度为15m，各层之间的摩擦系数为0.1，内压为20MPa。根据6.3.3中柔性立管动力分析结果，将轴向力设置为777.7kN，弯矩设置为726.5kN·m，这是缓波型柔性立管顶部悬挂点的张力和弯矩，也是最大张力和弯矩。扭矩为0kN·m，依据设定条件，用Matlab编程求解，可以得到组合载荷作用下16层设计立管的弯曲响应和整体弯曲刚度、轴向响应和整体轴向刚度。

表 5-4　16层设计立管的基本参数

层名	E/MPa	v	外径 /mm	内径 /mm	截面 /mm×mm	$I_b \times I_t \times I_n$ /mm^4	螺旋角 /(°)	钢带 /根
骨架层	2×10^5	0.3	215.2	203.2	40×1.5	300×910×55	87.5	1
内防护层	2500	0.48	225.2	215.2				
内防护层	2500	0.48	237.2	225.2				
抗压层	2.1×10^5	0.3	249.2	237.2	11.2×6	201×702×434	85.5	1
防磨层	300	0.48	251.2	249.2				
防磨层	300	0.48	253.2	251.2				
内抗拉层	2.1×10^5	0.3	259.2	253.2	9×3	22.5×250×500	35	66
防磨层	300	0.48	261.2	259.2				
防磨层	300	0.48	263.2	261.2				
外抗拉层	2.1×10^5	0.3	269.2	263.2	9×3	22.5×250×500	35	68
玻璃纤维层	137000	0.48	273.2	269.2				
中间防护层	300	0.48	283.2	273.2				
绝缘层	547	0.48	299.2	283.2				
绝缘层	547	0.48	313.2	299.2				
外防护层	4000	0.48	325.2	313.2				
外防护层	4000	0.48	343.2	325.2				

5.7.2.3　16 层设计立管整体刚度的有限元分析

为了验证 16 层设计立管整体刚度的理论分析结果是否正确，本节依据表 5-4 中的非粘结柔性立管的参数，并参照文献中骨架层的 Z 形结构，利用建模软件 Abaqus 建立了 16 层立管的三维模型并进行了有限元分析。为了提高计算效率，减少计算时间，在建立立管的有限元模型时，不同的结构层采用了不同的单元划分方法，内抗拉层和外抗拉层采用梁单元划分网格，骨架层、抗压铠装层和复合材料层采用体单元划分网格，立管的三维模型和有限元模型如图 5-15 所示。为方便各种工况的加载，在立管的两端中心建立两个几何参考点，然后把两端面所有的节点与对应的中心参考点之间建立运动耦合约束（Coupling），加载时，通过几何参考点施加载荷，几何参考点的位置如图 5-15 所示的 RP 点。

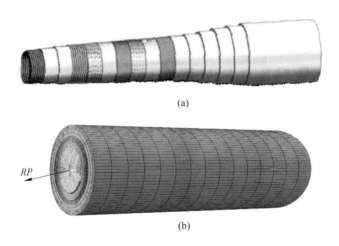

(a)

(b)

图 5-15　16 层设计立管模型及有限元模型

（a）设计立算模型；（b）有限元模型

在有限元分析中，柔性立管一端固定，另一端铰接，所施加载荷和理论分析载荷一致，固定端施加弯矩 726.5kN·m，铰接端施加轴向拉力 777.7kN，内部施加内压 20MPa，各层之间的摩擦系数设为 0.1，立管的端部约束和载荷都施加于两端的参考点上。为了消除边界效应的影响，立管长度取 1.5m，其值稍大于 2 倍的节距。

5.7.2.4　设计立管整体刚度结果分析与对比

A　弯矩-曲率关系

如图 5-16 所示给出了设计立管顶部悬挂点的弯矩-曲率关系的理论值和数值模拟结果。从图 5-16 中可以看出，海洋非粘结柔性立管在内压、轴向力和弯矩的作用下，曲率产生变化，当立管受到比较小的弯矩作用时，弯曲曲率较小，在弯曲过程中，层与层之间存在相互接触，此时，弯矩和曲率的变化关系是线性的，弯曲刚度不随曲率的变化而变化，而是趋于定值。随着弯矩和曲率的进一步增加，曲线出现一个临界点，层之间的摩擦力不足以阻止立管内部结构的滑移，弯矩和曲率之间不再是线性关系，非粘结柔性立管出现了非线性效应，立管的弯曲刚度不再趋于定值，而是随着曲率的变化而变化。由图 5-16 可以看出，立管管顶部悬挂点的弯矩-曲率关系的理论结果和数值结果基本吻合，从而证明了理论模型在分析柔性立管结构响应方面的有效性。

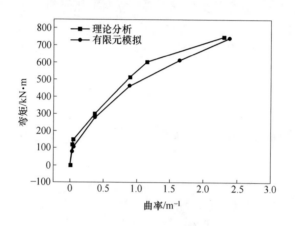

图 5-16　设计立管的弯矩-曲率关系

B　轴向力-伸长率关系

设计立管的轴向力-伸长率关系的理论结果和数值计算结果如图 5-17 所示。由图 5-17 可以得知，在载荷刚开始加载的时候，柔性立管的轴向力和位移之间出现了少量的非线性关系，随着加载的进行，这种非线性关系逐渐减弱；原因在于，在开始加载的时候，柔性立管的钢带处于放松状态，各层之间由于层间间隙的存在并未完全接触，导致柔性立管在轴向力较小时轴向位移较大。随着加载的进行，层间间隙减小，各层之间完全接触，这种接触和高强度的骨架层限制了立管的径向变化，层间的滑移并不明显，轴向力和位移之间的变化曲线表现出线性关系，柔性立管的轴向刚度趋于平稳。而在理论分析结果中，轴向力和位移之间的变化曲线-直表现出线性关系，这同时也说明，数值模拟分析相对于理论分析能更好地捕捉到立管的非线性响应。

5.8　本章小结

本章将海洋非粘结柔性立管的各结构层分为非金属层和金属层，利用虚功原理推导了各层在轴向、扭转、径向和弯曲组合载荷下的结构响应和刚度矩阵。在

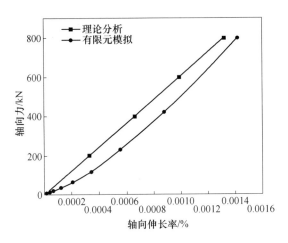

图 5-17 设计立管的轴向力-伸长率关系

此基础上，考虑柔性立管各层的厚度变化、层间间隙、层间接触压力、钢带的局部弯曲及各载荷的耦合作用，推导出了非粘结柔性立管的整体刚度矩阵计算公式和结构响应计算模型。以 63.2mm 长的海洋非粘结柔性立管作为实例，通过 Matlab 编程求解其整体刚度矩阵及结构响应模型，得到了实例立管在组合载荷下的响应，分析了各种因素对实例立管响应的影响，并对比了实例立管的分析计算结果和前人的实验结果，结果基本吻合，从而证明了本章推导出的分析方法的有效性。利用此方法和有限元方法对比分析了所设计的 16 层柔性立管的结构响应，得到了所设计立管的弯曲刚度和轴向刚度。通过分析，得到了如下结论。

（1）非粘结柔性立管的轴向载荷和应变之间的关系整体上是线性关系，只是在拉伸开始时，由于各层之间的初始间隙影响，轴向力和应变之间出现了较小的非线性响应；随着拉伸的进行，各层之间产生充分接触，非线性响应消失，轴向载荷和应变之间呈现出线性关系。

（2）在柔性立管中，扭矩的加载方向会影响扭转刚度的大小，当所施加的扭矩为正值，即扭矩方向与螺旋钢带的缠绕方向相同时，扭转刚度较大；当所施加的扭矩为负值，即扭矩方向与螺旋钢带的缠绕方向相反时，扭转刚度较小。

（3）在组合载荷作用下，弯矩和曲率之间的关系，即弯曲刚度不是一个定值，而是在不断变化。当曲率小于滑动的最小临界曲率时，弯矩和曲率的关系是直线关系，弯曲刚度是常数。当曲率大于最小临界曲率并小于等于 $\frac{\pi}{2}$ 倍的最小临界曲率时，弯矩与曲率的关系是曲线关系，弯曲刚度是曲率的非线性函数。当曲率大于 $\frac{\pi}{2}$ 倍的最小临界曲率时，弯曲和曲率的关系是平行于水平轴的直线关系，弯曲刚度是零。

（4）组合载荷之间的耦合作用会影响柔性立管的轴向刚度、扭转刚度、弯曲刚度，当立管受到同样的载荷作用时，载荷之间的耦合的存在会使柔性立管的扭转刚度增大，而轴向刚度和弯曲刚度减小。螺旋钢带的局部变形对弯曲刚度的影响比较大。

（5）利用推导出的理论模型对所设计的 16 层非粘结柔性立管的整体刚度进行了计算，并对比了计算结果与有限元模拟结果，结果基本吻合，从而验证了计算结果的合理有效性，为柔性立管的整体分析打下了基础。

参 考 文 献

［1］王树青，梁丙臣．海洋工程波浪力学［M］．青岛：青岛海洋大学出版社，2013．

［2］Bahtui Ali. Development of a constitutive model to simulate unbonded flexible riser pipe elements ［D］. Uxbridge：Brunel University，2008.

［3］Witz J. A. A Case study in the cross-section analysis of flexible risers ［J］. Marine structures，1996，9（9）：885-904.

［4］Petroleum industries and natural gas. API RP 17B-2008 软管推荐做法 ［S］. Washington，D. C：Petroleum and natural gas industries，2008.

［5］Saevik S，Berge S. Fatigue testing and theoretical studies of two 4 in flexible pipes ［J］. Engineering Structures，1995，17（4）：276-292.

［6］姜豪，杨和振，刘昊．深海非粘结柔性立管简化模型数值分析及实验研究［J］.中国舰船研究，2013，（1）：64-72.

［7］迟明，张宗政，王少鹏，等．基于有限元的海洋柔性管管接头扣压方式的研究［J］.化工设备与管道，2017，（6）：60-63.

6 非粘结柔性立管的整体动力研究

非粘结柔性立管的整体动力研究是分析非粘结柔性立管在海洋载荷作用下的整体动力性能和响应，它不仅是非粘结柔性立管设计和制造的必要环节，也是确定非粘结柔性立管局部性能的必要步骤。

由于非粘结柔性立管各结构层的材料不同，且各结构层之间也存在相互的接触和摩擦，表现出高度的非线性行为，对这样一个复杂的结构进行精确的理论分析非常困难。目前，非粘结柔性立管的动力分析常用的方法有解析方程法和有限元数值法，由于数据的繁琐性，这两种方法都存在着计算耗时长、计算效率比较低的缺点。

多体动力学主要研究由若干个柔性体和刚体连接成的多体系统的运动规律及性能，它是力学学科的重要分支。目前，随着多体动力学的发展，出现了许多以多体动力学为核心的分析计算软件，通过这些软件对产品的分析和优化，缩短了产品的设计周期，提高了设计和生产效率。

本章在研究多体动力学对柔性体的求解理论和方法的基础上，以设计立管为例，利用多体动力学对非粘结柔性立管在重力、浮力、海流力、波浪力多个载荷组合作用下的整体动力性能进行分析，并将分析结果和有限元模拟结果进行对比，得到柔性立管在海洋环境载荷下的响应和各项性能指标，这些研究为柔性立管的局部性能分析和试验验证奠定了基础。

6.1 立管的运行环境及荷载

海洋非粘结柔性立管长期作用在海洋环境中，其所受的载荷比较复杂，包括波浪、海流、风、内外压等。在这些载荷的影响下，柔性立管容易产生断裂和破坏，因此在设计立管之前，必须首先分析确定立管的作用环境及载荷，分析在这些载荷作用下立管的动态响应，以确保立管运行的安全性。

6.1.1 波浪

6.1.1.1 波浪理论

波浪是海水质点受到载荷扰动后离开原有的平衡位置而产生的周期性上下起伏运动。根据成因的不同，波浪可以分为风浪、涌浪、内波、潮波、海啸、气压波、船行波等类型。风浪是由于风力的作用产生的波浪，涌浪是当风浪离开风作用的区域时所生成的波浪，内波是海水内部两种密度不同的海水相互作用而产生的波浪，潮波是由于潮引力作用而引起的波浪。海啸是由于火山、地震等地质活动产生的巨浪，气压波是受到气压变化作用而产生的波浪，船行波是受到船舶运动作用而产生的波浪。在这些波浪中，对柔性立管影响比较大的是风浪。

一般来说，波浪具有随机性，因此对于波浪的准确描述是采用随机波浪理论。但在实际的计算工程中，为了简化计算，常将非规则波理论用规则波理论代替，如有限振幅波理论、线性波理论、椭圆余弦波理论、孤立波理论等。这些规则波理论的主要研究方法是速度势函数，该函数的方程和边界条件为：设海水是无黏性的理想流体，速度势为 $\phi(x, y, z, t)$，速度势满足 Laplace 方程：$\Delta \Phi = 0$，$z < 0$，同时应满足以下的边界条件。

A　波浪表面条件

（1）动力学条件。波面压强为常数，根据 Bernouli 公式，即：

$$\frac{\partial \Phi}{\partial t} + \frac{1}{2}\left[\left(\frac{\partial \Phi}{\partial x}\right)^2 + \left(\frac{\partial \Phi}{\partial z}\right)^2\right] + g\zeta = f(t) \tag{6-1}$$

（2）运动学条件。运动中自由表面上的水分子始终保持在波面上，即：

$$\frac{\partial \Phi}{\partial t} + \frac{\partial \Phi}{\partial x}\frac{\partial \zeta}{\partial x} - \frac{\partial \Phi}{\partial z} = 0 \tag{6-2}$$

B　水底条件

底部 $z = -d$ 处垂向速度为零，即：

$$\frac{\partial \Phi}{\partial z} = 0 \tag{6-3}$$

C　波浪周期条件

假设波浪沿 x 方向传播，则波浪沿 x 方向呈现周期性，即：

$$\Phi(x, z, t) = \Phi(x - Ct, z) \tag{6-4}$$

式中，ζ 为波面函数；C 为波速。

在线性波浪理论中，其速度势可表示为：

$$\Phi = \frac{Ag}{\omega}\frac{\cosh k(z+h)}{\cosh(kh)}\sin(kx - \omega t) \tag{6-5}$$

式中，A 为波浪幅值；h 为水深；k 为波数，$k = \dfrac{2\pi}{\lambda}$；$\lambda$ 为波长；ω 为圆频率，$\omega = \dfrac{2\pi}{T}$，T 为波浪周期。

对于有限水深来说，其频散关系为：

$$\omega^2 = gk\tanh(kh) \tag{6-6}$$

求解速度势方程可以得到水质点的垂直速度和水平速度、垂直加速度和水平加速度：

$$v_x = \frac{\partial \Phi}{\partial x} = k\frac{Ag}{\omega}\frac{\cosh k(z+h)}{\cosh(kh)}\cos(kx-\omega t) = \omega A\frac{\cosh(z+h)}{\sinh(kh)}\cos(kx-\omega t)$$

$$(6-7)$$

$$v_z = \frac{\partial \Phi}{\partial z} = -k\frac{Ag}{\omega}\frac{\sinh k(z+h)}{\cosh(kh)}\sin(kx-\omega t) = -\omega A\frac{\sinh k(z+h)}{\sinh(kh)}\sin(kx-\omega t)$$

$$(6-8)$$

$$a_x = \frac{\partial v_x}{\partial x} = kAg\frac{\cosh k(z+h)}{\cosh(kh)}\sin(kx-\omega t) \qquad (6-9)$$

$$a_z = \frac{\partial v_x}{\partial x} = kAg\frac{\sinh k(z+h)}{\cosh(kh)}\cos(kx-\omega t) \qquad (6-10)$$

6.1.1.2 波浪力计算

在海洋工程中，波浪力是作用在海洋工程结构物上的一种主要外力，它对结构物的可靠性影响很大。因此，计算作用在海洋结构物上的波浪力是非常重要的工作。目前，波浪力的计算主要有两种不同的方法，一是 Morison 方程，二是绕射理论。

对于细长结构物，即结构物的尺度与入射波的波长相比，比值小于等于 0.2 的结构物，即 $D/L \leq 0.2$，D 表示结构物的特征尺度，如结构物是圆柱体则 D 是直径，L 是波长，在计算波浪力时，需要考虑的主要因素是波浪的粘滞效应和附加质量效应。因此，对于柔性立管这样的小尺寸细长结构物，一般采用 Morison 方程计算结构物的波浪力。

Morison 方程假设，小尺寸细长结构物对波浪的运动影响很小，而波浪对小尺寸细长结构物主要是粘滞效应和附加质量效应作用。下面分别列出了小尺寸直立圆柱体波浪力和倾斜圆柱体波浪力计算的 Morison 方程。

A 小尺寸直立圆柱体的 Morison 方程

根据 Morison 方程，在图 6-1 所示的直立圆柱体上任意高度 z 处作用的水平波浪力有两种，分别是水平拖曳力和水平惯性力，其公式为：

$$f_H = f_D + f_1 = \frac{1}{2}C_D\rho D u_x \mid u_x \mid + C_M\rho\frac{\pi D^2}{4}\frac{\mathrm{d}u_x}{\mathrm{d}t} \qquad (6-11)$$

式中，C_M 为质量系数；ρ 为海水密度；D 为圆柱体的直径。

在直立圆柱体的高度 z 处，高度为 $\mathrm{d}z$ 的一段圆柱上的波浪力为：

$$\mathrm{d}F_H = f_H\mathrm{d}z = f_D + f_1 = \frac{1}{2}C_D\rho D u_x \mid u_x \mid \mathrm{d}z + C_M\rho\frac{\pi D^2}{4}\frac{\mathrm{d}u_x}{\mathrm{d}t}\mathrm{d}z \qquad (6-12)$$

某一段直立柱体（$z_2 - z_1$）上的水平波浪力：

$$F_H = \int_{z_1}^{z_2} f_H \mathrm{d}z = \int_{z_1}^{z_2} \frac{1}{2} C_D \rho D u_x \mid u_x \mid \mathrm{d}z + \int_{z_1}^{z_2} C_M \rho \frac{\pi D^2}{4} \frac{\mathrm{d}u_x}{\mathrm{d}t} \mathrm{d}z \qquad (6\text{-}13)$$

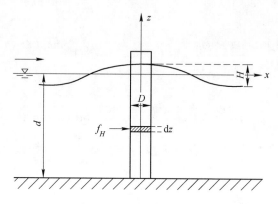

图 6-1　小尺寸直立圆柱体的波浪力示意图

若是线性波浪，式（6-13）可以写成：

$$F_H = \int_{z_1}^{z_2} \frac{1}{2} C_D \rho D \left(\omega A \frac{\cosh k(z + h)}{\sinh(kh)} \right)^2 \cos\xi \mid \cos\xi \mid \mathrm{d}z +$$

$$\int_{z_1}^{z_2} C_M \rho \frac{\pi D^2}{4} k A g \frac{\cosh k(z + h)}{\cosh(kh)} \sin\xi \mathrm{d}z$$

$$= 2 C_D \gamma D A^2 K_1 \cos\xi \mid \cos\xi \mid + C_M \gamma \frac{\pi D^2 A}{4} k_2 \sin\xi \qquad (6\text{-}14)$$

$$K_1 = \frac{2k(z_2 - z_1) + sh2kz_2 - sh2kz_1}{8sh2kH}$$

其中，$K_2 = \dfrac{shkz_2 - shkz_1}{chkd}$，$\xi = kx - \omega t$。

B　小尺度倾斜圆柱体的 Morison 方程

倾斜圆柱体是直立柱体的一种特殊情况，其波浪力的计算在方法上与直立圆柱体的 Morison 方程是相同的。

图 6-2 所示为小尺度倾斜圆柱体上所承受的波浪力，波浪是二维波浪并沿 x 方向传播，波浪的速度和加速度沿倾斜圆柱体垂向和切向的分量分别为 U_n，U_t 和 $\dot{U}_n$，$\dot{U}_t$，写成矢量形式为 $\boldsymbol{U}_n$，$\boldsymbol{U}_t$ 和 $\dot{\boldsymbol{U}}$，$\dot{\boldsymbol{U}}_t$。因此对于小尺度倾斜柱体，Morison 方程可写成：

$$\boldsymbol{f} = \frac{1}{2} C_D \rho D \boldsymbol{U}_n \mid \boldsymbol{U}_n \mid + C_M \rho \frac{\pi D^2}{4} \dot{\boldsymbol{U}}_n \qquad (6\text{-}15)$$

式中，$\boldsymbol{f}$ 为在倾斜圆柱体高度 z 处所作用的单位柱长的波浪力矢量；$\boldsymbol{U}_n$，$\boldsymbol{U}_t$ 为和柱

轴正交、相切波浪水质点的速度；$\dot{U}_n$，$\dot{U}_t$ 为和柱轴正交、相切波浪水质点的加速度矢量；$|U_n|$ 是速度 U_n 的模。

U_n 及 $|U_n|$ 可以用如下的形式表示：

设 e 为沿倾斜柱体轴向的单位矢量，有：

$$e = e_x i + e_y j + e_z k \quad (6-16)$$

其中，$e_x = \cos\varphi\cos\phi$，$e_y = \cos\varphi\sin\phi$，$e_z = \sin\varphi$，$\varphi = 90° - \theta$，$\theta$ 为柔性立管的悬挂角。

与倾斜的柔性立管正交的速度矢量 U_n 可由三种乘积得到：

$$U_n = e \times |u \times e| \quad (6-17)$$

本章所研究的柔性立管是在 xz 平面上的倾斜柱体，所以：

$$\phi = 0,\ e_x = \cos\varphi,\ e_y = 0,\ e_z = \sin\varphi \quad (6-18)$$

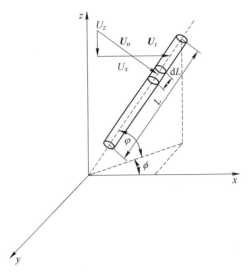

图 6-2　小尺度倾斜圆柱体波浪力示意图

对于一维波浪有：

$$u = u_x i \quad (6-19)$$

把公式（6-16）和公式（6-18）代入公式（6-17），可以得到 U_n：

$$U_n = \sin^2\varphi\, u_x i - \cos\varphi\sin\varphi\, u_x k$$

$$|U_n| = \sin\varphi\, u_x$$

$$\dot{U}_n = \sin^2\varphi \frac{\partial u_x}{\partial t} i - \cos\varphi\sin\varphi \frac{\partial u_x}{\partial t}\overline{k} \quad (6-20)$$

于是公式（6-15）可以写成：

$$\begin{Bmatrix} f_x \\ f_z \end{Bmatrix} = \frac{1}{2} C_D \rho D\, |\sin\varphi\, u_x| \begin{Bmatrix} \sin^2\varphi\, u_x \\ -\cos\varphi\sin\varphi\, u_x \end{Bmatrix} + C_M \rho \frac{\pi D^2}{4} \begin{Bmatrix} \sin^2\varphi \dfrac{\partial u_x}{\partial t} \\ \cos\varphi\sin\varphi \dfrac{\partial u_x}{\partial t} \end{Bmatrix}$$

由于 $\varphi = 90° - \theta$，所以上式可以写为：

$$\begin{Bmatrix} f_x \\ f_z \end{Bmatrix} = \frac{1}{2} C_D \rho D\, |\cos\theta\, u_x| \begin{Bmatrix} \cos^2\theta\, u_x \\ -\cos\theta\sin\theta\, u_x \end{Bmatrix} + C_M \rho \frac{\pi D^2}{4} \begin{Bmatrix} \cos^2\theta \dfrac{\partial u_x}{\partial t} \\ \cos\theta\sin\theta \dfrac{\partial u_x}{\partial t} \end{Bmatrix}$$

$$(6-21)$$

式（6-21）是线性波浪中，悬挂角为 θ 的立管在高度 z 处的单位长度上波浪力的计算公式。

6.1.2　海流

海流是海水的非周期运动，有水平方向，也有垂直方向，根据成因不同，海流可以分为风海流、密度流、潮汐流、补偿流。风海流是由于海面上的风载荷作用产生的海流，这种海流的作用深度比较浅，通常只有几百米。密度流是流动海流，由于各个海域不同的海水密度而产生的。补偿流是不同海域的海水相互补充而生成的海流。潮汐流指的是由于潮汐发生的海水流动而产生的海流。对柔性立管来说，影响较大的是风海流。对于水质点的速度，在水平方向的流场海流随时间变化而产生非常缓慢的变化，所以常将海流看作定常水流，其对水下柔性立管的作用力仅考虑拖曳力。考虑立管的倾斜，并应用 Morison 方程计算 z 处深度的单位长度上的海流力 f_l：

$$f_l = \frac{1}{2} C_D \rho_l D u_l^2 \qquad (6\text{-}22)$$

式中，u_l 为与倾斜的立管轴向正交的海流速度，$u_l = u_s \cos\varphi$；u_s 为海流水平方向的速度，其在计算时取单元中点处的海流速度值；C_D 为拖曳力系数。

6.1.3　浮力

长度为 Δl 的刚体浮力等于被排开的海水的重力，计算公式为：

$$F_g = \rho A_g g \Delta l \qquad (6\text{-}23)$$

式中，A_g 为立管的截面积。

在柔性立管的总体结构中，除了立管的浮力，还有浮子的浮力，浮子单位长度的浮力 F 为每个浮力块的净浮力除以浮力块的长度。

6.1.4　重力

柔性立管的重力包括柔性立管的重力和内部流体的重力两部分，立管单位长度的质量为 m_i，所以长度为 Δl 的立管的重力为：

$$G_g = m_i g \Delta l$$

内部液体原油的密度是 ρ，根据立管的内径尺寸 r，计算得到长度为 Δl 的液体重力为：$G_y = \rho \pi r^2 g \Delta l$，所以长度为 Δl 的刚体的总重力为：

$$G = G_g + G_y \qquad (6\text{-}24)$$

其中，g 为重力加速度，单位 N/kg。

6.1.5　浮体运动

非粘结柔性立管的顶部和浮体铰接在一起，并随着浮体的运动而运动，因此，浮体的运动对立管的性能有很重要的影响。在波浪、海流和风的作用下，浮体将会发生非常复杂的非线性运动，不考虑浮体的弹性变形，浮体在波浪中的自由度有横摇、纵摇、纵荡、横荡、首摇、垂荡六个自由度。在这六个自由度中，在流体静力载荷的作用下，垂荡、横摇、纵摇能自动保持平衡位置，而纵荡、横荡、首摇需要依靠浮体的系泊系统来保持平衡。

目前科研人员主要用两种方法研究浮体运动对立管的影响，一是将浮体和立管作为一个整体进行研究；二是先用浮体的幅值响应算子（RAO）估算浮体的运动，然后将其作为立管动力分析的边界条件施加到立管响应计算中。本节中，只考虑浮体的纵荡运动，其运动响应的大小用幅值响应算子（RAO）表示为：

$$x = RA\cos(\omega t - \tau) \tag{6-25}$$

式中，x 为浮体的运动响应；A，ω 为波浪的振幅和频率；R 为幅值响应算子的系数；τ 为浮体的相位。

6.2 非粘结柔性立管整体动力分析

6.2.1 缓波型柔性立管的初始位形

对于缓波型柔性立管来说，确定初始位形是对立管进行静力分析、动力分析的第一步，初始位形和平衡位形的接近程度影响着立管分析的效率。由于单位长度质量相同的小段柔性立管可以当作悬链线，因此本节用悬链线方程推导缓波型柔性立管的初始位形。

在分析过程中，一般将缓波型柔性立管分为四段，即悬垂段 AC（悬挂段 AB 和跨接段 BC）、浮子段 CE（举升段 CD 和拖曳段 DE）、降落段 EF、触地段 FG，其布局形式如图 6-3 所示。

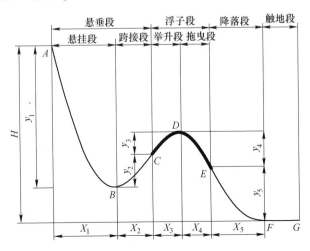

图 6-3 缓波型柔性立管布局形式

　　根据图6-3的缓波型布局形式，对柔性立管的 BD 段和 DF 段进行静力分析，因为柔性立管处于静力平衡，所以点 B、D、F 水平方向受力，而垂直方向不受力，图6-4所示为水平方向的力。在立管的 BD 段上，BC 段的垂直向下的力等于 CD 段的垂直向上的力，DE 段的垂直向上的力等于 EF 段的垂直向下的力，因此，可以将 ABC、CDE、EF 段都当成悬链线，从而用悬链线方程求解。

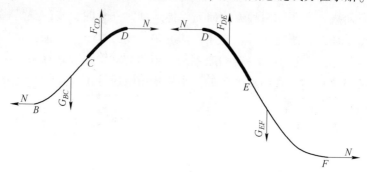

图6-4　BD 段和 DF 段静态平衡分析

　　建立局部坐标系如图6-5所示，写出悬垂段 ABC、浮子段 CDE、降落段 EF 的平衡方程：

$$y = a_i\left(\cosh\frac{x}{a_i} - 1\right), \quad \nu = a_i\left(\cosh\frac{u}{a_j} - 1\right), \quad q = a_k\left(\cosh\frac{p}{a_k} - 1\right)$$

$$(6\text{-}26)$$

式中，a_i、a_j、a_k 为悬链线系数。

　　设悬垂段、浮子段、降落段的单位长度的质量分别是 m_i、m_j、m_k，则每一段柔性立管的单位长度的重量是：

$$G_i = m_i g, \quad G_j = m_j g - F_{zi}, \quad G_k = m_k g$$

其中，F_{zi} 是浮子段单位长度的浮力。

　　根据公式（6-26），得到跨接段 BC 和举升段 CD 的弧长为：

$$S_2 = a_i\sinh\left(\frac{x_2}{a_i}\right), \quad S_3 = a_j\sinh\left(\frac{x_3}{a_j}\right) \tag{6-27}$$

根据图6-4中柔性立管的受力平衡得知：

$$G_i S_2 = G_j S_3 \tag{6-28}$$

由文献可知：$N = aG$，得出方程为：

$$\frac{S_2}{S_3} = \frac{x_2}{x_3} = \frac{y_2}{y_3} = \frac{G_j}{G_i} = \frac{a_i}{a_j} \tag{6-29}$$

同理，在拖曳段 DE 和降落段 EF，写出方程：

$$\frac{S_4}{S_5} = \frac{x_4}{x_5} = \frac{y_4}{y_5} = \frac{G_k}{G_j} = \frac{a_j}{a_k} \tag{6-30}$$

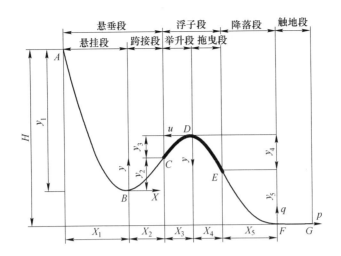

图 6-5　缓波型柔性立管的局部坐标系

对于所研究的柔性立管，悬垂段 AC 的材料与降落段 EF 的材料相同，因此 $G_i = G_k$，$a_i = a_k$，联立方程式（6-29）和式（6-30）可以得到：

$$\frac{S_2}{S_3} = \frac{S_5}{S_4} = \frac{G_j}{G_i} = \frac{a_i}{a_j}$$

可以写成：

$$\frac{S_2 + S_5}{S_3 + S_4} = \frac{G_j}{G_i} = \frac{a_i}{a_j} \tag{6-31}$$

缓波型柔性立管的总长度（不包括触地段）为：

$$S = S_i + S_j + S_k = (S_1 + S_2) + (S_3 + S_4) + S_5 \tag{6-32}$$

式中，S_1 为悬挂段的长度；S_2 为跨接段的长度；S_3 为举升段的长度；S_4 为拖曳段的长度；S_5 为降落段的长度。

联合公式（6-31）与公式（6-32），整理得出悬挂段 AB 的长度计算公式为：

$$S_1 = S - (S_2 + S_3 + S_4 + S_5) = S - \left(1 + \frac{G_j}{G_i}\right) S_j \tag{6-33}$$

缓波型柔性立管的悬挂角是 θ，倾斜角是 β，$\theta = 90° - \beta$，所以悬挂段的弧长 S_1 为：

$$S_1 = a_i \mathrm{tg}\beta = a_i \mathrm{ctg}\theta \tag{6-34}$$

根据公式（6-33）和公式（6-34），可得到 a_i：

$$a_i = \left[S - \left(1 + \frac{G_j}{G_i}\right) S_j \right] \mathrm{tg}\theta \tag{6-35}$$

由公式（6-26），得到悬挂段 AB 的弧长为：

$$S_1 = a_i \sinh\left(\frac{x_1}{a_i}\right) \tag{6-36}$$

由公式（6-34）、公式（6-36）和公式（6-26），可以得到悬挂段的 B 点的坐标值为：

$$x_1 = a_i \text{arcsinh}(\text{ctg}\theta) , \quad y_1 = a_i\left(\cosh\frac{x_1}{a_i} - 1\right) \tag{6-37}$$

联合公式（6-26）、公式（6-27）和公式（6-32），可以得到 C 点的 x_2，y_2：

$$x_2 = a_i \text{arcsinh}\left(\frac{S_i - S_1}{a_i}\right) , \quad y_2 = a_i\left(\cosh\frac{x_2}{a_i} - 1\right) \tag{6-38}$$

联合公式（6-28）和公式（6-38），可以得到 D 点的 x_3，y_3：

$$x_3 = \frac{G_i}{G_j}x_2 , \quad y_3 = \frac{G_i}{G_j}y_2 \tag{6-39}$$

由公式（6-26），得到拖曳段 DE 的弧长为：

$$S_4 = a_j\sinh\left(\frac{x_4}{a_j}\right) \tag{6-40}$$

从而得到 E 点的 x_4，y_4：

$$x_4 = a_j\text{arcsinh}\left(\frac{S_4}{a_j}\right) , \quad y_4 = a_j\left(\cosh\frac{x_4}{a_j} - 1\right) \tag{6-41}$$

由公式（6-30）、公式（6-31）和公式（6-41），可以得到 F 点的 x_5，y_5：

$$x_5 = \frac{G_i}{G_j}x_4 , \quad y_5 = a_i\left(\cosh\frac{x_5}{a_i} - 1\right) = \frac{G_j}{G_i}y_4 \tag{6-42}$$

悬挂段 B 点的高度为：

$$y_B = y_4 + y_5 - y_2 - y_3 \tag{6-43}$$

浮子段 C 点的高度为：

$$y_C = y_4 + y_5 \tag{6-44}$$

水深为：

$$H = y_1 + y_4 + y_5 - y_2 - y_3 \tag{6-45}$$

可以用水深的公式（6-45）判断计算结果是否正确。

对于缓波型柔性立管，布局中的参数如水深 H、总长度 S、悬垂段长度 S_i、浮子段长度 S_j 已知，通过公式（6-26）~公式（6-45）就可以求得如图 6-5 所示缓波型柔性立管的局部坐标系中点 B、C、D、E、F 的坐标值，从而得到缓波型柔性立管的初始位形。

6.2.2 缓波型柔性立管的多体动力学建模

本节根据柔性立管的初始位形，利用有限段法将柔性立管离散为有限个刚体和柔性关节，采用 Lagrange 方程建立柔性立管的多体动力学模型，然后利用理论或数值法分析求解柔性立管的动态特性。这也是多体动力学软件 Adams 求解柔性体动态性能的理论基础。

图 6-6 所示是利用多体动力学法对柔性立管建模与分析的流程与步骤，依据流程图，我们对这些步骤进行详细的分析和计算。

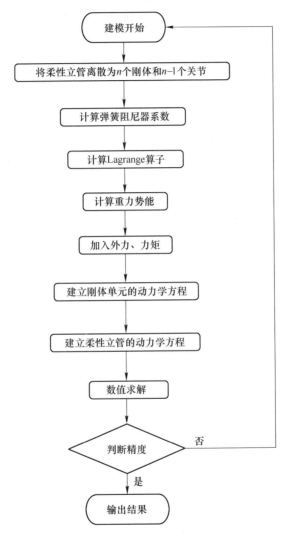

图 6-6　柔性立管的动力学建模和分析流程图

6.2.2.1　柔性立管离散化及参数确定

A　柔性立管离散化

离散化是进行柔性立管动力学建模的第一步，在这个过程中，将整个柔性体离散化为刚体单元和柔性连接，为了方便动力学的建模，此处的柔性关节也称为弹簧阻尼器单元。柔性立管的离散模型如图 6-7 所示，该模型是根据柔性立管的物理模型所建立的，刚体单元的长度为：$\Delta l = \dfrac{L}{n}$。

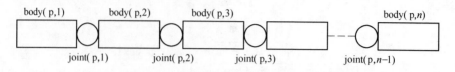

图 6-7　柔性立管的有限段离散模型

B　刚体单元与弹簧阻尼器单元的参数

弹簧阻尼器单元的参数主要包括弹簧的刚度系数 $k_{x_1}^i$、$k_{\varphi_1}^i$，阻尼器的阻尼系数 $c_{x_1}^i$ 和 $c_{\varphi_1}^i$，这些参数表征了弹簧阻尼器单元的特性。由于弹簧阻尼器单元是柔性立管简化后的模型，所以等效弹簧阻尼器单元在同样载荷下的变形方式与实际柔性立管的变形方式相同。

由于非粘结柔性立管的结构非常复杂，因此其力学特性也比较复杂：柔性立管在承受拉力时，拉力与变形两个参数表现出非线性关系；当柔性立管上作用的力保持不变时，随着时间的增加，柔性立管的变形有所增加；柔性立管在弯曲过程中出现非线性特性。对于这样的柔性体，国内外学者建立了很多种数学模型，为了计算简单，假设刚体单元内部各截面的应力相等，因此，选择了 Vogit 模型作为研究柔性立管性能的力学模型，Vogit 模型如图 6-8 所示。

$$\sigma(t) = E\varepsilon(t) + \eta\frac{\mathrm{d}\varepsilon}{\mathrm{d}t} \qquad (6\text{-}46)$$

式中，$\sigma(t)$ 为动应力，MPa；$\varepsilon(t)$ 为应变；E 为弹性模量；η 为黏性系数。

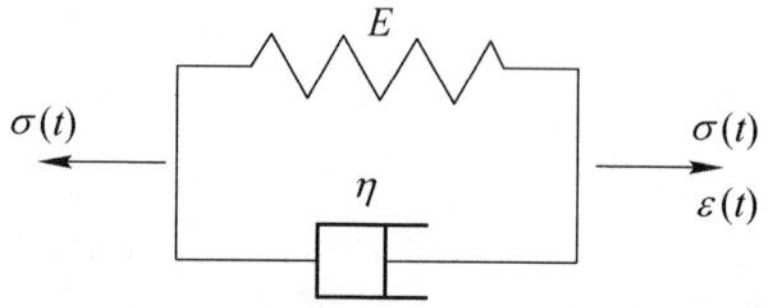

柔性立管在轴向力作用下的变形，可以满足如下关系：

图 6-8　Vogit 模型

$$\sigma(t) = \frac{F(t)}{A}, \quad \varepsilon(t) = \frac{\Delta x_1(t)}{\Delta l}, \quad \frac{\mathrm{d}\varepsilon}{\mathrm{d}t} = \frac{\varepsilon(t)}{\Delta l} \qquad (6\text{-}47)$$

将上式代入公式（6-46），可以得出：

$$F(t) = \sigma(t)A = EA\frac{\Delta x_1(t)}{\Delta l} + \eta A\frac{\dot{x}_1(t)}{\Delta l} = \frac{EA}{\Delta l}\Delta x_1(t) + \frac{\eta A}{\Delta l}\Delta\dot{x}_1(t) \quad (6\text{-}48)$$

根据公式（6-48）可以写出弹簧阻尼器单元的公式为：

$$F(t) = k_{x_1}^i\Delta x_1(t) + c_{x_1}^i\Delta\dot{x}_1(t) \qquad (6\text{-}49)$$

比较公式（6-48）和公式（6-49），可以得出轴向刚度系数和阻尼系数分别为：

$$k_{x_1}^i = \frac{EA}{\Delta l}, \quad c_{x_1}^i = \frac{\eta A}{\Delta l} \tag{6-50}$$

对于剪切方向：

$$\sigma(t) = E\varepsilon(t) + \eta\frac{\mathrm{d}\varepsilon}{\mathrm{d}t} \Rightarrow \frac{F}{A_{\text{有效}}} = G\rho\frac{\Delta\varphi}{\Delta l} + \overline{\eta}\rho\frac{\Delta\varphi}{\Delta l} = \frac{G}{\Delta l}\Delta x(t) + \frac{\overline{\eta}}{\Delta l}\Delta\dot{x}(t) \tag{6-51}$$

其中，$A_{\text{有效}} = \dfrac{A}{\text{截面形状系数}} = \dfrac{A}{\lambda}$，因此得到：

$$k_{x_2}^i = k_{x_3}^i = \frac{GA}{\lambda\Delta l}, \quad c_{x_2}^i = c_{x_3}^i = \frac{\overline{\eta}A}{\lambda\Delta l} \tag{6-52}$$

同理可求得旋转刚度系数和旋转阻尼系数：

$$\frac{M_{\varphi_2}}{I} = \frac{E}{\Delta l}\Delta\varphi_2(t) + \frac{\eta}{\Delta l}\Delta\dot{\varphi}_2(t) \tag{6-53}$$

因此：

$$k_{\varphi_2}^i = k_{\varphi_3}^i = \frac{EI}{\Delta l}, \quad c_{\varphi_2}^i = c_{\varphi_3}^i = \frac{\eta I}{\Delta l} \tag{6-54}$$

$$k_{\varphi_1}^i = \frac{GI_p}{\Delta l}, \quad c_{\varphi_1}^i = \frac{\overline{\eta}I_p}{\Delta l} \tag{6-55}$$

式中，$F(t)$ 为柔性立管刚体单元的轴向力；A 为刚体单元的横截面面积；Δl 为刚体单元的长度；G 为材料的切变模量；η 为黏性系数；$\overline{\eta}$ 为剪切黏性系数；λ 为刚体单元的横截面形状系数；I 为柔性立管对横截面形心轴的惯性距；I_p 为柔性立管对横截面形心的极惯性矩；$k_{x_1}^i$ 为平移刚度系数；$k_{\varphi_1}^i$ 为旋转刚度系数；$c_{x_1}^i$ 为平移阻尼系数；$c_{\varphi_1}^i$ 为旋转阻尼系数。

6.2.2.2 广义坐标的选取

A 建立刚体单元坐标系统

图 6-9 所示为刚体单元 body(p, i) 的坐标系统，由浮动坐标系 e_i^f、局部坐标系 e_i^l、参考坐标系 e^r 三个坐标系组成。

参考坐标系 e^r 一般设置在柔性立管离散后的第一个刚体单元的最左端位置，原点在柔性立管的中心处，三个坐标轴与立管的主惯性轴重合，参考坐标系固定在机架上。局部坐标系 e_i^l 在刚体单元上，刚体单元 body(p, i) 的位置、姿态是局部坐标系 e_i^l 在参考坐标系 e^r 中的位置、姿态，e_i^l 的原点位于刚体单元的质心上，三个坐标轴与参考坐标系的坐标轴重合。在柔性立管未变形前，浮动坐标系 e_i^f 与局部坐标系 e_i^l 重合，并随着刚体单元运动；变形后，浮动坐标系 e_i^f 与局部坐

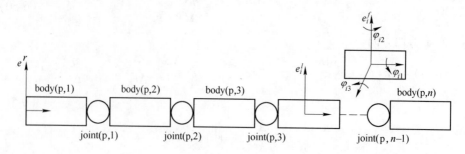

图 6-9　第 i 个刚体单元的坐标系统

标系 e_i^l 分离，用 e_i^f 相对于 e_i^l 的位置和姿态来描述柔性立管的弹性变形。

　　柔性立管变形后，刚体单元 body(p, i) 的刚体位移，即局部坐标系 e_i^l 的原点对于参考坐标系 e^r 的齐次变换矩阵表示为：

$$B_i^{rl} = \begin{bmatrix} A_i^{rl} & R_i \\ 0 & 1 \end{bmatrix} \tag{6-56}$$

式中，A_i^{rl} 为局部坐标系对于参考坐标系的姿态变换矩阵；R_i 为坐标变换矩阵。

　　浮动坐标系相对于局部坐标系的位置和姿态用广义坐标 q_i^f 表示：

$$q_i^f = [x_{i1},\ x_{i2},\ x_{i3},\ \varphi_{i1},\ \varphi_{i2},\ \varphi_{i3}]^T = \begin{bmatrix} X_i \\ \varphi_i \end{bmatrix} \tag{6-57}$$

其中，X_i 为浮动坐标系 e_i^f 的原点在局部坐标系 e_i^l 中的位置坐标向量；φ_i 为浮动坐标系 e_i^f 的原点在局部坐标系 e_i^l 中的姿态坐标向量。

　　柔性立管变形后，刚体单元 body(p, i) 的弹性变形，即浮动坐标系原点相对于局部坐标系的齐次变换矩阵表示为：

$$B_i^{lf} = \begin{bmatrix} A_i^{lf} & X_i \\ 0 & 1 \end{bmatrix}$$

$$= \begin{bmatrix} \cos\varphi_{i1}\cos\varphi_{i3} - \sin\varphi_{i1}\cos\varphi_{i2}\sin\varphi_{i3} & -\cos\varphi_{i1}\sin\varphi_{i3} - \sin\varphi_{i1} + \cos\varphi_{i2}\cos\varphi_{i3} & \sin\varphi_{i1}\sin\varphi_{i2} & x_{i1} \\ \sin\varphi_{i1}\cos\varphi_{i3} + \cos\varphi_{i1}\cos\varphi_{i2}\sin\varphi_{i3} & -\sin\varphi_{i1}\sin\varphi_{i3} + \cos\varphi_{i1}\cos\varphi_{i2}\cos\varphi_{i3} & -\cos\varphi_{i1}\sin\varphi_{i2} & x_{i2} \\ \sin\varphi_{i2}\sin\varphi_{i3} & \sin\varphi_{i2}\cos\varphi_{i3} & \cos\varphi_{i2} & x_{i3} \\ 0 & 0 & 0 & 1 \end{bmatrix} \tag{6-58}$$

其中，A_i^{lf} 为浮动坐标系相对于局部坐标系的姿态变换矩阵。

　　由此可以得到，刚体单元 body(p, i) 由浮动坐标系 e_i^f 变换到参考坐标系 e^r 的齐次变换矩阵可表示为：

$$B_i^{rf} = B_i^{rl} B_i^{lf} \tag{6-59}$$

B 建立弹簧阻尼单元的坐标系

柔性立管在外力和力矩作用下的变形由弹簧阻尼器单元描述。刚体单元 body (p, i) 和 body(p, j) 之间的弹簧阻尼器单元 joint(p, i) 的坐标系如图 6-10 所示。在弹簧阻尼器单元 joint(p, i) 上建立局部坐标系 e^i，并在刚体单元 body (p, i) 和 body(p, j) 与 joint(p, i) 的连接点 s 和 d 上分别建立坐标系 e_i^s 和 e_j^d，在柔性立管未变形前，三个坐标系是重合的。

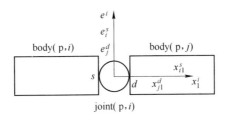

图 6-10 第 i 个弹簧阻尼器单元的坐标系

由前面的刚体单元坐标系统的推导可知，joint(p, i) 坐标系 e^i 在刚体单元 body(p, i) 和 body(p, j) 的局部坐标系 e_i^l 和 e_j^l 中的姿态和位置可以由公式 (6-60) 所示的变换矩阵得到：

$$B_i^{li} = \begin{bmatrix} A_i^{li} & X_i^i \\ 0 & 1 \end{bmatrix}, \quad B_j^{li} = \begin{bmatrix} A_j^{li} & X_j^i \\ 0 & 1 \end{bmatrix} \tag{6-60}$$

公式 (6-60) 中的变换矩阵也是点 s 和 d 的坐标系 e_i^s 和 e_j^d 在自身的刚体单元浮动坐标系中的坐标值。

由于外力的作用，柔性立管中的第 i 个刚体单元 body(p, i)，第 j 个刚体单元 body(p, j) 会产生弹性变形，弹性变形值即为浮动坐标系 e_i^l 和 e_j^l 相对于局部坐标系 e_i^l 和 e_j^l 的位置和姿态：

$$B_i^{lf} = \begin{bmatrix} A_i^{lf} & X_i \\ 0 & 1 \end{bmatrix} \qquad B_j^{lf} = \begin{bmatrix} A_j^{lf} & X_j \\ 0 & 1 \end{bmatrix} \tag{6-61}$$

由公式 (6-60) 和公式 (6-61) 可知，柔性立管变形后，点 s 和 d 在弹簧阻尼器单元局部坐标系 e^i 中的位置向量是公式 (6-60) 及其逆阵与公式 (6-61) 的乘积，即：

$$X^{is} = \begin{bmatrix} A_i^{lf} & X_i \\ 0 & 1 \end{bmatrix} \begin{bmatrix} A_i^{li} & X_i^i \\ 0 & 1 \end{bmatrix} \left[\begin{bmatrix} A_i^{li} & X_i^i \\ 0 & 1 \end{bmatrix}^{-1} \right]^T \tag{6-62a}$$

$$X^{id} = \begin{bmatrix} A_j^{lf} & X_j \\ 0 & 1 \end{bmatrix} \begin{bmatrix} A_j^{li} & X_j^i \\ 0 & 1 \end{bmatrix} \left[\begin{bmatrix} A_j^{li} & X_j^i \\ 0 & 1 \end{bmatrix}^{-1} \right]^T \tag{6-62b}$$

整理得：

$$X^{is} = A_i^{li} [(A_i^{lf} - I) X_i^i + X_i] \qquad (6\text{-}63\text{a})$$

$$X^{id} = A_j^{li} [(A_j^{lf} - I) X_j^j + X_j] \qquad (6\text{-}63\text{b})$$

由公式（6-63）可知，由于柔性立管的变形，弹簧阻尼器单元 joint(p，i) 上引起点 s 和 d 的相对移动位移，也就是弹簧阻尼器单元 joint(p，i) 在沿三个坐标轴方向的变形为：

$$\Delta X^i = X^{is} - X^{id} \qquad (6\text{-}64)$$

相对移动的速率矩阵为：

$$\Delta \dot{X}^i = \dot{X}^{is} - \dot{X}^{js} \qquad (6\text{-}65)$$

立管的变形会导致 s 和 d 点产生转动，点 s 和 d 绕弹簧阻尼器单元的局部坐标系 e^i 的旋转角度，同时也是绕各自的局部坐标系的旋转角度为：

$$\varphi^{is} = [A_i^{li}]^T \varphi_i \qquad (6\text{-}66\text{a})$$

$$\varphi^{id} = [A_j^{li}]^T \varphi_j \qquad (6\text{-}66\text{b})$$

式中，φ_i、φ_j 分别为刚体单元 body(p，i) 和 body(p，j) 的浮动坐标系相对各自的局部坐标系的旋转角度。

由此可得到弹簧阻尼器单元 joint(p，i) 上由于柔性立管的变形所引起的绕 joint(p，i) 坐标系 e^i 的相对转动角位移矩阵为：

$$\Delta \varphi^i = \varphi^{is} - \varphi^{id} \qquad (6\text{-}67)$$

相对角速度矩阵为：

$$\Delta \dot{\varphi}^i = \dot{\varphi}^{is} - \dot{\varphi}^{id} \qquad (6\text{-}68)$$

6.2.2.3　刚体单元拉氏算子的计算

由于柔性系统中考虑了阻尼的作用，所以此系统作为一个非保守系统。由此，依据非保守系统的拉格朗日第二类方程写出该刚体单元的动力学微分方程为：

$$\frac{\mathrm{d}}{\mathrm{d}t} \frac{\partial T}{\partial \dot{q}_i} - \frac{\partial T}{\partial q_i} + \frac{\partial V}{\partial q_i} = Q_i \quad (i = 1，\cdots，n) \qquad (6\text{-}69)$$

其中，$\Omega = \dfrac{\mathrm{d}}{\mathrm{d}t} \dfrac{\partial T}{\partial \dot{q}_i} - \dfrac{\partial T}{\partial q_i}$ 称为拉氏算子；T 为刚体单元的动能；V 为刚体单元的势能，有重力势能和弹性势能；q 为整个系统的广义坐标矩阵，$q = [q_1，q_2，\cdots，q_n]$，q_i 为广义坐标分量，Q_i 为广义力。

为计算拉氏算子，首先计算动能，然后分别对广义速度和广义位移求导数。

如图 6-11 所示，刚体上某一质点 i 的质量为 d_m，质点 i 在浮动坐标系中的矢径表示为 r'，由式（6-56）可以知道，质点 i 在参考坐标系中的坐标向量表示为：

$$\boldsymbol{r} = B_i^{rl} B_i^{lf} \boldsymbol{r}'_i = B_i \boldsymbol{r}'_i \tag{6-70}$$

式中，$\boldsymbol{r}'$ 为质点 i 在刚体浮动坐标系中的坐标向量；$\boldsymbol{r}$ 为质点 i 在刚体参考坐标系中的坐标向量；B_i 为质点 i 的浮动坐标系相对于参考坐标系的转换矩阵。

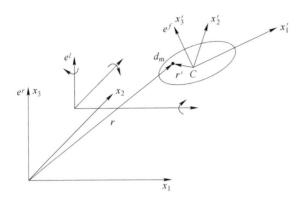

图 6-11　有限段中刚体单元的坐标系

该点的速度计算式为：

$$\dot{\boldsymbol{r}} = \dot{B}_i \boldsymbol{r}'_i \tag{6-71}$$

则该刚体的动能为：

$$T_i = \frac{1}{2}\int_m \mathrm{d}T_m = \frac{1}{2}\int_m \mathrm{trace}(e\dot{r}_i \cdot \dot{r}_i^T)\,\mathrm{d}m = \frac{1}{2}\int_m \mathrm{trace}\big[e\dot{B}_i r'_i \cdot (e\dot{B}_i r'_i)^T\big]\,\mathrm{d}m$$

$$= \frac{1}{2}\mathrm{trace}\Big[\dot{B}_i \int_m (r'_i \cdot r'^T_i)\,\mathrm{d}m\dot{B}_i^T\Big] = \frac{1}{2}\mathrm{trace}(\dot{B}_i J \dot{B}_i^T) \tag{6-72}$$

其中，J 的计算公式为：

$$J = \frac{1}{2}\int_m (r' \cdot r'^T)\,\mathrm{d}m = \begin{bmatrix} \int x'^2\,\mathrm{d}m & \int x'y'\,\mathrm{d}m & \int x'z'\,\mathrm{d}m & \int x'\,\mathrm{d}m \\ \int x'y'\,\mathrm{d}m & \int y'^2\,\mathrm{d}m & \int y'z'\,\mathrm{d}m & \int y'\,\mathrm{d}m \\ \int x'z'\,\mathrm{d}m & \int y'z'\,\mathrm{d}m & \int z'^2\,\mathrm{d}m & \int z'\,\mathrm{d}m \\ \int x'\,\mathrm{d}m & \int y'\,\mathrm{d}m & \int z'\,\mathrm{d}m & \int \mathrm{d}m \end{bmatrix} \tag{6-73}$$

根据理论力学中转动惯量、惯量叉积和一阶动量的概念，可以得知：

$$I_{xx} = \int (y'^2 + z'^2)\,\mathrm{d}m \quad I_{yy} = \int (x'^2 + z'^2)\,\mathrm{d}m \quad I_{zz} = \int (x'^2 + y'^2)\,\mathrm{d}m$$

$$I_{xy} = I_{yx} = \int x'y'\,\mathrm{d}m \quad I_{xz} = I_{zx} = \int x'z'\,\mathrm{d}m \quad I_{yz} = I_{zy} = \int y'z'\,\mathrm{d}m$$

$$mx = \int x\,\mathrm{d}m \quad my = \int y\,\mathrm{d}m \quad mz = \int z\,\mathrm{d}m$$

因此，式 (6-73) 可以整理得：

$$J = \frac{1}{2}\int_m (r' \cdot r'^T)\,\mathrm{d}m = \begin{bmatrix} \dfrac{-I_{xx} + I_{yy} + I_{zz}}{2} & I_{xy} & I_{xz} & mx \\[2ex] I_{xy} & \dfrac{I_{xx} - I_{yy} + I_{zz}}{2} & I_{yz} & my \\[2ex] I_{xz} & I_{yz} & \dfrac{I_{xx} + I_{yy} - I_{zz}}{2} & mz \\[2ex] mx & my & mz & m \end{bmatrix}$$

$$\tag{6-74}$$

刚体单元 body(p, i) 的拉氏算子的推导计算相对于广义坐标 q_i 进行：

$$\Omega_i = \frac{\mathrm{d}}{\mathrm{d}t}\frac{\partial T_i}{\partial \dot{q}_i} - \frac{\partial T_i}{\partial q_i} = \mathrm{trace}\Big\{ B_{q_t} \cdot J\Big[\ddot{B}^{rl}B^{lf} + 2\dot{B}^{rl}\dot{B}^{if} +$$

$$\sum_{k=1}^{n}\sum_{j=1}^{n} B_{q_k,\, q_i}\dot{q}_k\dot{q}_j + \sum_{k=1}^{n} B_{q_k}\ddot{q}_k \Big]^T \Big\}$$

$$= \sum_{i=1}^{n} m_{ik}\ddot{q}_i + e_i \tag{6-75}$$

式中，$B_{q_y} = \dfrac{\partial B}{\partial q_i}$；$B_{q_i,\, q_j} = \dfrac{\partial B_i}{\partial q_j}$；$\dot{B}^{lf} = \sum_{j=1}^{n} \dfrac{\partial B^{lf}}{\partial q_j}\dot{q}_j$。

$$a_{i,\, k} = \mathrm{trace}(B_{q_y}JB_{q_K}^T),\quad e_i = \mathrm{trace}\Big\{ B_{q_k}J\Big[\dot{B}^{rl}\dot{B}^{lf} + 2\dot{B}^{rl}\dot{B}^{if} + \sum_{k=1}^{n}\sum_{j=1}^{n} B_{q_k,\, q_j}\dot{q}_k\dot{q}_j \Big]^T \Big\}$$

式 (6-75) 写成矩阵形式为：

$$\Omega_i = M\ddot{q} + e$$

其中，$M = (a_{i,\, k})_{i,\, k=1,\, \cdots,\, n}$，$e = (e_i)_{i=1,\, \cdots,\, n}$。

6.2.2.4　势能

应用有限段方法对柔性立管建模，势能主要包含重力势能和弹性势能。

A　刚体单元的重力势能

第 i 个刚体单元 body(p, i) 的质量为 m，重力加速度为 g，刚体单元的质心在坐标系 e^l 中的矢径表示为 r_i'，定义向量 θ_g：

$$\theta_g = \begin{bmatrix} 0 & 0 & 1 & 0 \end{bmatrix}^T \tag{6-76}$$

则其重力势能为：

$$V_g = mg\theta_g B_i r_i' \tag{6-77}$$

根据公式 (6-75)，将公式 (6-77) 对广义坐标 q_i 求导：

$$\frac{\partial V_g}{\partial q_i} = mg\theta_g B_{q_i} r_i' \tag{6-78}$$

写成矩阵形式为：

$$G = \frac{\partial V_g}{\partial q} = (mg\theta_g B_{q_i} r_i')_{i=1,\,\cdots,\,n} \tag{6-79}$$

B 计算弹簧阻尼器单元的弹性势能

弹簧阻尼器单元 joint(p, i) 上的势能有两部分组成，第一部分是刚体单元 i 和 j 相对移动所引起的势能，第二部分是刚体单元 i 和 j 相对转动所引起的势能，相对移动和相对转动所引起的势能为：

$$E_X^i = \frac{[\Delta X^i]^T K_X^i \Delta X^i}{2} \tag{6-80}$$

$$E_\varphi^i = \frac{[\Delta \varphi^i]^T k_\varphi^i \Delta \varphi^i}{2} \tag{6-81}$$

式中，K_X^i，K_φ^i 分别为广义拉伸和扭转刚度矩阵，其中，

$$K_X^i = \begin{bmatrix} k_{x_1}^i & 0 & 0 \\ 0 & k_{x_2}^i & 0 \\ 0 & 0 & k_{x_3}^i \end{bmatrix} \quad K_\varphi^i = \begin{bmatrix} k_{\varphi_1}^i & 0 & 0 \\ 0 & k_{\varphi_2}^i & 0 \\ 0 & 0 & k_{\varphi_3}^i \end{bmatrix}$$

弹簧阻尼器单元 joint(p, i) 总的弹性势能为：

$$E^i = E_X^i + E_\varphi^i \tag{6-82}$$

$$E^i = E_X^i + E_\varphi^i = \frac{[\Delta X^i]^T K_X^i \Delta X^i}{2} + \frac{[\Delta \varphi^i]^T K_\varphi^i \Delta \varphi^i}{2}$$

$$= \frac{[X^{is} - X^{js}]^T K_X^i (X^{is} - X^{js})}{2} + \frac{[\varphi^{is} - \varphi^{id}]^T K_\varphi^i (\varphi^{is} - \varphi^{id})}{2} \tag{6-83}$$

由此看出，刚体单元 body(p, i) 所对应的广义力矩阵为：

$$\nu^{(p,\,i)} = \frac{\partial E^i}{\partial q_i} \tag{6-84}$$

柔性立管的全部广义坐标所对应的全部广义力矩阵可写为：

$$\nu = \begin{bmatrix} \nu^{(p,\,1)} \\ \nu^{(p,\,2)} \\ \vdots \\ \nu^{(p,\,n)} \end{bmatrix} \tag{6-85}$$

C 计算弹簧阻尼器单元的能量耗散

弹簧阻尼器单元的能量耗散是由于系统中阻尼的作用，阻尼的能量耗散一般分成两部分，一是刚体单元 body(p, i) 和 body(p, j) 相对移动速度所对应的能量耗散，二是刚体单元 body(p, i) 和 body(p, j) 相对转动角速度所对应的能量耗散：

$$Q_X^i = \frac{\left[\Delta \dot{X}^i\right]^T C_X^i \Delta \dot{X}^i}{2} \tag{6-86}$$

$$Q_\varphi^i = \frac{\left[\Delta \dot{\varphi}^i\right]^T C_\varphi^i \Delta \dot{\varphi}^i}{2} \tag{6-87}$$

其中，$C_X^i = \begin{bmatrix} c_{x_1}^i & 0 & 0 \\ 0 & c_{x_2}^i & 0 \\ 0 & 0 & c_{x_3}^i \end{bmatrix}$，$C_\varphi^i = \begin{bmatrix} c_{\varphi_1}^i & 0 & 0 \\ 0 & c_{\varphi_2}^i & 0 \\ 0 & 0 & c_{\varphi_3}^i \end{bmatrix}$，$C_X^i$、$C_\varphi^i$ 分别是广义拉伸矩阵

和扭转阻尼矩阵。

弹簧阻尼器单元 joint(p，i) 总的能量损耗函数是：

$$Q^i = Q_x^i + Q_\varphi^i \tag{6-88}$$

刚体单元 body(p，i) 所对应的广义耗散力矩阵为：

$$w^{(p,\ i)} = \frac{\partial Q^i}{\partial q_i} \tag{6-89}$$

柔性立管的全部广义坐标所对应的全部广义耗散力矩阵可写为：

$$w = \begin{bmatrix} w^{(p,\ 1)} \\ w^{(p,\ 2)} \\ \vdots \\ w^{(p,\ n)} \end{bmatrix} \tag{6-90}$$

6.2.2.5　刚体单元的广义力

F' 为广义力在浮动坐标系中的坐标矩阵，r_i' 为作用在 i 点的外力在浮动坐标系中的坐标向量，r_i 为外力在参考坐标系中的坐标向量，则其对应刚体广义坐标 φ、q_i 的广义力在全局坐标系中的大小可用下式计算：

$$F_i = (B_i F')^T B_{i,\ q_i} r_i' \tag{6-91}$$

写成矩阵形式为：

$$F = \left[(B_1 F')^T B_{1,\ \varphi} r_1' \quad (B_i F')^T B_{1,\ q_i} r_i' \right]^T \tag{6-92}$$

如果作用在刚体上的是外力矩，可以先把力矩转换成外力，再按照公式 (6-92)计算。

6.2.2.6　刚体单元的动力学方程

在拉格朗日方程中代入动能、势能及广义力，整理得到刚体单元 body(p，i) 的动力学方程为：

$$M\ddot{q} = F - G - e \tag{6-93}$$

6.2.2.7 柔性立管的动力学方程

参考公式（6-93）刚体单元的动力学方程推导的步骤，利用递推组集的理论建立柔性立管的动力学方程。

整个柔性立管离散成 n 个刚体和 $n-1$ 个弹簧阻尼单元，下面先用递推组集方法推导出柔性立管的动力学方程。

假定广义坐标设定在离散后的第一个刚体的端面中心，离散后的柔性立管中，第 i 个刚体单元 body(p, i) 在整个立管系统全局坐标系中的广义坐标向量以及局部坐标系变换到全局坐标系的变换矩阵为：

$$q^{(p, j)} = \lfloor \hat{q}^{(p, 1)}, \ \hat{q}^{(p, i)} \rfloor \tag{6-94}$$

将公式（6-94）所示的变换矩阵写成分块矩阵的形式为：

$$q^{(p, i)} = \lfloor \hat{q}^{(p, 1)}, \ \hat{q}^{(p, i)} \rfloor \tag{6-95}$$

$$B^{(p, i)} = \hat{B}^{(p, 1)} \hat{B}^{(p, i)} \tag{6-96}$$

式中，$\hat{q}^{(p, 1)}$ 为柔性立管离散后的第一个刚体单元的广义坐标向量；$\hat{q}^{(p, i)}$ 为柔性立管离散后的第 i 个刚体单元在参考坐标系中的广义坐标向量；$\hat{B}^{(p, 1)}$ 为柔性立管离散后的第一个刚体相对于全局坐标系的变换矩阵；$\hat{B}^{(p, i)}$ 为柔性体离散后的刚体单元 body(p, i) 相对于柔性体离散后的第一个刚体单元的变换矩阵。

则柔性体离散后的刚体 $q^{(p, i)}$ 的总的广义坐标的数目为：$S_{(p,i)} = \hat{S}_{(p,1)} + 6$。

整个柔性立管的广义坐标向量可以写为：

$$q^{(p)} = \begin{bmatrix} \hat{q}^{(p, 1)} \\ \hat{q}^{(p)} \end{bmatrix} \tag{6-97}$$

整个柔性立管的动力学方程为：

$$\begin{bmatrix} \hat{M}^{(p, 1)(p, 1)} & \hat{M}^{(p, 1)(p)} \\ \hat{M}^{(p)(p, 1)} & \hat{M}^{(p)(p)} \end{bmatrix} \begin{bmatrix} \ddot{q}^{(p, 1)} \\ \ddot{q}^{(p)} \end{bmatrix} = \begin{bmatrix} F^{(p, 1)} \\ F^{(p)} \end{bmatrix} - \begin{bmatrix} G^{(p, 1)} \\ G^{(p)} \end{bmatrix} - \begin{bmatrix} e^{(p, 1)} \\ e^{(p)} \end{bmatrix} - \begin{bmatrix} 0 \\ v \end{bmatrix} - \begin{bmatrix} 0 \\ w \end{bmatrix} \tag{6-98}$$

式中，$\hat{q}^{(p)} = \lfloor \hat{q}^{(p, 2)} \cdots \hat{q}^{(p, n)} \rfloor$，$\hat{M}^{(p, 1)(p, 1)}$ 表示第一个刚体在全局坐标系中的 M 值，其余类推。

6.2.3 缓波型柔性立管的多体动力学求解

柔性立管的动力学方程建立之后，可以选择适当的数值解法求解，以得到柔性立管的动力特性。由于柔性立管的结构比较复杂，其动力学的求解非常困难，本节采用多体动力学通用软件 Adams 建立柔性立管的有限段，在各个有限段之间施加力和力矩，对柔性立管的动力特性进行分析和求解。

6.2.3.1　建立缓波型柔性立管的有限段模型

　　由于缓波型柔性立管的形状特点，利用 Adams 建立柔性立管的模型时，关键是确定有限段的长度及各段之间的相对角度，有限段的长度不能太长，太长会影响柔性立管的仿真结果，使仿真结果和实际情况相差较大；有限段的长度不能太短，太短虽然提高了仿真精度，但是会降低仿真效率。在柔性立管的有限段模型建立过程中，要根据仿真结果实时调整有限段的长度。对于缓波型柔性立管这种形状的产品，在有限段的建立过程中，还要充分注意各个有限段的相对角度，保证所建立的柔性立管有限段模型表面光滑。图 6-12 所示为在软件 Adams 中所建立的柔性立管的有限段模型。

6.2.3.2　施加动力载荷

　　在柔性立管的离散模型的有限段上施加重力、浮力、流载荷和波浪力，其计算公式见 6.1 节。除此之外，还存在一个连接力，连接力指的是两个离散刚体之间的相互作用力，主要有拉伸力 F_y、剪切力 F_x 和 F_z、扭矩 T_y、弯矩 T_x 和 T_z，在 Adams 中，各个有限段之间的连接力通常用轴套力（图 6-12 中 bushing）表示，轴套力是一个 6 分量的弹簧结构，通过设定各阻尼系数和刚度系数，得到各个刚体之间的 6 个相互作用力。连接力的计算公式为公式（6-99）。离散有限段的受力分析模型如图 6-13 所示。

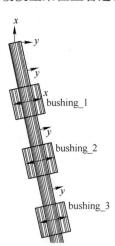

图 6-12　Adams 中柔性立管的离散模型

$$
\begin{bmatrix} F_x \\ F_y \\ F_z \\ T_x \\ T_y \\ T_z \end{bmatrix} = \begin{bmatrix} k_{x_1}^i & 0 & 0 & 0 & 0 & 0 \\ 0 & k_{x_2}^i & 0 & 0 & 0 & 0 \\ 0 & 0 & k_{x_3}^i & 0 & 0 & 0 \\ 0 & 0 & 0 & k_{\varphi_1}^i & 0 & 0 \\ 0 & 0 & 0 & 0 & k_{\varphi_2}^i & 0 \\ 0 & 0 & 0 & 0 & 0 & k_{\varphi_3}^i \end{bmatrix} \begin{bmatrix} R_x \\ R_y \\ R_z \\ \eta_x \\ \eta_y \\ \eta_z \end{bmatrix} = \begin{bmatrix} c_{x_1}^i & 0 & 0 & 0 & 0 & 0 \\ 0 & c_{x_2}^i & 0 & 0 & 0 & 0 \\ 0 & 0 & c_{x_3}^i & 0 & 0 & 0 \\ 0 & 0 & 0 & c_{\varphi_1}^i & 0 & 0 \\ 0 & 0 & 0 & 0 & c_{\varphi_2}^i & 0 \\ 0 & 0 & 0 & 0 & 0 & c_{\varphi_3}^i \end{bmatrix} \begin{bmatrix} V_x \\ V_y \\ V_z \\ \psi_x \\ \psi_y \\ \psi_z \end{bmatrix} + \begin{bmatrix} F_{x_0} \\ F_{y_0} \\ F_{z_0} \\ T_{x_0} \\ T_{y_0} \\ T_{z_0} \end{bmatrix}
$$

$$\tag{6-99}$$

式中，η、ψ、R、V 为两个刚体之间的相对转角、相对角速度、相对位移和相对速度，下标 x、y、z 为直线位移方向，下标 x_0、y_0、z_0 为直线位移方向的初始值。

在柔性立管的动态响应中，相对于刚度系数来说，阻尼系数 c 对立管的动态响应影响比较小，其值常选择经验值，通常选用的阻尼系数是 $1\sim10$。

6.2.3.3 程序编制及仿真分析

由于柔性立管通常几百米甚至更长，在 Adams 中建立有限段模型是一个繁琐的过程，且大多都是重复性的工作，因此本节采用了宏命令的方式。宏命令是 Adams 中的命令集，设计人员可以根据宏命令的格式设计和编写宏程序，实现对 Adams 软件的二次开发，以实现手工操作不容易完成的工作。在 Adams 软件中所建立的缓波型柔性立管的动力学模型如图 6-14 所示。

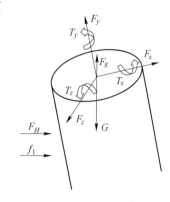

图 6-13 离散有限段的受力分析

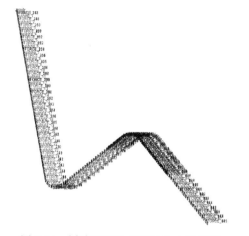

图 6-14 缓波型柔性立管的动力学模型

利用柔性立管的动力学模型，添加悬挂点和触地点的边界条件，设计仿真时间和步长，对柔性立管的动态性能进行仿真计算。通过将仿真结果与理论结果或者有限元仿真结果进行对比，以验证分析结果的正确性。

6.3 整体动力分析实例

6.3.1 立管描述

本节以内径为 8inch 的非粘结柔性立管为例，利用多体动力学方法分析缓波型柔性立管的整体动态性能，该非粘结柔性立管的截面参数见表 5-4，全局参数见表 6-1，布局参数见表 6-2，浮力块参数见表 6-3，海洋环境参数见表 6-4。

表 6-1　柔性立管的全局参数

参　　数	数　　值
作用水深/m	300
水密度/kg·m⁻³	1025
内部液体	原油
原油密度/kg·m⁻³	920
内部压力/MPa	20
设计温度/℃	90
海底刚度/kPa·m⁻²	100
质量系数 C_M	2.0
拖曳力系数 C_D	0.8
设计寿命/年	15

表 6-2　缓波型柔性立管的布局参数

参　　数	数　　值
总长/m	549.2
悬挂点距离水面/m	2
悬挂角/(°)	12
悬垂段长度/m	338.2
浮子段长度/m	120
浮力块个数/个	40
浮力块之间的距离/m	3

表 6-3　浮力块的基本参数

参　　数	数　　值
质量/t	0.657
体积/m³	1.53
长度/m	1.5
净浮力/t	0.911
外径/m	1.2

表 6-4　海洋环境载荷

波　浪			流		
波高/m	周期/s	FPSO 位移/m	表面流速/m·s⁻¹	中间流速/m·s⁻¹	底部流速/m·s⁻¹
9.00	9.00	40.4	1.63	0.86	0.51

　　文献［13］中利用有限元软件 Orcaflex 对该柔性立管进行了整体动力分析，为保证本节的分析条件与文献中的有限元分析条件一致，分析中假定波浪沿同一方向传播，即沿 FPSO 的远地点方向。在分析中只考虑 FPSO 的纵荡运动，将立管顶部悬挂点的响应设置为南海"胜利号" FPSO 的纵荡运动响应，海底部位采用铰接连接，动力分析采用多体动力学软件 Adams 进行。

　　对于多体动力学方法来说，柔性立管的离散有限段长度不同，求解精度也不同，在本例中分别将离散有限段长度设为 2m、5m 和 8m，建立柔性立管的三种动力学模型，在海洋环境下对其进行静态分析和动态分析，得到三种模型的初始位形、张力分布、曲率分布和弯矩分布。通过与 Orcaflex 有限元分析结果的对比，从而确定柔性立管的最优有限段长度及其动力特性。

6.3.2　静力分析

　　柔性立管的静力分析是对其在静载荷作用下的静态特性进行分析研究，本节根据柔性立管的动力学模型（见图 6-14）对柔性立管进行静力分析，并考虑重力、浮力、海流载荷的作用，得到不同有限段长度下缓波型柔性立管的静态特性，并将结果和悬链线理论、Orcaflex 有限元结果进行对比，取得静态分析的最优结果。

　　根据海流力公式（6-22）、浮力公式（6-23）、重力公式（6-24）计算得到非粘结柔性立管三种动力学模型的每个有限段的环境载荷，各个有限段之间的连接载荷由公式（6-99）求得，其中阻尼系数根据经验选择 2，6 个刚度系数由公式（6-50）、公式（6-52）、公式（6-54）、公式（6-55）计算得到。在刚度系数公式中，设计的 16 层非粘结立管的轴向刚度 EA 约为 620MN（根据图 5-17 的理论分析轴向力及立管的截面积计算得到），弯曲刚度 EI 约为 480kN·m²（根据图 5-16 的理论分析弯矩及曲率计算得到）。

　　将计算得到的相关载荷施加到 Adams 中的三种柔性立管动力学模型上，计算得到柔性立管的初始位形、张力分布、曲率分布。

6.3.2.1　缓波型柔性立管的初始位形

　　多体动力学方法、Orcaflex 有限元方法和悬链线理论三种方法分析得到的缓波型柔性立管的初始位形如图 6-15 所示。对比图 6-15 中的三种分析结果可以得知，虽然三种方法的分析理论、分析步骤不一样，但其分析结果基本一致，这也验证了悬链线理论推导的正确性。

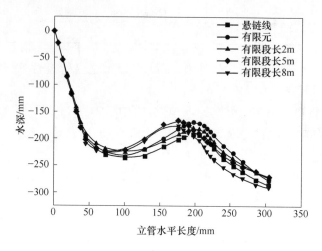

图 6-15　缓波型柔性立管的静态位形

　　对于多体动力学方法来说，柔性立管的离散有限段长度不同，求解精度也不同。在本例中，离散有限段长度分别为 2m、5m 和 8m，从图 6-15 中立管静态位形分析结果可以看出，有限段长度为 2m 的柔性立管的初始位形正好位于悬链线和有限元求解的静态位形的中间，其精度相对比较高，而随着有限段长度的增大，其静态位形偏离悬链线和有限元的静态位形越远，求解精度越低。

6.3.2.2　有效张力

　　图 6-16 给出了多体动力学分析的柔性立管的有效张力、Orcaflex 软件计算的有效张力的曲线。对比图 6-16 中的曲线可以得知，这两种方法计算得到的立管有效张力基本相同。有效张力在整个缓波型柔性立管上的分布非常复杂，在悬垂段中，有效张力持续减小，而跨接段上的张力持续地增大。在浮子段中，举升段上的张力不断地减小，拖曳段上的张力不断增大。在降落段上，张力不断地减小，直到触地点的张力最小。由此可以看出，缓波型柔性立管的有效张力也是由这几段悬链线的有效张力组成，这和在上一节所提出的柔性立管是由几段悬链线组成的理论一致。

　　由图 6-16 所示的缓波型柔性立管的有效张力分布还可以得知，当离散有限段的长度为 2m 时，立管的张力和有限元方法的求解结果差距最小；当离散有限段长度为 8m 时，立管的张力和有限元方法的求解结果差距最大。这说明当离散有限段长度较小时，动力学方法的求解精度比较高，误差较小；随着有限段长度的增大，求解精度越低，误差越大。

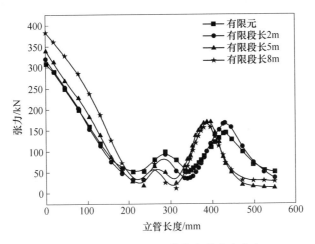

图 6-16 缓波型柔性立管的有效张力分布

6.3.2.3 弯曲曲率

利用多体动力学分析得到的缓波型柔性立管弯曲曲率和 Orcaflex 有限元软件分析得到的结果如图 6-17 所示。对比图 6-16 有效张力的分布和图 6-17 立管的弯曲曲率分布可以得出结论，缓波型柔性立管的弯曲曲率的变化规律与立管上的有效张力的变化规律基本是相反的；在悬垂段中，曲率在悬挂段逐渐增大而在跨接段逐渐减小。在浮子段中，曲率在举升段逐渐增大而在拖曳段逐渐地减小；在降落段上，曲率不断增大，接近触地点时，曲率达到最大值，在触地点时曲率变为零；最大的弯曲曲率出现在立管的举升段和拖曳段的连接点处，说明这个地方弯曲的最严重。

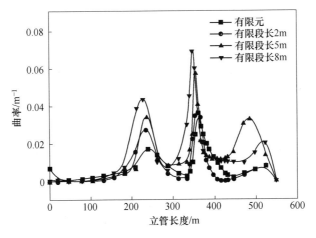

图 6-17 缓波型柔性立管的弯曲曲率

从缓波型柔性立管的弯曲曲率分布可以看出，当离散有限段长度为 2m 时，弯曲曲率与有限元方法的求解结果最接近；当离散有限段长度为 8m 时，弯曲曲率与有限元方法的求解结果偏离最大。这说明，离散有限段的长度越小，其求解精度越高，误差越小。

6.3.3　动力分析

当柔性立管受到波浪等动载荷时，立管长度方向的张力、弯矩都将随时间发生变化。因此，分析柔性立管的应力、变形不能只简单地进行静力分析，还必须进行动力学分析，得到柔性立管各点在波浪载荷下的张力、弯矩随时间变化的曲线，以便进行柔性立管的疲劳寿命评估，判断柔性立管的疲劳可靠性。

本节在静力分析的基础上，考虑波浪力的作用，其计算公式见式（6-21）。对柔性立管进行动力分析，动态模拟时间选取 10 个波浪周期，分析得到柔性立管的动态有效张力与弯矩响应时间历程，将分析结果、所用时间与 Orcaflex 有限元的分析结果、所用时间进行对比，取得柔性立管分析的最优结果，并根据计算效率分析多体动力学和有限元分析方法的优劣性。

6.3.3.1　动态有效张力分析

图 6-18 给出了缓波型柔性立管沿其长度方向的有效张力的分布特性。由图 6-18 中可以看出，缓波型柔性立管的最大张力出现在立管顶部的悬挂点处，最大张力值小于立管允许的最大张力 2300kN，所以柔性立管在使用过程中满足强度要求。

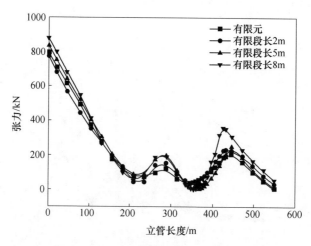

图 6-18　缓波型柔性立管的动态有效张力分布

对比图 6-16 所示的柔性立管静态张力与图 6-18 所示的柔性立管动态张力可

以得知，柔性立管的静态张力和动态张力沿立管的长度方向变化规律基本一致，在悬垂段中，悬挂段上的张力持续地减小，而跨接段上的张力持续地增大；在浮子段中，举升段上的张力不断地减小，拖曳段上的张力不断增大；在降落段上，张力不断地减小，直到触地点的张力最小。

当用多体动力学求解缓波型柔性立管的动态张力时，其求解精度随着离散有限段长度的增大而减小。当离散有限段的长度为2m时，张力与Orcaflex有限元方法的求解结果差距最小；当离散有限段长度为8m时，立管的张力与有限元方法的求解结果差距最大。

6.3.3.2 动态弯矩分析

图6-19给出了分别采用多体动力学和Orcaflex有限元两种分析方法计算的缓波型柔性立管沿长度方向的弯矩变化曲线。从图6-19中可以看出，缓波型柔性立管的最大弯矩产生在顶部悬挂点，最大值小于立管允许的最大弯矩1000kN·m，因此，柔性立管在实际工作中的弯矩满足设计和使用要求。

通过对缓波型柔性立管在最大载荷下进行静态分析与动态分析，可以发现，柔性立管的最大张力和最大弯矩都出现在立管的顶部悬挂点，这也是公认的危险区域。

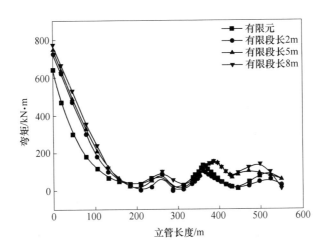

图6-19 缓波型柔性立管的动态弯矩

从缓波型柔性立管的动态弯矩图可以看出，当离散有限段长度为2m时，弯曲曲率与有限元方法的求解结果最接近；当离散有限段长度为8m时，弯曲曲率与Orcaflex有限元法的结果偏离最大。这说明，多体动力学方法的求解精度随着离散有限段长度的增大而减小，有限段长度越小，其求解精度越高，误差越小。

6.3.3.3 顶部悬挂点的动力时间历程曲线

立管顶部悬挂点的动态张力–时间、动态弯矩–时间曲线如图 6-20、图 6-21 所示。动态张力和弯矩的最大值出现在开始阶段，在稳定运行时，其张力、弯矩变化比较规律。

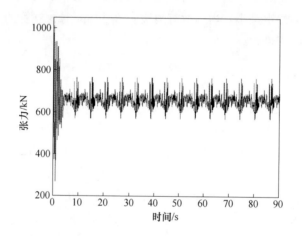

图 6-20　顶部悬挂点的张力–时间历程

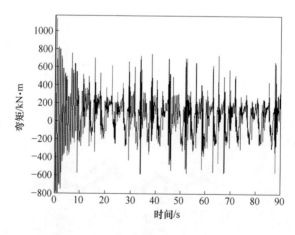

图 6-21　顶部悬挂点的弯矩–时间历程

6.3.3.4 两种分析方法的计算效率

在有限元软件 Orcaflex 和多体动力学软件 Adams 对 8inch 柔性立管的分析中，都选用了 16 核的服务器，计算时长设置为 3h，步长设为 0.01s，Orcaflex 中网格尺寸为2m，两种方法的计算求解时间差别比较大，具体数值见表6-5。由表6-5中可以发现，多体动力学对柔性立管的求解效率比较高，其求解效率受到离散有限段长度的影响。

表 6-5　多体动力学方法和有限元方法的计算时间

求解方法	有限段长度/m	时间/h
多体动力学方法	2	31
	5	14.5
	8	6
有限元方法		42

6.3.4　海流对张力和弯矩的影响

由前述的计算过程可知，当用多体动力学方法对柔性立管力学性能进行分析时，有限段长度对分析结果和计算效率影响比较大，因此本节选择长度为2m的有限段计算不同海流对柔性立管张力和弯矩的影响，海流的参数见表6-6。

图6-22表示了不同流速下缓波型柔性立管的动态张力在立管上的分布规律。由图可以得知，流速对立管上部的动态张力影响比较大，对立管中部和下部的动态张力影响比较小，这是因为海流1和海流2在海水上部的流速变化比较大，而中部和下部的流速变化比较小。

表 6-6　不同海流的参数　　　　　　　　　　（m·s⁻¹）

海流	表面流速	中间流速	底部流速
1	1.63	0.86	0.51
2	0.94	0.48	0.35

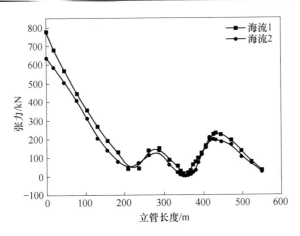

图 6-22　不同流速下立管的动态张力

图 6-23 表示了不同流速下缓波型柔性立管的动态弯矩沿立管长度的分布规律。与流速对立管动态张力的影响相似，立管上部的动态弯矩受到的影响比较大，而中部和下部的动态弯矩受到的影响比较小。

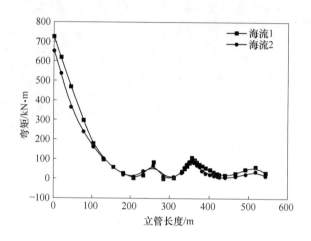

图 6-23　不同流速下立管的动态弯矩

6.3.5　波浪对张力和弯矩的影响

在本节中，我们选择了两种波浪参数研究不同波高和周期的波浪对海洋非粘结柔性立管动态张力和弯矩的影响，有限段长度取 2m，波浪参数见表 6-7。

表 6-7　海洋环境载荷

波浪	波高/m	周期/s	FPSO 最大位移/m
1	9.00	9.00	40.4
2	3.00	5.00	26

在不同波高和周期的波浪作用下柔性立管动态张力和弯矩沿立管长度的分布规律如图 6-24 和图 6-25 所示。由这两个图可以看出，波浪参数的变化对立管整个长度上的动态张力和弯矩都会产生影响，其中，上部的张力和弯矩受到的影响比较大，这是因为随着水深的增加，波浪力逐渐减小，直至波浪力变为零，波高越小，波浪力所作用的水深越小。在波高为 3m 的条件下，60m 以上的水深基本不存在波浪力的作用，所以波浪力对柔性立管中部和下部的影响比较小。相对于流速的变化对立管动态张力和弯矩的影响，波浪力的变化影响比较明显。

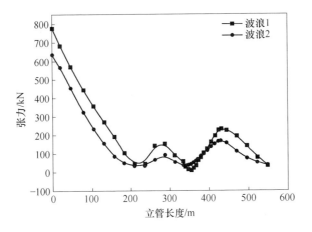

图 6-24 不同波浪下立管的动态张力

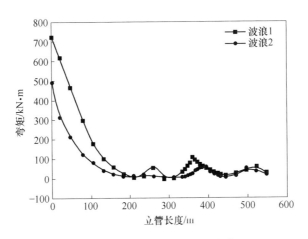

图 6-25 不同波浪下立管的动态弯矩

6.4 本章小结

本章分析了缓波型柔性立管的作用环境和载荷，给出了载荷的计算方法，研究了多体动力学对柔性体的离散方法、动力学方程的建立方法和求解方法。在此基础上，利用悬链线方程建立了缓波型柔性立管的初始位形，这是柔性立管静力分析和动力分析的首要步骤。详细描述了多体动力学方法对柔性立管离散化建模并建立动力学方程的方法。考虑到柔性立管的结构比较复杂，其动力学方程的求解非常困难，因此本章对多体动力学软件 Adams 利用宏命令进行二次开发，建立柔性立管的有限段模型，对在重力、浮力、海流力和波浪力作用下的柔性立管进行了静态和动态分析求解。为了比较有限段长度不同时，柔性立管动力学模型的求解精度和效率，建立了 2m、5m 和 8m 三种有限段长度的动力学模型，对三种多体动力学模型进行了分析求解，得到了三种动力学模型的张力和弯矩沿管长的分布规律，将三种模型的分析结果和有限元的分析结果进行了对比，确定了有限段长度为 2m 时，动力学模型的求解精度和效率比较高。分析了不同海流和波浪对柔性立管动态张力和弯矩的影响，即海流和波浪的变化对立管上部的张力和弯矩影响比较大。确定了缓波型柔性立管顶部悬挂点的动态张力-时间历程、弯矩-时间历程，为柔性立管的局部分析和疲劳分析奠定了基础。

参 考 文 献

[1] 李效民. 顶张力立管动力响应数值模拟及其疲劳寿命预测 [D]. 青岛：中国海洋大学，2010.

[2] 王树青，梁丙臣. 海洋工程波浪力学 [M]. 青岛：青岛海洋大学出版社，2013.

[3] 竺艳蓉. 海洋工程波浪力学 [M]. 天津：天津大学出版社，1991.

[4] 李远林. 波浪理论及波浪载荷 [M]. 广州：华南理工大学出版社，1994.

[5] 姬鸾. 柔性立管静态构型分析及防弯器设计 [D]. 大连：大连理工大学，2013.

[6] 宋磊建. 缓波形柔性立管总体响应特性研究及疲劳分析 [D]. 上海：上海交通大学，2013.

[7] 张莉. 深海立管内孤立波作用的动力特性及动力响应研究 [D]. 青岛：中国海洋大学，2013.

[8] 刘书胜，王勇. 悬链线方程在 FPSO 锚系相关计算中的应用 [J]. 中国造船，2011（1）：115-122.

[9] Songcheng Li. Dynamic response of lazy wave riser [R]. 2H Offshore Inc. & Chau Nguyen, 2H Offshore Inc，2011：1-20.

[10] 朱立平，韩东劲，许静泉. 输送带的动力学模型 [J]. 煤矿机械，2001（02）：29-30.

[11] 王艳秋. 基于有限刚体元方法的微扑翼飞行器柔性翅翼建模与分析 [D]. 成都：西南交通大学，2009.

[12] 杜子学，刘明东. 基于 Adams 宏程序的桥塔检测机钢丝绳系统建模 [J]. 机械设计与研究，2013（06）：140-143，

[13] 深圳深德海洋工程有限公司. 300m FPSO global performance analysis report [R]. OTL-1121501-RT-MN-0004，2013.

[14] Sun Liping, Qi Bo. Global analysis of a flexible riser [J]. Journal of Marine Science and Application，2011，10（4）：478-484.

[15] 董磊磊. 非粘合柔性立管截面特性的理论计算及 BSR 区域的疲劳分析 [D]. 大连：大连理工大学，2013.

[16] 付图南，黄维平，曹淑刚，等. 浮筒单点系统缓波式柔性立管疲劳分析 [J]. 船舶与海洋工程，2018（01）：49-55.

7 抗拉层螺旋钢带的局部力学研究

海洋非粘结柔性立管的应力大小及分布是分析立管力学性能和疲劳损伤的基础，然而其复杂的结构形式和层间接触使立管的应力具有高度的非线性特点，这给立管的应力分析带来了困难。现有的理论方法大多是在单个载荷作用下对非粘结柔性立管的应力应变进行分析，这与非粘结柔性立管的实际工作载荷不符，因为非粘结柔性立管在实际工作中受到轴向、径向、扭转、弯曲多个组合载荷的共同作用，这对于准确分析非粘结柔性立管的实际工作应力有一定的限制。

对于承受组合载荷共同作用的非粘结柔性立管，在所有的结构层中，内抗拉层受到的应力最大，最容易产生疲劳损伤，其疲劳性能决定着非粘结柔性立管的疲劳寿命，因此本章根据第2章的内容，将内抗拉层螺旋钢带的轴向应力分为整体变形应力和局部变形应力，利用理论方法进行推导和计算，并将计算结果与有限元模拟结果进行比较验证，确保计算的准确性，以便为后面的柔性立管疲劳分析提供基础应力数据。

7.1 抗拉层螺旋钢带的应力研究

根据第2章的内容可知，螺旋钢带在组合载荷的作用下，会产生整体弯曲、扭转和轴向变形、局部弯曲和扭转变形，所以钢带的应力包含两部分：一部分为钢带的整体变形应力，另一部分为钢带的局部弯曲和扭转应力。

7.1.1 整体变形应力

柔性立管在组合载荷作用下，当曲率大于最小临界曲率时，螺旋钢带会产生滑动。假设螺旋钢带仅产生轴向滑动，不产生侧向滑动，螺旋钢带的整体变形应力可以分为两部分计算，即产生滑动前的应力和产生滑动后的应力。

由公式（5-22）可知，在未产生滑动时，螺旋钢带的应力为：

$$\sigma_z = E\varepsilon_{s1} = E_s\left(\frac{\Delta u_z}{L}\cos^2\alpha + \frac{\Delta R_s}{R_s}\sin^2\alpha + \frac{\Delta \phi_z}{L}R_s\sin\alpha\cos\alpha + R_s\cos^2\alpha\sin\varphi\kappa\right) \quad (7\text{-}1)$$

由公式（5-37）和公式（5-38）可知，在产生滑动后，螺旋钢带的应力为：

$$\sigma_z = E_s\left(\frac{\Delta u_z}{L}\cos^2\alpha + \frac{\Delta R_s}{R_s}\sin^2\alpha + \frac{\Delta \phi_z}{L}R_s\sin\alpha\cos\alpha + R_s\cos^2\alpha\kappa_l\sin\varphi_{di}\right) \quad (7\text{-}2)$$

由式（7-1）和式（7-2）可以看出，当螺旋钢带未产生滑动时，应力与曲率的关系是线性关系，其大小随着曲率的增大而增大；当螺旋钢带产生滑动后，应力的大小不再随着曲率的变化而变化。螺旋钢带的整体变形应力为：

$$\sigma = \begin{cases} E_s\left(\dfrac{\Delta u_z}{L}\cos^2\alpha + \dfrac{\Delta R_s}{R_s}\sin^2\alpha + \dfrac{\Delta\phi_z}{L}R_s\sin\alpha\cos\alpha + R_s\cos^2\alpha\kappa\sin\varphi\right) & (\kappa < \kappa_l) \\[3mm] E_s\left(\dfrac{\Delta u_z}{L}\cos^2\alpha + \dfrac{\Delta R_s}{R_s}\sin^2\alpha + \dfrac{\Delta\phi_z}{L}R_s\sin\alpha\cos\alpha + R_s\cos^2\alpha\kappa_l\sin\gamma\varphi_{di}\right) & (\kappa \geq \kappa_l) \end{cases} \tag{7-3}$$

7.1.2　局部变形应力

由材料力学的知识可知，螺旋钢带的法向和副法向局部变形应力为：

$$\begin{cases} \sigma_{jt} = E_s\kappa_t x \\[2mm] \sigma_{jb} = E_s\kappa_b y \end{cases} \tag{7-4}$$

式中，σ_{jt}、σ_{jb}分别为螺旋钢带的法向和副法向局部变形应力；x、y为螺旋钢带的局部坐标，如图7-1所示。

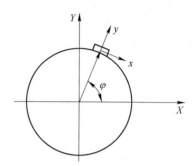

图 7-1　螺旋钢带的局部坐标系

将公式（5-48）代入公式（7-4）中，并整理得：

$$\begin{cases} \sigma_{jt} = E_s\kappa x\cos\varphi \\[2mm] \sigma_{jb} = E_s\kappa y\sin\varphi\cos\alpha \end{cases} \tag{7-5}$$

7.1.3　螺旋钢带的总应力

在组合载荷下，螺旋钢带的轴向总应力为整体变形应力和局部变形应力的总和，即：$\sigma = \sigma_z + \sigma_{jt} + \sigma_{jb}$，整理得：

$$\sigma = \begin{cases} E_s\left(\dfrac{\Delta u_z}{L}\cos^2\alpha + \dfrac{\Delta R_s}{R_s}\sin^2\alpha + \dfrac{\Delta\phi_z}{L}R_s\sin\alpha\cos\alpha + R_s\cos^2\alpha\sin\varphi\kappa\right) + \\[2mm] E_s\kappa x\cos\varphi + E_s\kappa y\sin\varphi\cos\alpha \qquad (\kappa < \kappa_l) \\[3mm] E_s\left(\dfrac{\Delta u_z}{L}\cos^2\alpha + \dfrac{\Delta R_s}{R_s}\sin^2\alpha + \dfrac{\Delta\phi_z}{L}\sin\alpha\cos\alpha + R_s\cos^2\alpha\kappa_l\sin\varphi_{di}\right) + \\[2mm] E_s\kappa x\cos\varphi + E_s\kappa y\sin\varphi\cos\alpha \qquad (\kappa \geq \kappa_l) \end{cases} \tag{7-6}$$

应力σ_z、σ_{jt}、σ_{jb}的分布如图7-2所示。

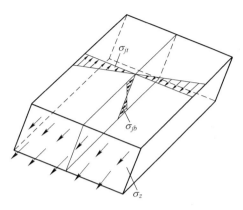

图 7-2 σ_z、σ_{jt}、σ_{jb} 的应力分布

7.2 立管的局部应力研究实例

根据柔性立管整体动力研究中图 6-20 和图 6-21 的顶部悬挂点的张力和弯矩时间历程曲线，本节利用图 5-15 所建立的柔性立管有限元模型，模拟计算非粘结柔性立管在内压、轴向力和弯矩作用下各层的应力及螺旋钢带疲劳危险点的应力与张力、弯矩和内压的关系曲线，并将分析结果与前述的理论分析结果进行对比。

7.2.1 非粘结柔性立管的应力分布

图 7-3~图 7-6 所示为非粘结柔性立管有限元分析的结果。其中图 7-3 为 16 层立管横截面的应力云图，图 7-4 为各结构层的应力比率。由图 7-4 可知，在弯矩、轴向拉力和内压作用下，非粘结柔性立管的内抗拉层（5）和外抗拉层（7）的应力大于其他层的应力，是非粘结柔性立管中的主要受力层。由于内抗拉层直径小于外抗拉层，因此内抗拉层的应力大于外抗拉层的应力，图 7-5 和图 7-6 所示为内抗拉层和外抗拉层的应力云图。

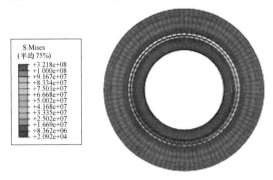

图 7-3 16 层柔性立管截面应力

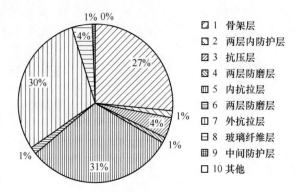

图 7-4　16 层柔性立管各结构层的应力比率

图 7-5　内抗拉层的应力云图

图 7-6　外抗拉层的应力云图

7.2.2　内抗拉层钢带中的应力与载荷的关系

7.2.2.1　轴向应力-轴向力的关系曲线

根据式（7-6）及图 5-17 可以得到内抗拉层螺旋钢带的轴向应力与轴向力的理论关系曲线，并对比有限元分析的结果，如图 7-7 所示。由图 7-7 可以看出，理论分析结果和有限元分析结果基本一致。

7.2.2.2　应力-弯矩的关系曲线

根据式（7-6）及图 5-16 可以得到 0°和 $\dfrac{\pi}{4}$ 处内抗拉层螺旋钢带的最大轴向

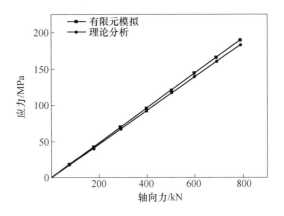

图 7-7 螺旋钢带轴向应力与轴向力的关系曲线

应力和弯矩的理论关系曲线,并对比有限元分析结果,如图 7-8、图 7-9 所示。由图 7-8、图 7-9 可以得知,不同角度处的轴向应力与弯矩之间的关系曲线不同,这是因为当弯曲曲率到达临界曲率时,0°坐标处的螺旋钢带首先发生滑动,随着曲率的继续增大,$\frac{\pi}{4}$ 坐标处的螺旋钢带进入滑动,这导致 $\frac{\pi}{4}$ 坐标处的螺旋钢带弯矩–曲率响应曲线粘结段较长。

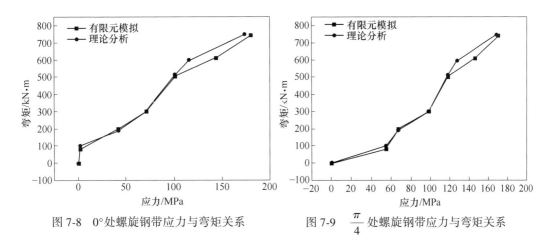

图 7-8 0°处螺旋钢带应力与弯矩关系　　图 7-9 $\frac{\pi}{4}$ 处螺旋钢带应力与弯矩关系

7.2.3 立管顶部悬挂点的应力-时间历程曲线

依据图 7-8、图 7-9 顶部悬挂点的应力与载荷之间的关系,并结合图 6-20、图 6-21 张力–时间历程、弯矩–时间历程曲线,分析得到在张力、弯矩、内压载荷共同作用下立管悬挂点的应力–时间历程曲线,如图 7-10 所示。

由图 7-10 可以看出,立管顶部悬挂点在最大载荷工况作用下的疲劳应力–时

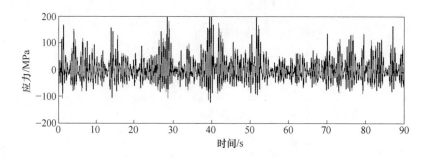

图 7-10　最大工况下顶部悬挂点的疲劳应力-时间历程曲线

间历程呈现随机性，每一个应力循环都是变幅循环，应力幅值和平均应力难以统计。为了能方便准确地计算得到立管顶部悬挂点的疲劳寿命，必须用雨流计数法对疲劳应力-时间历程进行统计计算，该部分内容见本书 8.4.3。

7.3　本章小结

本章在第 5 章理论研究的基础上，推导和分析了非粘结柔性立管螺旋钢带的轴向应力，说明了其轴向应力的各个组成部分，并给出了计算公式。以设计立管为例，利用此轴向应力公式计算了立管螺旋钢带在内压、轴向力和弯矩组合载荷下的应力，并比对了理论分析的结果和有限元模拟结果，结果基本一致，从而验证了理论分析公式的正确性。

参 考 文 献

[1] Kebadze E, Kraincanic I. Non-linear bending behaviour of offshore flexible pipes [C]. Proceedings of the International Offshore and Polar Engineering Conference, 1999: 2226-233.

[2] 陈希恰. 深海柔性立管结构力学特性分析 [D]. 上海：上海交通大学，2014.

[3] 任少飞. 非粘结柔性立管截面力学性能及典型失效特性研究 [D]. 上海：上海交通大学，2015.

[4] 裴晓梅，张恩勇，李丽玮，等. 非粘接柔性立管抗拉和抗扭刚度计算分析方法对比 [J]. 海洋工程装备与技术，2017，4 (5)：307-314.

[5] Sævik Svein. Theoretical and experimental studies of stresses in flexible pipes [J]. Computers & Structures, 2011, 89 (23): 2273-2291.

[6] 王丽男. 柔性立管抗拉铠装层力学行为分析与优化 [D]. 北京：中国石油大学（北京），2018.

[7] Xuanze Ju, Wei Fang, Hanjun Yin, et al. Stress Analysis of the Subsea Dynamic Riser BaseProcess Piping [J]. 船舶与海洋工程学报（英文版），2014 (03)：327-332.

8 非粘结柔性立管的疲劳分析

疲劳作为导致非粘结柔性立管失效的主要原因之一，已经受到科研人员的广泛关注，国内外学者对此进行了大量的研究工作，出现了许多研究方法和研究理论。本章在分析非粘结柔性立管疲劳研究方法及理论的基础上，结合第 6 章缓波型柔性立管的整体动力分析和第 7 章柔性立管的局部力学研究，制定了非粘结柔性立管疲劳分析的步骤与流程。在此基础上，对设计的 16 层非粘结柔性立管进行了疲劳分析，根据疲劳累积损伤理论计算得到了立管的疲劳损伤位置和寿命；并以此为例，总结了非粘结柔性立管易发生疲劳损伤的位置，研究了立管对其疲劳损伤关键影响因素的敏感性。

8.1 疲劳损伤

作为浮式海洋平台与海底油田之间连接的重要通道，非粘结柔性立管承担着输送油气资源和注水等重要任务，一般作用在较深的海水中，外部承受着风、浪、流的作用，管内有高温高压的油气通过，所以非粘结柔性立管是容易受损的结构构件，造成立管损坏的重要因素之一就是疲劳，即在载荷的连续循环作用下的立管，虽然内部应力尚未达到破坏的强度极限，但也产生了损坏的现象，该种现象称为疲劳，由此产生的损伤称为疲劳损伤。影响立管疲劳的主要因素有海洋环境中的风、浪、流、平台的水平运动及平台的垂直运动。立管的任何一部分和各个部分的连接处都有可能产生疲劳损伤，常见的立管疲劳损伤有两种：一种是涡激振动引起的疲劳损伤；另一种是波浪引起的疲劳损伤。海洋立管的疲劳损伤不仅对海洋油气的生产产生严重影响，而且还会严重污染海洋环境，所以立管的疲劳分析非常重要。

疲劳损伤一般情况下由波频和低频应力循环引起，波频浮体运动以及直接作用于立管上的波浪荷载控制波频产生的疲劳损伤，而低频浮体运动控制低频产生的疲劳损伤。波频和低频产生的疲劳损伤是否严重取决于立管系统的结构情况，并且随着立管不同部位的改变而发生改变。

由于影响非粘结柔性立管疲劳的大部分因素为发生概率比较高的低级和中级海况，而不是极少发生的极端海况，因此非粘结柔性立管的疲劳损伤研究一般将围绕一定数量的低级以及中级海况产生的总体荷载效应，应用断裂力学的理论和疲劳试验，通过线性时域或频域分析的方法进行。

　　根据非粘结柔性立管作用的环境及承受的载荷分析，目前引起立管疲劳损伤的三种主要载荷为波浪及其产生的海洋平台的运动、平台涡激运动、立管涡激运动。在本章 8.1.1~8.1.3 三节中分述这三种载荷所引起的立管疲劳损伤及其计算方法。

8.1.1　立管的浪致疲劳损伤

　　海洋平台长期作用在海洋环境中，当受到波浪作用时产生摇荡，由于立管和平台连接在一起，立管必然随着平台的摇荡在水中往复运动，在这种往复载荷作用下立管容易产生疲劳损伤，由该因素引起的立管疲劳损伤通常称为浪致疲劳损伤。

　　平台的一阶运动和二阶运动都会使非粘结柔性立管产生疲劳损伤，一阶运动是平台由于波浪的作用而产生的运动，二阶运动是平台由于以风为主要载荷的作用而产生的慢漂运动。与一阶运动相比，二阶运动频率低、周期长，因此，一阶运动又被称为高频运动，二阶运动被称为低频运动。在分析立管的浪致疲劳损伤时，通常只计算平台的一阶运动所引起的立管疲劳损伤。其分析步骤为：首先分析平台的运动响应，建立平台的一阶运动响应函数；其次结合波浪谱计算得到平台的运动谱，据此计算立管的应力并得到立管的应力响应函数；然后由立管的应力响应和波浪运动谱求解得到载荷的应力谱；最后依据材料的 $S\text{-}N$ 曲线及疲劳累计损伤规则计算得到立管总的疲劳损伤，即浪致疲劳损伤。

8.1.1.1　海洋平台的运动响应

　　当受到波浪作用时，平台会产生运动响应，在计算响应数值时常引入两个假设：(1) 流体假设：假设流体为无旋、有势、均匀、不可压缩的理想流体；(2) 刚体假设：假设平台是刚体，具有六个自由度，当外力作用在平台上时，平台不会变形。

　　A　坐标系

　　本节以生产平台 Spar 平台为例，该平台的工作水深为 500~1700m，其吃水深、水线面积小，因此具有良好的动力稳定性。由于 Spar 平台结构比较复杂，在计算其动力性能时，常简化 Spar 平台的结构，将 Spar 平台简化为一个大尺度的刚性圆柱体、直立悬浮在海中。Spar 平台具有纵荡、横荡、垂荡、横摇、纵摇、首摇六个运动自由度，纵荡、横荡、垂荡为平动自由度，分别沿 x、y、z 轴方向，横摇、纵摇、首摇为转动自由度，分别沿 x、y、z 轴转动，图 8-1 所示为 Spar 平台的六个自由度。

　　本节所述的浪向角方向如图 8-2 所示，x 轴负向为 0°，x 轴正向为 180°。

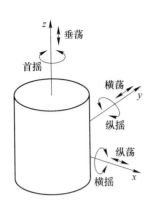

图 8-1 Spar 平台的六个自由度

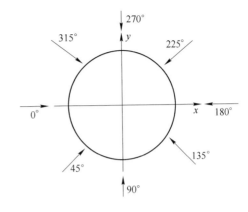

图 8-2 浪向角

B 控 制 方 程

流体的空间速度 $\overline{V}$ 用标量速度势 $\phi(x, y, z, t)$ 表示:

$$\overline{V} = \nabla\phi \tag{8-1}$$

流体具有不可压缩性,因此满足连续性方程:

$$\frac{\partial v_i}{\partial x_{0i}} = 0 \qquad (i=1, 2, 3) \tag{8-2}$$

将公式 (8-2) 代入公式 (8-1) 并求解,得到拉普拉斯方程式 (8-3):

$$\frac{\partial^2\phi}{\partial x_0^2} + \frac{\partial^2\phi}{\partial y_0^2} + \frac{\partial^2\phi}{\partial z_0^2} = 0 \tag{8-3}$$

C 边界条件

在规则波作用下,平台的简谐振荡复位移可表示为:

$$x_j = \overline{x}_j \mathrm{e}^{i\omega t} \qquad (j=1, 2, 3, 4, 5, 6) \tag{8-4}$$

式中,j 为六个自由度,前三个自由度,即 $j = 1, 2, 3$ 为平移自由度,分别沿 x、y、z 轴方向,后三个自由度,即 $j = 4, 5, 6$ 是转动自由度,分别绕 x、y、z 轴转动;ω 为入射波的圆频率,rad/s。

当流体流场处于稳定状态时,其总的速度势可表示为:

$$\phi = \varphi \mathrm{e}^{i\omega t} = \left[\varphi_0 + \varphi_7 + \sum_{j=1}^{6} i\omega \overline{x}_j \varphi_j\right] \mathrm{e}^{i\omega t} \tag{8-5}$$

式中,$\varphi_0 \mathrm{e}^{i\omega t}$ 为入射波的速度势,可表示为:

$$\varphi_0 \mathrm{e}^{i\omega t} = i\frac{g}{\omega} \frac{\cosh k(z+h)}{\cosh(kh)} \mathrm{e}^{-i(kx\cos\theta + ky\sin\theta - \omega t)} \tag{8-6}$$

其中,θ 为波浪的浪向角;h 为水深;k 为波数。这三个参数之间的关系式可表示为：

$$\frac{\omega^2}{g} = k\tanh(kh)$$ (8-7)

当 $h \to \infty$ 时，即水深是无穷深时，$\omega^2 = kg$，并由公式（8-6）可以得到：

$$\omega_0 = i\frac{g}{\omega}e^{kz}e^{-i(kx\cos\theta + ky\sin\theta)}$$ (8-8)

　　$\varphi_j e^{i\omega t}$ 为平台六个自由度的辐射势，$j = 1,2,3,4,5,6$；$\varphi_7 e^{i\omega t}$ 为波浪的绕射速度势、辐射势、速度势的边界条件，见式（8-9）~式（8-13）：

$$\nabla^2\phi_j(x,y,z) = 0, j = 1,2,3,4,5,6,7, P \subset D_0 \quad (流场域内条件)$$
(8-9)

$$g\frac{\partial\phi_j}{\partial z} + \frac{\partial^2\phi_j}{\partial z} = 0, j = 1,2,3,4,5,6,7, P \subset S_F \quad (自由表面条件)$$
(8-10)

$$\frac{\partial\phi_j}{\partial n} = \begin{cases} n_j, j = 1,2,3,4,5,6 \\ -\frac{\partial\phi_0}{\partial n}, j = 7 \end{cases}, P \subset S_W \quad (物面表面条件)$$ (8-11)

$$\frac{\partial\phi_j}{\partial z} = 0, j = 1,2,3,4,5,6,7, P \subset S_B \quad (水底条件)$$ (8-12)

　　无穷远处有波浪外传，$P \subset S_C$ （辐射条件） (8-13)

式中，n 为物面表面的方向，以指向物体内部为正向；S_F 为自由表面；S_W 为物面表面；S_B 为水底条件；S_C 为无穷远的边界；D_0 为由 S_F、S_W、S_B、S_C 组成的整个封闭流场域，如图 8-3 所示。

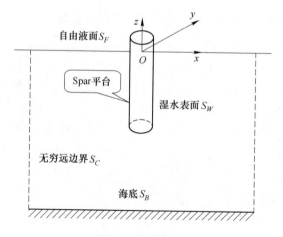

图 8-3　边界条件

D 水动力系数

当平台运动时，流体对平台的作用可以用流体压力在物体表面的积分形式来表示。为简化计算，只计算一阶量：

$$p = -\rho \frac{\partial \phi}{\partial t} \tag{8-14}$$

式中，ϕ 为一阶速度势，其计算公式为：

$$\phi(x, y, z, t) = \text{Re}\{\varphi(x, y, z)e^{i\omega t}\} = \text{Re}\{i\omega \overline{x}_j \varphi_j(x, y, z)e^{i\omega t}\}$$
$$(j = 1, 2, 3, 4, 5, 6) \tag{8-15}$$

假设平台的运动为微幅运动，瞬时湿表面 S 可用平均湿表面 S_0 来表示，即 $S = S_0 + O(\varepsilon)$，流体动压力可用一阶动压力的积分形式来表示：

$$F_j = -\iint\limits_{S_0} pn_j \mathrm{d}S = \iint\limits_{S_0} \rho \frac{\partial \phi}{\partial t} n_j \mathrm{d}S = -\text{Re}\left\{e^{i\omega t}\omega^2 \overline{x}_k \iint\limits_{S_0} \rho\varphi_k n_j \mathrm{d}S\right\} \tag{8-16}$$

$$\iint\limits_{S_0} \rho\varphi_k \frac{\partial \varphi_j}{\partial n} \mathrm{d}S = -\mu_{jk} + i\frac{\lambda_{jk}}{\omega}$$

设：
$$x_k = \text{Re}\{\overline{x}_k e^{i\omega t}\} \tag{8-17}$$

$$\dot{x}_k = \text{Re}\{i\omega \overline{x}_k e^{i\omega t}\}$$

$$\ddot{x}_k = \text{Re}\{-\omega^2 \overline{x}_k e^{i\omega t}\}$$

可以得出流体动压力的计算公式为：

$$F_j = -\text{Re}\left\{e^{i\omega t}\omega^2 \overline{x}_k\left(-\mu_{jk} + i\frac{\lambda_{jk}}{\omega}\right)\right\} = -\text{Re}\{-e^{i\omega t}\omega^2 x_k \mu_{jk} + e^{i\omega t}i\omega x_k \lambda_{jk}\}$$

$$= -\mu_{jk}\ddot{x}_k - \lambda_{jk}\dot{x}_k \quad (j = k = 1, 2, 3, 4, 5, 6) \tag{8-18}$$

于是，附加质量系数和阻尼系数的计算公式为：

$$\mu_{jk} = -\text{Re}\left\{\rho\iint\limits_{S_0} \phi_k \frac{\partial \phi_j}{\partial n} \mathrm{d}S\right\} = -\text{Re}\left\{\rho\iint\limits_{S_0} \phi_k n_j \mathrm{d}S\right\} \tag{8-19}$$

$$\lambda_{jk} = \text{Im}\left\{\rho\omega\iint\limits_{S_0} \phi_k \frac{\partial \phi_j}{\partial n} \mathrm{d}S\right\} = \text{Im}\left\{\rho\omega\iint\limits_{S_0} \phi_k n_j \mathrm{d}S\right\}$$

设散射势 $\phi_s = \phi_0 + \phi_7$，则：

$$\phi_s = \text{Re}\{\varphi_s e^{i\omega t}\}$$

$$\frac{\partial \phi_s}{\partial t} = \text{Re}\{i\omega\varphi_s e^{i\omega t}\} \tag{8-20}$$

$$p = -\rho \frac{\partial \phi_s}{\partial t} = -\text{Re}\{i\rho\omega\varphi_s e^{i\omega t}\}$$

因此，作用在物体表面上的波浪力计算公式为：

$$F_j = -\iint\limits_{S_0} pn_j\mathrm{d}S = \mathrm{Re}\left\{\iint\limits_{S_0} i\rho\omega\varphi_s n_j\mathrm{e}^{i\omega t}\mathrm{d}S\right\} = \mathrm{Re}\{f_j\mathrm{e}^{i\omega t}\} \qquad (8\text{-}21)$$

式中，$f_j = i\rho\omega\iint\limits_{S_0}\varphi_s n_j\mathrm{d}S = i\rho\omega\iint\limits_{S_0}(\varphi_0 + \varphi_7)n_j\mathrm{d}S$，$j = 1, 2, 3, 4, 5, 6$。

E　平台的运动

平台在波浪作用下的运动主要包括两种运动形式：平台质心处的运动、平台绕质心的转动。根据动量矩定理，平台的运动可以用以下公式表达：

$$\frac{\mathrm{d}\overline{G}}{\mathrm{d}t} = \overline{F}_W$$

$$\frac{\mathrm{d}\overline{Q}}{\mathrm{d}t} = \overline{M}_W \qquad (8\text{-}22)$$

其中，$\overline{G}$ 为刚体的动量；$\overline{Q}$ 为平台绕质心的动量矩；$\overline{F}_W$ 为外力的矢量；$\overline{M}_W$ 为平台绕着质心的外力矩矢量。

假设流场内压力为 $p(x, y, z, t)$，平台所受到的外力和外力矩计算公式为：

$$F_{wi} = -\iint\limits_{S_0} pn_i\mathrm{d}S$$

$$M_{wi} = -\iint\limits_{S_0} pn_{i+3}\mathrm{d}S \qquad (i = 1, 2, 3) \qquad (8\text{-}23)$$

假设平台的运动为微幅运动，压力 $p(x, y, z, t)$ 可由线性拉格朗日积分表示：

$$p(x, y, z, t) = -\rho\frac{\partial\phi}{\partial t} - \rho g(z + \overline{z} + \alpha y - \beta x) + p_a \qquad (8\text{-}24)$$

式中，p_a 为大气压力，它对流体力和力矩影响很小，基本可以忽略不计；$\overline{z}$ 为平台沿 z 轴的位移；α 为平台绕 x 轴的旋转角；β 为平台绕 y 轴的旋转角。

为了简化公式，$\overline{z}$、α、β 表示为 x_3, x_4, x_5，于是，公式（8-22）、公式（8-23）统一表示为：

$$m_{jk}\ddot{x}_k = F_{wj} \qquad (k, j = 1, 2, 3, 4, 5, 6) \qquad (8\text{-}25)$$

式中，$\ddot{x}_k$ 为广义加速度；m_{jk} 为惯性矢量阵；F_{wj} 为 F_{w1}、F_{w2}、F_{w3}、M_{w1}、M_{w2}、M_{w3}。

m_{jk} 矢量阵为：

$$m_{jk} = \begin{bmatrix} m & 0 & 0 & 0 & m_{zg} & 0 \\ 0 & m & 0 & -m_{zg} & 0 & 0 \\ 0 & 0 & m & 0 & 0 & 0 \\ 0 & -m_{zg} & 0 & I_{44} & 0 & -I_{46} \\ m_{zg} & 0 & 0 & 0 & I_{55} & 0 \\ 0 & 0 & 0 & -I_{64} & 0 & I_{66} \end{bmatrix} \qquad (8\text{-}26)$$

式中，m 为平台的质量；z_g 为平台的重心在 z 轴上的坐标；I_{ij} 为转动惯量，其计算式为：

$$I_{44} = \iiint\limits_v \rho_b(z^2 + y^2)\,\mathrm{d}v$$

$$I_{55} = \iiint\limits_v \rho_b(z^2 + x^2)\,\mathrm{d}v$$

$$I_{66} = \iiint\limits_v \rho_b(x^2 + y^2)\,\mathrm{d}v \qquad (8\text{-}27)$$

$$I_{46} = I_{64} = \iiint\limits_v \rho_b xz\,\mathrm{d}v$$

式中，ρ_b 为平台的密度；v 为平台的体积。

平台在波浪中，受到波浪扰动力、流体反作用力（平台摇荡导致）、静恢复力（平台偏移平衡位置导致）的作用，由式（8-23）、式（8-24），各个作用力的计算公式为：

$$F_{mj} = \iint\limits_{S_0} \left[\left(\rho g(z + \overline{z} + \alpha y - \beta x) + \rho\,\frac{\partial \phi}{\partial t} \right) \right] n_j \mathrm{d}S \quad (j = 1,\ 2,\ 3,\ 4,\ 5,\ 6)$$

$$(8\text{-}28)$$

用 $F_j^{(h)}$ 表示动力项，则：

$$F_j^{(h)} = \iint\limits_{S_0} \rho\,\frac{\partial \phi}{\partial t} n_j \mathrm{d}S \qquad (8\text{-}29)$$

总速度势 ϕ 为：

$$\phi(x,\ y,\ z,\ t) = \phi_0(x,\ y,\ z,\ t) + \phi_7(x,\ y,\ z,\ t) + \sum_{j=1}^{6} i\omega \overline{x}_j \phi_j(x,\ y,\ z)\mathrm{e}^{i\omega t}$$

$$(8\text{-}30)$$

将式（8-30）代入式（8-29），并将流体动力分成两部分，一部分是波浪扰动力 F_j，另一部分是辐射力 $F_j^{(R)}$，各部分的计算公式为：

$$F_j = F_j^{(k)} + F_j^{(d)} = i\rho\omega \iint\limits_{S_0} \phi_0 n_j \mathrm{d}S + i\rho\omega \iint\limits_{S_0} \phi_7 n_j \mathrm{d}S \qquad (8\text{-}31)$$

式中，$F_j^{(k)}$ 称为 Froude-Krylov 力，$F_j^{(d)}$ 称为波浪绕射力。

$$F_j^{(R)} = -\ddot{x}_k\mu_{jk} - \dot{x}_k\lambda_{jk} \quad (k, j = 1, 2, 3, 4, 5, 6) \tag{8-32}$$

平台的静力项 $F_j^{(S)}$ 的计算式为：

$$F_j^{(S)} = \rho g \iint\limits_{S_0} (z + \overline{z} + \alpha y - \beta x)n_j\mathrm{d}S \tag{8-33}$$

平台的静力项 $F_j^{(S)}$ 写为矩阵形式为：

$$F_j^{(S)} = -c_{jk}x_k \quad (k, j = 1, 2, 3, 4, 5, 6) \tag{8-34}$$

式中，c_{jk} 为静恢复力系数。

由公式（8-23）和公式（8-33）可以得到平台在波浪中总的流体作用力，即：

$$\begin{aligned}F_{wj} &= F_j^{(k)} + F_j^{(d)} + F_j^{(R)} + F_j^{(S)} \\ &= i\rho\omega\iint\limits_{S_0}\phi_0 n_j\mathrm{d}S + i\rho\omega\iint\limits_{S_0}\phi_7 n_j\mathrm{d}S - \ddot{x}_k\mu_{jk} - \dot{x}_k\lambda_{jk} - c_{jk}x_k\end{aligned} \tag{8-35}$$

$$(k, j = 1, 2, 3, 4, 5, 6)$$

将公式（8-35）代入公式（8-25），可得到：

$$m_{jk}\ddot{x}_k + \mu_{jk}\ddot{x}_k + \dot{x}_k\lambda_{jk} + c_{jk}x_k = F_j^{(k)} + F_j^{(d)} \quad (k, j = 1, 2, 3, 4, 5, 6) \tag{8-36}$$

将公式（8-17）、公式（8-21）代入公式（8-36），因此，整理写出 Spar 平台的运动方程为：

$$[-(m_{jk} + \mu_{jk})\omega^2 + i\lambda_{jk}\omega + c_{jk}]\overline{x}_k = f_j^{(k)} + f_j^{(d)} \tag{8-37}$$

对公式（8-37）进行计算求解就可以得到 Spar 平台的运动频响函数。

8.1.1.2　浪致立管疲劳损伤分析

A　疲劳损伤谱分析

a　线性系统谱分析方法

在海洋工程中，一般把海洋环境及结构物看作一个系统，若求结构物的变形，可以把海洋环境作为输入，结构物的变形作为输出（响应）。假设输入为 $x(t)$，输出为 $y(t)$，则输入输出之间的关系式为：

$$y(t) = A[x(t)] \tag{8-38}$$

式中，A 被称为运算子，可有不同的形式，如加、减、乘、除等，图 8-4 所示为响应系统的变换。

将系统根据运算子的不同分成非线性系统和线性系统，线性系统具有可叠加性、时间稳定性、有界性等性质，其输入和输出可表示为：

输入 $x(t)$ 　　响应系统　　 输出 $y(t)$
激励 　　　　　　　　 响应

图 8-4　响应系统的变换示意图

$$a_n \frac{\mathrm{d}^n y(t)}{\mathrm{d}t^n} + a_{n-1} \frac{\mathrm{d}^{n-1} y(t)}{\mathrm{d}t^{n-1}} + \cdots + a_1 \frac{\mathrm{d}y(t)}{\mathrm{d}t} + a_0 y(t)$$

$$= b_m \frac{\mathrm{d}^m x(t)}{\mathrm{d}t^m} + a_{m-1} \frac{\mathrm{d}^{m-1} x(t)}{\mathrm{d}t^{m-1}} + \cdots + b_1 \frac{\mathrm{d}x(t)}{\mathrm{d}t} + b_0 x(t) \tag{8-39}$$

式中，$a_j(j = 0, 1, 2, \cdots, n)$ 和 $b_k(k = 0, 1, 2, \cdots, n)$ 为任意常数。

若输入 $x(t)$ 是频率为 ω 的简谐振动，即：

$$x(t) = x_0 e^{i\omega t} \tag{8-40}$$

则输出也为频率为 ω 的振动，计算公式为：

$$y(t) = y_0 e^{i\omega t} \tag{8-41}$$

把式（8-40）和式（8-41）都代入式（8-39），并整理结果为：

$$y_0 e^{i\omega t} [a_n(i\omega)^n + a_{n-1}(i\omega)^{n-1} + \cdots + a_1(i\omega) + a_0]$$

$$= x_0 e^{i\omega t} [b_m(i\omega)^m + b_{m-1}(i\omega)^{m-1} + \cdots + b_1(i\omega) + b_0] \tag{8-42}$$

变换公式（8-42）为：

$$y(t) = y_0 e^{i\omega t} = \frac{b_m(i\omega)^m + b_{m-1}(i\omega)^{m-1} + \cdots + b_1(i\omega) + b_0}{a_n(i\omega)^n + a_{n-1}(i\omega)^{n-1} + \cdots + a_1(i\omega) + a_0} \cdot x_0 e^{i\omega t}$$

$$= H(\omega) \cdot x(t) \tag{8-43}$$

式中，$H(\omega)$ 为线性系统的响应函数，当线性系统上作用有频率为 ω 的简谐输入时，频率为 ω'' 的简谐输出就会产生。当简谐输入是随机频率时，可认为输入为无数个不同频率简谐输入的合成，简谐输入为：

$$x(t) = [X(\omega)\mathrm{d}\omega] e^{i\omega t} \tag{8-44}$$

则输出为：

$$y(t) = [Y(\omega)\mathrm{d}\omega] e^{i\omega t} \tag{8-45}$$

由公式（8-43）~公式（8-45）联合可以得到：

$$Y(\omega) = H(\omega)X(\omega) \tag{8-46}$$

因此，输入谱密度函数的计算式可表示为：

$$S_{xx}(\omega) = \lim_{T \to \infty} \frac{1}{2\pi T} |X(\omega)|^2 \tag{8-47}$$

则输出谱密度函数的计算式为：

$$S_{yy}(\omega) = \lim_{T \to \infty} \frac{1}{2\pi T} |Y(\omega)|^2 \qquad (8\text{-}48)$$

把公式（8-46）代入公式（8-48），整理得到：

$$S_{yy}(\omega) = |H(\omega)|^2 S_{xx}(\omega) \qquad (8\text{-}49)$$

因此，如果已知频响函数，输出谱可根据输入谱求得，如图 8-5 所示。

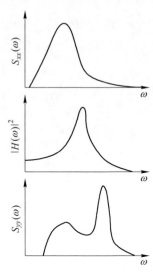

b　立管应力谱分析方法

立管应力谱分析的整个过程涉及两个线性系统，分别是平台系统和立管系统，平台系统的输入谱是波浪谱，传递函数为平台的运动频率响应函数；输出谱是平台的运动谱。立管系统的输入谱是平台系统的输出谱，即平台的运动谱，立管的应力频率响应函数是立管系统的传递函数；立

图 8-5　谱变换系统

管系统的输出谱是立管的应力谱，立管应力谱的分析计算步骤及流程如图 8-6 所示。

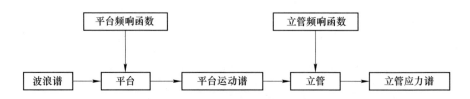

图 8-6　立管应力谱的分析计算流程

根据式（8-49），设 $S_\zeta(\omega)$ 为波浪谱，$H_{\text{Spar}}(\omega)$ 为平台的频响函数，由此得到平台的运动谱 $S_M(\omega)$ 计算公式为：

$$S_M(\omega) = |H_{\text{Spar}}(\omega)|^2 \cdot S_\zeta(\omega) \qquad (8\text{-}50)$$

设 $H_{\text{riser}}(\omega)$ 为立管的频响函数，由式（8-50）可以得到立管的应力谱 $S_\sigma(\omega)$ 计算公式为：

$$S_\sigma(\omega) = |H_{\text{riser}}(\omega)|^2 \cdot S_M(\omega) \qquad (8\text{-}51)$$

B　海洋平台运动引起的立管疲劳损伤分析

a　疲劳损伤模型

由于非粘结柔性立管是自由悬挂在平台上的，因此计算立管在波浪作用下的疲劳损伤时采用了铰接边界条件，立管的浪致疲劳损伤计算模型如图 8-7 所示。

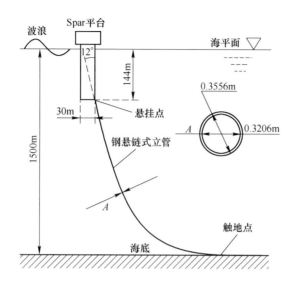

图8-7 立管的浪致疲劳损伤计算模型

b 疲劳损伤分析方法

由于立管所承受的载荷是随机波浪, 不是常幅载荷, 因此立管疲劳损伤的计算必须首先求得导致立管疲劳损伤的应力谱以及立管材料的 S-N 曲线, 然后依据线性累积损伤准则 Palmgren-Miner 计算出立管的疲劳损伤。

立管疲劳损伤具体的计算方法和过程为: 波浪环境的散点图被细分成一定数量的典型海况区块, 在每一个海况区块中, 选定某一个特定的海况来代表此海况块中所有的海况, 这个海况块中所有海况发生的概率都计算在这个被选定的特定海况上。计算所有区块中每一个选定海况的疲劳损伤, 波浪产生的疲劳损伤是把波浪中的所有特定海况产生的疲劳损伤进行加权累积综合, 其疲劳损伤计算公式为:

$$D_{\text{fat}} = \sum_{i=1}^{N_S} D_i P_i \qquad (8-52)$$

式中, D_{fat} 为长期疲劳损伤; N_S 为波浪散点图中离散海况的数量; P_i 为海况概率, 是波高、周期和波向的参数; D_i 为短期疲劳损伤。

非粘结柔性立管中计算疲劳损伤所用的应力为循环主应力, 并考虑立管的壁厚 t_{fat}。在疲劳应力计算中, 处于稳定侵蚀环境中的立管平均壁厚计算公式为:

$$t_{\text{fat}} = t_{\text{nom}} - 0.5 t_{\text{corr}} \qquad (8-53)$$

式中, t_{nom} 为公称立管壁厚; t_{corr} 为侵蚀容差。

对于发生永久操作 (拖曳、安装) 之前的立管的疲劳损伤, 立管壁厚可用式 (8-1) 表示:

$$t_{fat} = t_{nom} \tag{8-54}$$

立管产生疲劳损伤的循环公称应力 σ，一般情况下是轴向应力与弯曲应力的线性组合，用公式表示为：

$$\sigma(t) = \sigma_a(t) + \sigma_M(\theta, t) \tag{8-55}$$

式中，$\sigma_a(t)$ 为立管轴向应力；$\sigma_M(\theta, t)$ 为立管弯曲应力。

该组合应力不是一成不变的，立管圆周位置不同，组合应力也不同。对于波浪从不同方向作用于立管的情况，疲劳损伤应在立管的一些规则间隔点进行计算以确定疲劳损伤最严重的位置，然后计算该处的疲劳损伤，即为立管的疲劳损伤。

8.1.2　立管的涡致平台运动疲劳损伤

8.1.2.1　平台涡激运动响应

该部分采用了 Van Der Pol 方程描述漩涡脱落的振动及性能，在分析描述过程中考虑了流体与结构的流固耦合的影响。

A　平台振子模型

在该模型中，设 Spar 平台为刚体，只有一个沿 y 向的横向自由度，该自由度是在沿 x 方向的水流 U 的作用下产生的，如图 8-8 所示。

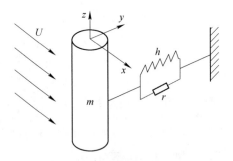

图 8-8　Spar 平台的尾流振子模型

Spar 平台的涡激运动方程为：

$$m \frac{\mathrm{d}^2 y}{\mathrm{d}t^2} + r \frac{\mathrm{d}y}{\mathrm{d}t} + hy = F_L \tag{8-56}$$

其中，h 为 Spar 平台的刚度；m 为平台质量 m_s 与平台的附加流体质量 m_f 的和，写成公式表示为 $m = m_s + m_f$，$m_f = \dfrac{C_M \rho D^2 \pi}{4}$，式中，海洋流体的密度为 ρ，Spar 平台的直径为 D，附加质量系数为 C_M。

Spar 平台的阻尼参数为 r，r 等于结构阻尼 r_n 与流体阻尼 r_f 的和，写成公式表示为：

$$r = r_n + r_f, \quad r_f = \gamma \omega_s \rho D^2$$

式中，γ 为黏滞力系数；ω_s 为旋涡脱落频率，计算公式为：

$$\omega_s = \frac{2\pi s_t U}{D}$$

式中，s_t 为斯托哈尔数。

平台的固有频率 ω_n 以及结构的阻尼比 ξ 计算公式为：

$$\omega_n = \sqrt{\frac{h}{m}} \tag{8-57}$$

$$\xi = \frac{r_n}{2m\omega_n} \tag{8-58}$$

将公式（8-57）、公式（8-58）代入公式（8-56）中，整理得到：

$$\frac{\mathrm{d}^2 y}{\mathrm{d}t^2} + \left(2\xi\omega_n + \frac{\gamma}{\mu}\omega_s\right)\frac{\mathrm{d}y}{\mathrm{d}t} + \omega_n^2 y = \frac{F_L}{m} \tag{8-59}$$

B 尾流振子模型

尾流振子的非线性特性描述表达式为：

$$\frac{\mathrm{d}^2 \eta}{\mathrm{d}t^2} + \varepsilon\omega_s(\eta^2 - 1)\frac{\mathrm{d}\eta}{\mathrm{d}t} + \omega^2\eta = \frac{A}{D}\frac{\mathrm{d}^2 y}{\mathrm{d}t^2} \tag{8-60}$$

式中，ε 为小参数，反映尾流振子的非线性，A 为 Spar 平台和流体的动力参数，ε、A 可根据实验数据查询得到；η 为一个无量纲参数，可以表示为：

$$\eta = 2\frac{C_L}{C_{L0}} \tag{8-61}$$

式中，C_L 为结构由于流体的作用而产生的瞬时升力系数；C_{L0} 为结构的静态横向升力系数幅值。

C 平台与尾流振子耦合模型

设 τ 为无量纲时间、Y 为无量纲位移，两个参数的计算公式可以表示为：

$$\tau = t \cdot \omega_s$$

$$Y = \frac{y}{D} \tag{8-62}$$

把公式（8-62）分别代入公式（8-59）、公式（8-60）中，即为：

$$\frac{\mathrm{d}^2 Y}{\mathrm{d}\tau^2} + \left(2\xi\delta + \frac{\gamma}{\mu}\right)\frac{\mathrm{d}Y}{\mathrm{d}\tau} + \delta^2 Y = M\eta \tag{8-63}$$

$$\frac{\mathrm{d}^2 \eta}{\mathrm{d}\tau^2} + \varepsilon(\eta^2 - 1)\frac{\mathrm{d}\eta}{\mathrm{d}\tau} + \eta = A\frac{\mathrm{d}^2 Y}{\mathrm{d}\tau^2} \tag{8-64}$$

其中，$M\eta$ 是无量纲耦合量，M 的计算公式为：

$$M = \frac{C_{L0}}{2} \frac{1}{8\pi^2 S_t^2 \mu} \tag{8-65}$$

频率比 δ 的计算公式为：

$$\delta = \frac{\omega_n}{\omega_s} = \frac{\omega_n}{2\pi S_t \left(\dfrac{U}{D}\right)} \tag{8-66}$$

当平台的振动频率与旋涡的脱落频率比较接近时，在平台和流体之间将有锁定现象产生，并且由于结构与流体的非线性，容易导致失谐现象，即最大振幅没有在 $\omega_v = \omega_n$ 时发生，而是发生在锁定区域中部，可用失谐参数 κ 表示：

$$\kappa = \frac{\omega_v}{\omega_n} \tag{8-67}$$

设公式（8-63）和公式（8-64）的解为：

$$Y(\tau) = Y_0 \cos(\kappa\tau + \theta)$$
$$\eta(\tau) = \eta_0 \cos(\kappa\tau) \tag{8-68}$$

其中，Y_0 为平台位移幅值；η_0 为升力振子幅值；θ 为平台振动位移与升力振子之间的相位差。在公式（8-63）中代入公式（8-68），整理可以得到：

$$\frac{Y_0}{\eta_0} = M \left[(\delta^2 - \kappa^2)^2 + \left(2\xi\delta + \frac{\gamma}{\mu}\right)^2 \kappa^2 \right]^{-0.5} \tag{8-69}$$

$$\tan\theta = \frac{-\left(2\xi\delta + \dfrac{\gamma}{\mu}\right)\kappa}{\delta^2 - \kappa^2} \tag{8-70}$$

在公式（8-64）中代入公式（8-68），可以得出：

$$\eta_0 = 2 \left[1 + \frac{AM}{\varepsilon} \frac{C}{(\delta^2 - \kappa^2)^2 + \left(2\xi\delta + \dfrac{\gamma}{\mu}\right)^2 \kappa^2} \right]^{0.5} \tag{8-71}$$

$$\kappa^6 - \left[1 + 2\delta^2 - \left(2\xi\delta + \frac{\gamma}{\mu}\right)^2 \right]\kappa^4 - \left[-2\delta^2 + \left(2\xi\delta + \frac{\gamma}{\mu}\right)^2 - \delta^4 \right]\kappa^2 - \delta^4 + G = 0 \tag{8-72}$$

式中：

$$C = \left(2\xi\delta + \frac{\gamma}{\mu}\right)^2 \kappa^2$$
$$G = AM(\delta^2 - \kappa^2)\kappa^2 \tag{8-73}$$

根据式（8-69）和式（8-72）可求解出失谐参数 κ 的值，并求得结构振动的位移 Y 以及升力阵子 η。

$$\eta = 2\left[1 + \frac{AM}{\varepsilon}\frac{\left(2\xi\delta + \dfrac{\gamma}{\mu}\right)^2\kappa^2}{(\delta^2 - \kappa^2)^2 + \left(2\xi\delta + \dfrac{\gamma}{\mu}\right)^2\kappa^2}\right]^{0.5}\cos(\kappa\tau) \qquad (8\text{-}74)$$

$$Y = Y_0\cos(\kappa\tau + \theta) = M\left[(\delta^2 - \kappa^2)^2 + \left(2\xi\delta + \frac{\gamma}{\mu}\right)^2\kappa^2\right]^{-0.5}\eta_0\cos(\kappa\tau + \theta)$$
$$(8\text{-}75)$$

D 模型参数确定

确定模型参数是尾流振子方法中的关键问题。一般认为，在亚临界雷诺数范围内（$300<Re<1.5\times10^5$），斯托哈尔数 S_t 取 0.2，圆柱体的横向升力系数幅值 C_{L0} 取 0.3，由公式（8-65）、公式（8-66）可得：

$$\delta = \frac{\omega_n}{\omega_s} = \frac{\omega_n}{2\pi S_t\left(\dfrac{U}{D}\right)} = \frac{1}{S_tU_r} = \frac{5}{U_r} \qquad (8\text{-}76)$$

$$M = \frac{C_{L0}}{2}\frac{1}{8\pi^2S_t^2\mu} = \frac{0.05}{\mu} \qquad (8\text{-}77)$$

粘滞力系数 γ 与截面平均流体阻尼力系数 C_D 关系的计算公式为：

$$\gamma = \frac{C_D}{4\pi S_t} \qquad (8\text{-}78)$$

图 8-9 所示为阻尼力系数和雷诺数的关系，从图中可以看出，静态的圆柱体，在 Re 数处于亚临界区域内（$300<Re<1.5\times10^5$）时，C_{D0} 取 1.2。对于横向振动，结构阻尼系数 C_D 可表示为振幅的关系式：

$$C_D = (1 + 2Y_0)C_{D0} \qquad (8\text{-}79)$$

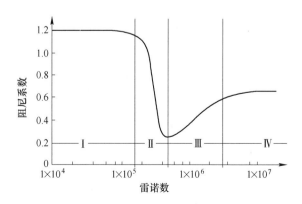

图 8-9 阻尼力系数与雷诺数的关系

为计算方便，C_D 取 2.0，代入式（8-78），可得到 γ：

$$\gamma = 0.8$$

折合速度 U_r 计算式为：

$$U_r = \frac{2\pi U}{\kappa \omega D} = \frac{1}{\kappa S_t} \qquad (8\text{-}80)$$

设：

$$Y(t) = Y_0 \cos(\kappa \tau)$$
$$\eta(t) = \eta_0 \cos(\kappa \tau + \theta) \qquad (8\text{-}81)$$

将公式（8-81）代入公式（8-63）、公式（8-64），整理得到：

$$\eta_0^6 - 8\eta_0^4 + 16 \left[1 + \left(\frac{\kappa^2 - 1}{\varepsilon \kappa} \right) \right] \eta_0^2 = 16 \left(\frac{A\kappa Y_0}{\varepsilon \kappa} \right)^2 \qquad (8\text{-}82)$$

式中，κ 为振动圆柱体相对静态圆柱体的升力放大系数，计算公式为：

$$\kappa = \frac{\eta_0}{2} \qquad (8\text{-}83)$$

在平台与流体之间处于锁定状态下，$\kappa \approx 1$。由公式（8-80）可知，$U_r = \frac{1}{S_t}$，求解方程式（8-82）可得唯一一个实根：

$$K = \left(\frac{X}{36} \right)^{\frac{1}{3}} + \left(\frac{4}{3X} \right)^{\frac{1}{3}} \qquad (8\text{-}84)$$

式中，K 为升力放大系数；Y_0 为结构振幅，$X = \left(9\frac{A}{\varepsilon}Y_0 \right) + \sqrt{\left(9\frac{A}{\varepsilon}Y_0 \right)^2 - 48}$，如图 8-10 所示为 K 和 Y_0 两个参数之间的关系。

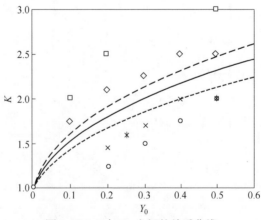

图 8-10　K 与 Y_0 之间的关系曲线

◇—Vickery 和 watkin 的实验数据；×—Bishop 和 Hassan 的实验数据；∗—King 的实验数据；

○—Griffin 的实验数据；－－－ $\frac{A}{\varepsilon} = 30$ 时的关系曲线；—— $\frac{A}{\varepsilon} = 40$ 时的关系曲线；

—— $\frac{A}{\varepsilon} = 50$ 时的关系曲线

对实验数据进行拟合，并利用最小二乘法得到 $\frac{A}{\varepsilon} = 40$。

图 8-11 所示为结构振动位移 Y_0、速度 Y_0'、加速度 Y_0'' 参数与折合速度 U_r 的关系曲线。

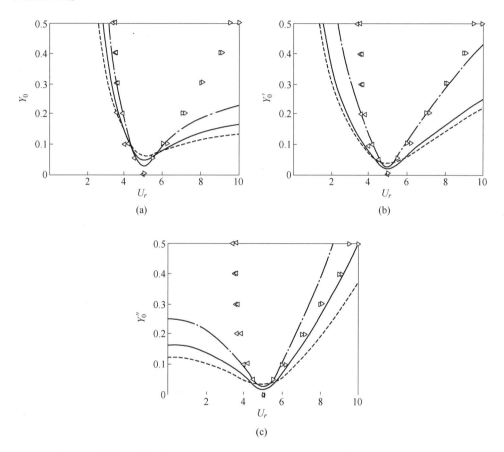

图 8-11 结构振动位移 Y_0、Y_0' 速度、加速度 Y_0'' 与折合速度 U_r 之间的关系曲线

◁—Standby 的实验数据；▷—Blevins 的实验数据；– – –$\varepsilon = 0.2$ 的关系曲线；

——$\varepsilon = 0.3$ 的关系曲线；— —$\varepsilon = 0.4$ 的关系曲线

由图 8-11 可以得知，$\varepsilon = 0.3$ 的关系曲线与实验数据最为接近，因此，通常取 $\varepsilon = 0.3$，$A = 12$。

8.1.2.2 平台涡激运动导致的立管疲劳损伤分析

A 立管数学模型

立管受到外部水动力、内部结构响应、重力等载荷的作用，根据力矩平衡可得到立管的微分方程：

$$m_t \frac{\partial^2 \boldsymbol{Y}}{\partial t^2} + R \frac{\partial \boldsymbol{Y}}{\partial t} - T \frac{\partial^2 \boldsymbol{Y}}{\partial x^2} = \boldsymbol{W} + \boldsymbol{W}_{eh} + \boldsymbol{W}_{if} \qquad (8\text{-}85)$$

式中，T 为立管截面的张力矢量；$\boldsymbol{Y}$ 为立管的位移矢量；$\boldsymbol{W}$ 为立管的单位长度重力矢量；$\boldsymbol{W}_{eh}$ 为单位长度立管承受的外部流体载荷矢量；$\boldsymbol{W}_{if}$ 为单位长度立管承受的内部液体载荷矢量。

边界条件为：

$$\begin{cases} \overline{Y}(0) = \overline{0} \\ \overline{Y}(L) = \overline{R} \end{cases} \qquad (8\text{-}86)$$

B　疲劳损伤模型

在计算平台涡激导致的立管疲劳损伤中，考虑了近端边界条件和远端边界条件两种边界条件，如图 8-12 所示。

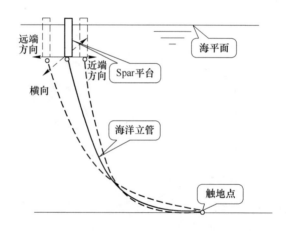

图 8-12　Spar 平台与立管之间的相互作用及边界条件

根据平台涡激运动响应可知，Spar 平台的运动响应幅值为 Y_0，公式（8-86）边界条件为：

$$\begin{cases} \boldsymbol{Y}_1 = (-Y_0, \ 0, \ 0) \\ \boldsymbol{Y}_2 = (Y_0, \ 0, \ 0) \end{cases} \qquad (8\text{-}87)$$

由微分方程和边界条件可以求得立管上点的应力幅 ΔS：

$$\Delta S = \frac{|S_1 - S_2|}{2} \qquad (8\text{-}88)$$

式中，S_1 为立管上所求点的最大应力；S_2 为立管上所求点的最大应力。

由公式（8-88）所求得的应力幅 ΔS，根据材料的 $S\text{-}N$ 曲线，可以得到在此应力幅作用下，立管产生疲劳损伤时所运行的循环次数为：

$$\Delta N = \frac{c}{(\Delta S \times SCF)^b} \tag{8-89}$$

式中，b、c 为立管材料的疲劳参数；SCF 为立管局部应力集中系数。

若由平台涡激运动的周期为 $T(\mathrm{s})$，那么可以计算出一年中立管的应力幅值达到 ΔS 的循环次数为：

$$N = \frac{356 \times 24 \times 3600}{T} \tag{8-90}$$

根据疲劳累积损伤规范 Palmgren-Miner，平台涡激运动产生的立管累计疲劳损伤 E_{VIM} 可表示为：

$$E_{\mathrm{VIM}} = \frac{N}{\Delta N} \tag{8-91}$$

8.1.3 立管的涡激疲劳损伤

由于立管作为一个固体结构作用在海洋环境中，当海流流过立管时会产生周期性的漩涡脱落及尾流，从而在立管上产生作用力，使立管在与流速垂直的升力方向上产生振动。立管由于长期的循环振动会产生疲劳损伤，尤其当立管固有频率相同或相近于漩涡脱落的频率时，立管与漩涡产生耦合共振，加大立管的振动幅值，加剧立管的疲劳损伤，从而严重影响海洋平台的安全与生产，常称这种振动为涡激振动，由此引起的立管疲劳损伤称为涡激疲劳损伤。

立管的涡激疲劳损伤的分析方法常用的有两种：一种为直接积分法，该方法对立管的运动方程直接求解得到结构响应，不需要求解固有频率和振型，比较直接简单，但是对于自由度较多的结构不适应，常用于自由度较少的工程结构；另一种是模态叠加法，该方法需要先计算立管的模态特性，在此基础上，求解得到立管的结构响应，常用于自由度较多的工程结构。

8.1.3.1 模态叠加法

模态叠加法即通过坐标变换，将多自由度的结构系统转换为单自由度的结构系统，并用模态坐标表示；然后求解单自由度结构系统的微分方程，得到的各阶模态的结构响应，叠加各阶模态的结构响应求得工程结构系统的结构动力响应，如立柱的位移近似等于前三阶模态振动位移的叠加，如图 8-13 所示。

立管的结构响应采用模态叠加法计算的步骤有三步：首先通过坐标表换，将结构系统的原动力方程解耦，其次用解析或数值方法直接积分求解解耦之后互相独立的方程，然后累积叠加所有固有振型的响应从而求得结构系统的动力响应。

计算出结构自由振动的振型与频率，设：

$$\boldsymbol{\Psi} = \begin{bmatrix} \boldsymbol{\Phi}_1 & \boldsymbol{\Phi}_2 \cdots & \boldsymbol{\Phi}_n \end{bmatrix} \tag{8-92}$$

式中，$\boldsymbol{\Psi}$ 为结构固有振型矩阵；$\boldsymbol{\Phi}_i$ 为结构阵型，$i = 1,2,3,\cdots,n$。

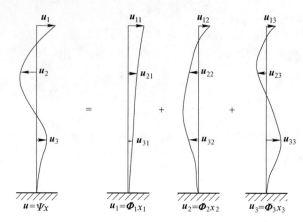

图 8-13　立柱位移近似等于主要振型叠加

结构系统的位移可以用振型叠加组合表示，其公式为：

$$u_i = \boldsymbol{\Psi}\,x(t) = \sum_{i=1}^{n} \boldsymbol{F}_i \boldsymbol{x}_i \tag{8-93}$$

式中，$x(t)$ 为振型坐标。

将结构系统的速度与加速度也写成振型叠加组合的形式：

$$\ddot{\boldsymbol{u}}_t = \boldsymbol{\Psi}\,\ddot{x}(t) \tag{8-94}$$

$$\dot{\boldsymbol{u}}_t = \boldsymbol{\Psi}\,\dot{x}(t) \tag{8-95}$$

带有阻尼的结构系统运动方程可表示为：

$$\boldsymbol{M}\,\ddot{\boldsymbol{u}}_t + \boldsymbol{C}\,\dot{\boldsymbol{u}}_t + \boldsymbol{K}u(t) = \boldsymbol{P}(t) \tag{8-96}$$

其中，$\boldsymbol{M}$ 为质量矩阵；$\boldsymbol{C}$ 为阻尼矩阵；$\boldsymbol{K}$ 为刚度矩阵。

把公式（8-93）～公式（8-95）整理代入公式（8-96），转换结构系统的运动方程为以振型坐标表示的方程为：

$$\boldsymbol{M}\boldsymbol{\Psi}\,\ddot{x}(t) + \boldsymbol{C}\boldsymbol{\Psi}\,\dot{x}(t) + \boldsymbol{K}\boldsymbol{\Psi}x(t) = \boldsymbol{P}(t) \tag{8-97}$$

在方程式（8-97）的两边同时乘以 $\boldsymbol{\Psi}^T$，并考虑 $\boldsymbol{\Psi}$ 的正交性，则公式（8-97）可写为：

$$\boldsymbol{I}\,\ddot{x}(t) + \boldsymbol{\Psi}^T\boldsymbol{C}\boldsymbol{\Psi}\,\dot{x}(t) + \boldsymbol{O}^2 x(t) = \boldsymbol{\Psi}^T\boldsymbol{P}(t) = \boldsymbol{R}(t) \tag{8-98}$$

式中，$\boldsymbol{\Psi}^T\boldsymbol{M}\boldsymbol{\Psi} = \boldsymbol{I}$，$\boldsymbol{\Psi}^T\boldsymbol{K}\boldsymbol{\Psi} = \boldsymbol{O}^2$。若阻尼矩阵写成 $\boldsymbol{C} = \alpha\boldsymbol{M} + \beta\boldsymbol{K}$ 的形式，因 $\boldsymbol{M}$ 和 $\boldsymbol{K}$ 具有正交性，则 $\boldsymbol{C}$ 也满足正交条件：

$$\boldsymbol{F}_i^T\boldsymbol{C}\boldsymbol{F}_j = \begin{cases} \alpha + \beta\omega_i^2 = 2\omega_i\lambda_i & (i = j) \\ 0 & (i \neq j) \end{cases} \tag{8-99}$$

式中，$\lambda_i(i = 1,2,\cdots,n)$ 为 i 阶振型阻尼比，此时，公式（8-98）变换为 n 个

二阶常微分方程，且这些方程是互相独立的：

$$\ddot{x}_i(t) + 2\omega_i\lambda_i\dot{x}_i(t) + \omega_i^2 x_i(t) = r_i(t) \quad (i = 1, 2, \cdots, n) \qquad (8\text{-}100)$$

公式（8-100）表示 n 个动力响应方程，这些方程之间是相互独立的，并且每个方程都表示一个单自由度系统的动力响应，求解此 n 个动力响应方程即可得到每个模态振型的位移分量 $x_i(t)$。代入公式（8-93）并将其进行叠加组合，就可得到结构上各个点的位移，再代入公式（8-94）和公式（8-95）即可得到结构上各个点的速度和加速度。

对于结构系统来说，一般情况下，低阶振型对结构的振动响应影响比较大，高阶振型对结构的振动响应影响比较小。因此，采用模态叠加法求解结构的动力响应及疲劳损伤时，为了减少计算量，在保证计算精度的情况下，可以忽略掉一些高阶振型，只计算低阶阵型对结构的振动响应。

8.1.3.2 激励模态的识别

立管的结构响应和疲劳损伤采用模态叠加法进行分析计算时，首先需要计算得到影响立管结构响应的模态数目与模态阶数，这个过程称为激励模态的识别。

A 分析激励区域

设 r 阶模态的能量输入区域为 L_r，$L - L_r$ 为 r 阶模态的能量输出区域，则理想折合速度 V_p 可表示为：

$$V_p = \frac{1}{S_t} \qquad (8\text{-}101)$$

式中，S_t 为斯托哈尔数，在亚临界区域，斯托哈尔数 S_t 的近似取值为 0.2。

求得 r 阶模态的约化速度是求解 r 阶模态的能量输入区域 L_r 的必要步骤，r 阶模态的约化速度的计算公式为：

$$V_r = \frac{V(x)}{f_r \cdot D(x)} \qquad (8\text{-}102)$$

式中，$V(x)$ 为海中坐标为 x 的海流速度；$D(x)$ 为坐标为 x 的立管直径值；f_r 为立管 r 阶的固有频率。

设约化速度双带宽为 b，则约化速度的取值范围为：

$$\begin{cases} V_L = V_p - 0.5bV_p \\ V_H = V_p + 0.5bV_p \end{cases} \qquad (8\text{-}103)$$

假如 r 阶模态的约化速度正好处于式（8-103）的约化速度范围内，即：

$$V_L \leqslant V_r \leqslant V_H \qquad (8\text{-}104)$$

则立管响应该激励模态。

B 识别潜在激励模态

根据 Strouhal 关系，漩涡最大泄放频率和最小泄放频率为：

$$f_{\max} = \frac{S_t \cdot U_{\max}}{D} \qquad (8\text{-}105)$$

$$f_{\min} = \frac{S_t \cdot U_{\min}}{D} \qquad (8\text{-}106)$$

式中，$U_{\max}$ 为流剖面的最大速度；$U_{\min}$ 为流剖面的最小速度。

如果固有频率正好处在最大泄放频率和最小泄放频率之间，则其模态被激励。

识别边界模态的方法是：若 $\dfrac{f_j + f_{j+1}}{2} < f_{\max} < f_{j+1}$，$f_{j+1}$ 被激励，若 $f_i < f_{\min} < \dfrac{f_i + f_{i+1}}{2}$，则 f_i 被激励，如图 8-14 所示。

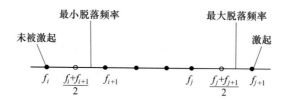

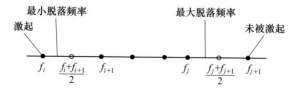

图 8-14　潜在激励模态的识别方法

C　识别主要激励模态

为了识别得到主要激励模态，需要计算出潜在的各阶激励模态的振动能量：

$$\prod{}^{r} = \frac{|Q_r|}{2 R_r} \qquad (8\text{-}107)$$

式中，Q_r 为模态力，其计算公式为：

$$Q_r = \int_{L_r} \frac{1}{2} \rho_f C_L(x,\ V_{R(x)}) D(x) V^2(x) Y_r(x) \,\mathrm{d}x \qquad (8\text{-}108)$$

式中，R_r 为模态阻尼，其计算公式为：

$$R_r = \int_{L-L_r} R_h(x) Y_r^2(x) \omega_r \mathrm{d}x + \int_0^L R_S(x) Y_r^2(x) \omega_r \mathrm{d}x \qquad (8\text{-}109)$$

式中，L_r 为能量输入区域参数；R_h 为水动力阻尼参数；R_S 为模态结构阻尼。

最大振动能量的模态通过式（8-107）可以找到，并将此模态作为基准，把其余模态的振动能量与此模态的振动能量相比，得到一个比值，如图 8-15 所示。

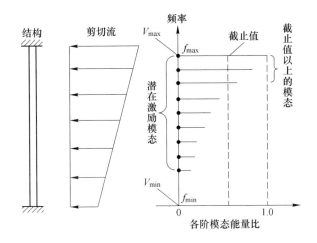

图 8-15　识别主要激励模态

在识别主要激励模态时，预先设定阈值，高于阈值的模态参加激励振动，低于阈值的模态不参加激励。若参加激励振动的模态只有一个，称为单模态响应；若参加激励振动的模态多于一个，称为多模态响应，如图 8-16 所示。

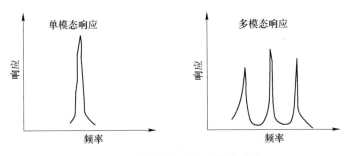

图 8-16　单模态响应与多模态响应

8.1.3.3　升力与阻尼模型

A　升力模型

升力模型有两种：一种是保守升力模型；另一种是非保守升力模型。保守升力模型的升力系数只受无量纲振幅 A/D 的影响，非保守升力模型的升力系数不仅受无量纲振幅 A/D 的影响，也受无量纲频率（约化速度）的影响。对于保守升力模型，取某一特定的模态，升力系数 C_L 与 A/D 之间的关系可根据图 8-17 中1、2、3、4 四个点的实验数据拟合得到：$C_L = 0$ 时，A/D 的取值；$A/D = 0$ 时，C_L 的最大值；C_L 取最大值时，A/D 的取值。

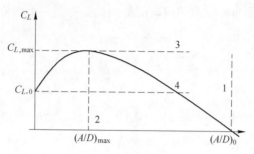

图 8-17　升力曲线

非保守升力模型的升力系数与无量纲振幅以及无量纲频率（约化速度）都有关，无量纲频率比为：

$$\frac{f_n}{f_s} = \frac{f_n \cdot D}{S_t \cdot U(z)} \tag{8-110}$$

式中，f_n 为结构固有频率；f_s 为漩涡发放的斯脱哈尔频率；$U(z)$ 为 z 处的海流速度；D 为立管的外径。

该模型中的升力系数与无量纲振幅以及无量纲频率变量之间的关系是一个三维空间升力曲面，图 8-18 所示为该曲面的结构。

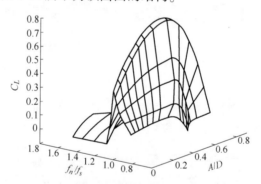

图 8-18　升力曲面

假如无量纲频率是一个定值，那么非保守升力模型的升力系数与无量纲振幅以及无量纲频率变量之间的关系就是图 8-17 所示的抛物线。因此，保守升力模型是非保守升力模型的一种特殊形式。

B　阻尼模型

结构系统的阻尼包括两种，一种是结构阻尼，一种是流体阻尼，其模态阻尼率为：

$$\zeta_n = \zeta_{n,s} + \zeta_{n,h} \tag{8-111}$$

式中，$\zeta_{n,s}$ 为结构阻尼；$\zeta_{n,h}$ 为流体阻尼。

设 n 阶模态的振型为 $Y_n(z)$，模态质量和流体阻尼常数可表示为单位长度质量和单位长度阻尼在结构长度上的积分形式，可由振型的平方形式表示：

$$M_n = \int m(z) Y_n(z)^2 \mathrm{d}z \tag{8-112}$$

$$R_{n,h} = \int r_h(z) Y_n(z)^2 \mathrm{d}z \tag{8-113}$$

阻尼模型 $r_h(z)$ 由低折合速度阻尼模型和高折合速度阻尼模型组成，其中低折合速度阻尼模型计算公式为：

$$r_h(z) = r_{sw} + C_{rl} \rho D V \tag{8-114}$$

式中，C_{rl} 为系数，常取 0.18；ρ 为流体密度；r_{sw} 为静水阻尼，其计算公式为：

$$r_{sw} = \frac{\omega \pi \rho D^2}{2} \left[\frac{2\sqrt{2}}{\sqrt{Re_w}} + C_{cw} \left(\frac{A}{D} \right)^2 \right] \tag{8-115}$$

式中，ω 为振动频率；C_{cw} 为系数，常取 0.20；$Re_w = \dfrac{\omega D^2}{v}$，$v$ 为流体动力黏性系数。

高折合速度阻尼模型计算公式为：

$$r_h(z) = \frac{C_{rh} \rho V^2}{\omega} \tag{8-116}$$

式中，C_{rh} 为系数，常取 0.20。

由公式（8-114）和公式（8-115）可以看出，阻尼模型与结构的振动频率都受振幅的影响。

8.1.3.4 立管的涡激振动响应

模态力的计算需要考虑在共振和非共振模态下的升力效应，其计算公式为：

$$P_{nr} - \int_0^L \mathrm{sgn}[Y_r(x)] Y_n(x) P_r(x) \mathrm{d}x \tag{8-117}$$

式中，$P_r(x)$ 为 r 阶模态的模态力，其计算公式为：

$$P_r(x) = \frac{1}{2} \rho_f D V^2(x) C_L(x; \omega_r) \tag{8-118}$$

$\mathrm{sgn}[Y_r(x)]$ 是符号函数，其公式为：

$$\mathrm{sgn}[Y_r(x)] = \begin{cases} +1, & Y_r(x) > 0 \\ -1, & Y_r(x) < 0 \\ 0, & Y_r(x) = 0 \end{cases} \tag{8-119}$$

利用模态叠加法计算得到的位移响应为：

$$\overline{y}(x) = \sum_r \overline{y}(x; \omega_r) = \sum_r \sum_n Y_n(x) \overline{P}_{nr} H_{nr} \left(\frac{\omega_r}{\omega_n} \right) \tag{8-120}$$

式中，r 为模态阶数；$\overline{y}(x)$ 是在 x 点立管的位移响应；H_{nr} 为频响函数，其计算公式为：

$$H_{nr}\left(\frac{\omega_r}{\omega_n}\right) = \frac{1}{K_n} \frac{1}{1 - \left(\frac{\omega_r}{\omega_n}\right)^2 + j \cdot 2\zeta_n \frac{\omega_r}{\omega_n}} \tag{8-121}$$

式中，ζ_n 为阻尼比，由结构阻尼比 $\zeta_{n,s}$ 和流体动力阻尼比 $\zeta_{n,h}$ 两部分组成，即 $\zeta_n = \zeta_{n,s} + \zeta_{n,h}$，其中 $\zeta_{n,h}$ 计算公式为：

$$\zeta_{n,h} = \frac{\int R_h(x) Y_n^2(x)\,\mathrm{d}x}{2\omega_n \cdot \int m_t Y_n^2(x)\,\mathrm{d}x} \tag{8-122}$$

式中的流体动力阻尼系数可由公式（8-114）~ 公式（8-116）计算得到。

立管的均方根位移计算公式为：

$$y_{\mathrm{rms}}(z) = \left[\sum_r \frac{1}{2} \left| \sum_n Y_n(z) P_{nr} H_{nr}\left(\frac{\omega_r}{\omega_n}\right) \right|^2 \right]^{\frac{1}{2}} \tag{8-123}$$

立管的均方根加速度计算公式为：

$$\ddot{y}_{\mathrm{rms}}(z) = \left[\sum_r \frac{1}{2} \omega_r^4 \left| \sum_n Y_n(z) P_{nr} H_{nr}\left(\frac{\omega_r}{\omega_n}\right) \right|^2 \right]^{\frac{1}{2}} \tag{8-124}$$

立管的均方根应力计算公式为：

$$S_{\mathrm{rms}}(z) = \left[\sum_r \frac{1}{8} \left| \sum_n Y_n''(z) E d_s P_{nr} H_{nr}\left(\frac{\omega_r}{\omega_n}\right) \right|^2 \right]^{\frac{1}{2}} \tag{8-125}$$

式中，E 为弹性模量；d_s 为外径；Y_n'' 为 n 阶模态的曲率。

8.1.3.5　立管疲劳损伤计算

立管疲劳损伤 $D(x)$ 利用概率统计的方法由均方根应力推导计算。

第 n 阶模态激励引起的立管疲劳损伤 D_n 为：

$$D_n = \int_0^\infty \frac{n(S)}{N(S)}\mathrm{d}S \tag{8-126}$$

式中，$N(S)$ 为在应力幅 S 作用下的循环次数；$n(S)$ 为 T 时间内在应力幅 S 至 $S + \mathrm{d}S$ 间的循环次数，其公式为：

$$n(S) = \frac{T p(S)}{2\pi/\omega_n} = \frac{\omega_n T}{2\pi} p(S) \tag{8-127}$$

式中，ω_n 为 n 阶模态角频率；$p(S)$ 为概率密度函数，若立管的疲劳损伤符合高斯窄带随机过程，那么 $p(S)$ 可表示成瑞利分布形式为：

$$p(S) = \frac{S}{S_{\mathrm{rms}}^2}\, \mathrm{e}^{-\frac{S}{2 s_{\mathrm{rms}}^2}} \tag{8-128}$$

根据 $S\text{-}N$ 曲线，$NS^b = C$，即：

$$N(S) = \frac{C}{S^b} \tag{8-129}$$

式中，b、C 为材料属性的常数。

将公式（8-127）~公式（8-129）代入公式（8-126），并整理得：

$$D_n = \int_0^\infty \frac{\omega_n T}{2\pi} \frac{S}{S_{rms}^2} \, \mathrm{e}^{-\frac{S}{2S_{rms}^2}} \frac{S^b}{C} \mathrm{d}S \tag{8-130}$$

将公式（8-130）作变换：

$$\frac{\mathrm{d}\dfrac{S}{2S_{rms}^2}}{\mathrm{d}S} = \frac{S}{S^2} \tag{8-131}$$

将公式（8-131）代入公式（8-130）

$$D_n = \int_0^\infty \frac{\omega_n T}{2\pi} \, \mathrm{e}^{-\frac{S}{2S_{rms}^2}} \frac{S^b}{C} \mathrm{d}\left(\frac{S}{2S_{rms}^2}\right) \tag{8-132}$$

把 $\dfrac{S}{2S_{rms}^2}$ 看成整体，因此：

$$\Gamma\left(1 + \frac{b}{2}\right) = \int_0^\infty \left(\frac{S}{2S_{rms}^2}\right)^2 \cdot \mathrm{e}^{-\frac{S}{2S_{rms}^2}} \mathrm{d}\left(\frac{S}{2S_{rms}^2}\right) \tag{8-133}$$

将公式（8-133）代入公式（8-132），整理得：

$$D_n = \frac{\omega_n T}{2\pi C} \cdot (2S_{rms}^2)^{\frac{b}{2}} \cdot \mathrm{e}^{-\frac{S}{2S_{rms}^2}} \mathrm{d}\left(\frac{S}{2S_{rms}^2}\right) = \frac{\omega_n T}{2\pi C} (\sqrt{2}\,S_{rms})^b \Gamma\left(1 + \frac{b}{2}\right) \tag{8-134}$$

由公式（8-134）可知，r 阶激励模态对坐标 x 处的结构产生的疲劳损伤为：

$$D_r(x) = \frac{\omega_r T}{2\pi C} (\sqrt{2}\,S_{r,rms}(x))^b \Gamma\left(1 + \frac{b}{2}\right) \tag{8-135}$$

因此，根据模态叠加理论，立管结构的总疲劳损伤为：

$$D(x) = \sum_r D_r(x) \tag{8-136}$$

8.2 疲劳寿命分析方法

目前，在非粘结柔性立管结构的疲劳寿命分析中，最常用的方法是断裂力学法与名义应力法。名义应力法是在试验分析结构疲劳的基础上，加入影响结构疲劳的因素，如循环张力、弯曲、接头、几何不完整性等。采用名义应力法计算结构的疲劳寿命时必须预先知道结构材料的典型疲劳性能曲线，假如缺少了结构材料的典型疲劳曲线，结构的疲劳寿命计算就难以进行，需要通过试验获得结构材料的典型疲劳曲线，这将使结构的疲劳寿命分析的成本大大增加。

非粘结柔性立管的疲劳损伤预报模型主要有美国石油协会方法（American Petroleum Institute）、挪威船级社方法（DNV）、挪威海洋技术研究所方法、Baarholm 方法、Torres-siqueria 方法、Maller-Finn 方法、Ferrari-Bearman 方法、断裂力学方法。

8.2.1　美国石油协会方法

美国石油协会（API）方法要求立管的设计疲劳寿命至少比服役寿命高 2 倍，立管疲劳破坏的条件为：

$$\sum_{i=1} SF_i D_i \leqslant 1.0 \tag{8-137}$$

式中，D_i 为每种工况下的疲劳破坏率；SF_i 为安全系数。

如果作用在立管上的载荷是常幅载荷，立管的疲劳破坏受到平均应力的影响，在计算时需要将平均应力的影响加入，在考虑应力集中的基础上用 Goodman 平均应力修正方法。假如作用在立管上的载荷是变幅载荷，在计算立管的疲劳寿命时常采用 Miner 疲劳累积损伤法则。假如在立管的应力范围中，立管应力的微小变化都会引起预期疲劳寿命的很大变化，但是立管的总破坏损伤不受载荷加载顺序的影响，这就是在对立管进行疲劳寿命预测时使用较大安全系数的原因。

8.2.2　挪威船级社方法

挪威船级社（DNV）方法主要考虑了引起疲劳损伤的三个因素为波浪、低频振动、涡激振动。其疲劳计算的流程为：首先计算在各种载荷作用下立管的响应；然后计算立管的总体与局部应力分量，把这些分量整理组合成总体应力范围、局部应力范围、总应力范围；最后求解 Weibull 曲线的参数，得到单个工况导致的立管疲劳损伤；最后将所有工况的疲劳损伤进行叠加，由此得到立管总的疲劳累积损伤。计算公式为：

$$D_F = \frac{f_n T_L}{\bar{a}} S^m \tag{8-138}$$

式中，f_n 为模型的频率；T_L 为立管的设计寿命；D_F 为疲劳累积损伤；S 为应力范围，包括轴向应力和弯曲应力；$\bar{a}$、m 为 S-N 曲线的经验参数。

疲劳破坏的标准为：

$$D_F \times DFF \leqslant 1.0 \tag{8-139}$$

式中，DFF 为实际疲劳因数，取值范围为 3.0 ~ 10.0。

S-N 曲线中材料损坏所需的周期数为：

$$N = \bar{a} \cdot S^{-m} \tag{8-140}$$

疲劳应力范围 S 的计算有两种方式：一种是采用应力集中与厚度校正系数；

另一种是用如图 8-19 所示的双线性 S-N 曲线。

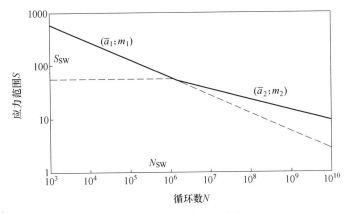

图 8-19　双线性 S-N 曲线

DNV 规范提供了一种疲劳损伤计算方法，即该疲劳损伤的计算以疲劳裂纹为基准，目的是估计裂纹产生的时间，其表达式如下：

$$\frac{N_{tol}}{N_{cg}} \times DEF \leqslant 1.0 \tag{8-141}$$

式中，N_{tol} 为总载荷的应力数量；N_{cg} 为与临界裂纹大小相关的应力循环数；DEF 为设计的疲劳因数。

这种方法计算出来的疲劳损伤寿命相对于 S-N 曲线，寿命更短。立管裂纹生长率的计算公式为：

$$\frac{da}{dN} = C(\Delta K)^m \tag{8-142}$$

式中，ΔK 为应力强度因子在外载荷下的范围，$\Delta K = K_{max} - K_{min}$；$a$ 为立管裂纹的深度；m 为疲劳试验中测得的材料参数。

K 的计算公式可表示为：

$$K = \sigma g\sqrt{\pi a} \tag{8-143}$$

式中，σ 为裂纹的公称应力；g 为基于结构几何特征的参数。

8.2.3　挪威海洋技术研究所方法

该方法在计算疲劳破坏之前，首先需要计算出每个单元涡激产生的力和应力幅值，然后利用累积疲劳破坏公式计算出立管的疲劳损伤：

$$AFD_i = \sum_{k=1}^{NFREQ} \frac{n_i^{(k)}}{N_i^{(k)}} \tag{8-144}$$

式中，$n_i^{(k)} = f^k \times 365 \times 24 \times 60 \times 60$ 为每个单元 i 对应的每年循环周期数；$N_i^{(k)}$ 为

每个单元 i 对应的失效周期数，$N_i^{(k)} = C \cdot (2 \cdot \sigma_i^{(k)})^m$，$\sigma$ 为加载的应力；C、m 为立管材料的 S-N 曲线上的常数；NFREQ 为响应分析中的频率总数。

8.2.4　名义应力法

名义应力法通常是以零部件上最大的名义应力值为参数进行疲劳强度计算与设计的方法，也称为应力-寿命法或者 S-N 曲线法，是最早的疲劳寿命分析方法。其基本原理为根据试件或者结构的名义应力，参考结构零部件的 S-N 曲线，由结构的疲劳累积损伤法则累计计算结构的疲劳寿命。具体步骤为：首先计算得到立管的载荷谱，在该载荷谱的作用下求得立管危险部位的应力谱，然后结合 S-N 曲线求得结构危险部位的循环次数，依据材料或结构的疲劳强度极限，最后计算结构的疲劳寿命。

名义应力法一般多用于材料或零部件的高周疲劳寿命计算，并不考虑零部件的局部塑性变形以及载荷不同加载顺序的作用；而低周疲劳寿命对于结构的局部塑性变形考虑得比较多，因而对于低周疲劳寿命的计算名义应力法不适用。

8.2.4.1　S-N 曲线

S-N 曲线是表示材料或者结构的应力大小与疲劳寿命关系的曲线，常通过材料或结构的疲劳试验测定，其测试程序很复杂，取 15 根以上的光滑试样，对这些试样在一系列循环载荷（应力比值 $R = -1$）作用下进行测试，最后对测试后的数据进行后处理。这些通过无缺陷试件获得的 S-N 曲线在承受随机载荷结构的零部件疲劳寿命评估中不能直接使用，必须在考虑零部件的表面粗糙度、几何外形、环境以及载荷条件等因素的作用后修正 S-N 曲线。

S-N 曲线的纵坐标一般采用应力的最大值 σ_{max} 或者应力幅值 σ_a。S-N 曲线通常用幂函数公式来表示：

$$S^a N_p = C \tag{8-145}$$

式中，N_p 为存活率为 p 时的循环破坏次数；a、C 为材料常数；S 为应力幅的平均值。

把式（8-145）写成对数形式为：

$$\lg N_p = a_p + b_p \lg S \tag{8-146}$$

其中，$a_p = \lg C$，$b_p = -a$，a_p、b_p 可根据文献查出。

由式（8-146）可以看出，在双对数坐标中，幂函数形式表示的 S-N 曲线为一条直线。

常用的 S-N 曲线的可靠度一般为 50%，评估零部件的疲劳寿命时如果采用这种 S-N 曲线，会导致评估结果偏于危险。因此，为了使评估结果更为准确必须采用更高可靠度的 S-N 曲线——P-S-N 曲线，即可靠度-应力-寿命曲线，是指 S-N

曲线的集合，具有不同的存活率 P。本节中抗压层、抗拉层所用的钢材是高强度钢，其屈服强度超过了 500MPa，所采用的 S-N 曲线的可靠度是 97.7%，其幂函数表达式为：

$$\lg N = 17.446 - 4.70\lg\sigma \tag{8-147}$$

式中，N 为循环次数；σ 为应力幅值。

图 8-20 所示为高强度钢的 S-N 曲线。

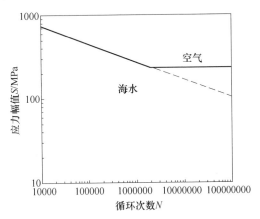

图 8-20　抗拉层和抗压层的材料——高强度钢的 S-N 曲线

8.2.4.2 平均应力修正

从材料和结构的 S-N 曲线图和曲线表达式可以看出，零部件的疲劳寿命主要取决于应力幅值 S_a，但也会受到平均应力 S_m 的影响，如图 8-21 所示，当平均应力 S_m 的值产生变化时，材料的 S-N 曲线也会产生改变。在结构的疲劳寿命评估中，常用的 S-N 曲线和 P-S-N 曲线是通过试验得到的，试验所加载的载荷是对称循环载荷，即应力比值 $R=-1$，不存在平均应力 S_m；但在实际结构中，平均应力等于零的循环，即循环载荷完全对称的情况是不存在的，因此，试验结构和实际结构不对应。当用 S-N 曲线估算结构的疲劳寿命时，需修正平均应力。用试验的方法进行平均应力的修正是十分困难的，在实际工程中常利用经验模型对平均应力进行修正，经验模型有 Gerber 模型、Goodman 模型、Soderberg 模型及折线模型，如图 8-22 所示，各个经验模型的修正公式为：

Goodman 模型：
$$S_a = S_{-1}\left(1 - \frac{S_m}{S_b}\right) \tag{8-148}$$

Gerber 模型：
$$S_a = S_{-1}\left[1 - \left(\frac{S_m}{S_b}\right)^2\right] \tag{8-149}$$

Soderberg 模型：
$$S_a = S_{-1}\left(1 - \frac{S_m}{S_s}\right) \tag{8-150}$$

式中，S_a 为应力幅值；S_m 为应力均值；S_{-1} 为在对称循环载荷下结构的疲劳极限；S_b 为强度极限；S_s 为屈服极限。

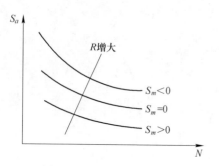

图 8-21　平均应力的影响

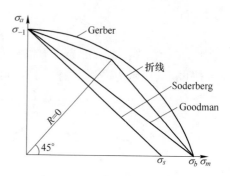

图 8-22　疲劳极限图经验模型

由图 8-22 看出，在这些经验模型中，Soderberg 模型比较保守，Gerber 模型偏危险，Goodman 直线模型与折线模型是最合适的经验模型。由于古德曼模型方程比较简单，可以直接利用材料的性能参数，不需要通过其他试验，所以在非粘结柔性立管的疲劳寿命计算中，我们利用了 Goodman 直线模型对平均应力进行修正。

8.2.4.3　雨流计数法

实际机械结构的应力循环一般是变幅循环，两个相邻的波峰值或者波谷值是不相同的，不能用相邻波峰或波谷的值统计应力的循环次数，因此需要选择一种合适的循环计数方法来计算应力的疲劳循环数目。循环计数的目的主要是简化循环载荷（应力）-时间历程，便于应力测试结果的处理和结构疲劳寿命的分析计算。循环计数法的优劣影响疲劳载荷谱的编制，进而影响疲劳结构的疲劳寿命计算结果，目前使用最广泛的循环计数法是雨流计数法。

雨流计数法的运行原理如图 8-23 所示，横坐标表示载荷 F，载荷所经历的时间用纵坐标表示，图中实线表示载荷-时间历程曲线，虚线表示雨流计数法的计数原理，即雨点的流动轨迹，整个载荷-时间历程曲线如同雨点的流动轨迹。依据文献规定的计数规则，在图 8-23 所示的应力-时间关系曲线中，有 2-3-2′、5-6-5′、8-9-8′三个全循环，1-2-2′-4、4-5-5′-7、7-8-8′-10 三个半循环，其中，三个半循环属于发散-收敛型，根据计数规则不能形成全循环，因此必须根据雨流计数第二阶段的计数规则对这三个半循环重新计数。

雨流计数法第二阶段计数法则的运行原理如图 8-24 所示，图 8-24（a）表示一个发散-收敛应力谱，第一个点与最后一个点的纵向坐标相等。曲线的最高峰为 a_1 处，最低谷为 b_1 处，在这两个点将曲线截成两段，然后进行拼接，把曲线

的左端起点 b_n 和右端末点 a_n 拼接到一起，形成收敛–发散谱，如图 8-24（b）所示，这样就可以继续使用雨流计数法对应力谱进行计数直到完成。

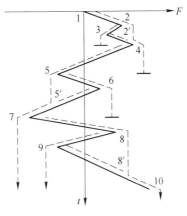

图 8-23　雨流计数法原理

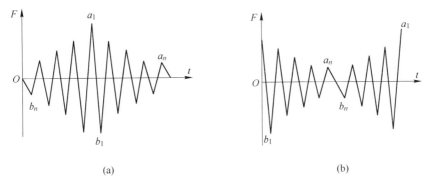

（a）　　　　　　　　　　　　　　　　　（b）

图 8-24　雨流计数法第二阶段计数原理

（a）发散-收敛谱；（b）收敛-发散谱

8.2.4.4　疲劳累积损伤

大多数工程结构承受的载荷是变幅载荷，即其幅值和频率不同的载荷，当工程结构在实际工作中受到这些变幅载荷作用而产生破坏时，通常是由这些幅值和频率不同的载荷所造成的损伤逐渐积累以致破坏的结果，这就是工程中常称的疲劳损伤累积理论。该理论对计算材料或结构的疲劳寿命非常重要。线性疲劳累积损伤理论、非线性疲劳累积损伤理论、其他经验性的累积损伤理论是目前工程中常用的三种疲劳累积损伤理论。线性疲劳累积损伤理论是三种疲劳累积损伤理论中最常用的损伤理论，尤其是形式简单且使用方便的 Palmgren-Miner 理论，在工程结构的疲劳计算中得到了广泛的应用。利用 Palmgren-Miner 损伤法则对柔性立管的疲劳损伤进行累计计算的原理是：假定工程结构受到一个循环时所产生的疲

劳损伤是 $\dfrac{1}{N}$，那么在等幅载荷作用下，工程结构受到 n 个循环所产生的结构损伤为：

$$D = n/N \tag{8-151}$$

在变幅载荷作用下，工程结构受到 n 个工作循环所产生的疲劳损伤为：

$$D = \sum_{i=1}^{n} \frac{n_i}{N_i} \tag{8-152}$$

$$Y = \frac{1}{D} \times yr \tag{8-153}$$

式中，N 为疲劳极限；D 为疲劳累积损伤；Y 为疲劳寿命；yr 为年限。

根据这种方法，当总的疲劳损伤 D 大于 1 时就说明结构发生了疲劳失效。

8.2.5　其他方法

除了上述方法，柔性立管疲劳损伤的计算方法还有很多，如 Torres-Siqueira 方法、Baarholm 方法、Maher-Finn 方法、Ferrari-Bearman 模型方法、断裂力学方法等。

在这些方法中，Baarholm 方法、Maher-Finn 方法、Ferrari-Bearman 模型方法、断裂力学方法在计算柔性立管的疲劳损伤中比较保守，计算得到的结构疲劳寿命相对 S-N 曲线方法计算得到的寿命短。作为保守方法，Baarholm 方法通常能得出比较好的高阶模态结果，但如果流速较高，其计算结果会产生较大的偏差。Maher-Finn 方法在立管顶部的位移呈现正弦值时，可以计算得到可靠的响应。Ferrari-Bearman 模型方法在同时求解线内和横流方向的水动力问题时常采用修正的莫里森方程 Morison 方程，该方法在预测柔性立管的疲劳寿命时具有很好的效果，但是计算结果的准确性仍然需要更进一步的数值模拟和实验研究进行验证。断裂力学方法通常用于确定柔性立管对接焊处的可以接受的缺陷尺寸及安全裕度。Miner 疲劳累积损伤法则通常用于计算柔性立管在不同载荷下的累积损伤，在这种计算方法中，应力范围和幅值的微小变化都会引起立管疲劳寿命的很大变化。

8.3　疲劳分析流程

对非粘结柔性立管进行整体动力分析，然后应用雨流计数法计数应力循环次数，在这些应力载荷作用下应用线性累积损伤理论累计计算各种工况下非粘结柔性立管的疲劳损伤，最后整理得到立管的疲劳寿命，这个流程是目前计算立管的疲劳寿命比较常用的方法。线性累积损伤理论虽然未考虑载荷的加载顺序，但是此方法简单，应用比较方便，在非粘结柔性立管的疲劳计算中得到了推荐使用。

非粘结柔性立管疲劳寿命计算的一般步骤和流程如图8-25所示。

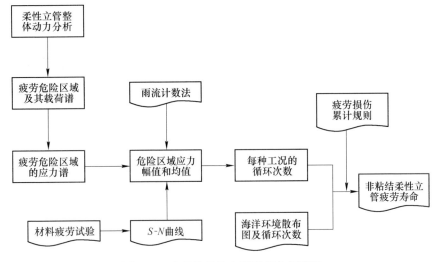

图8-25 非粘结柔性立管疲劳分析流程

8.4 疲劳分析实例

8.4.1 立管描述

本节以8inch非粘结柔性立管作为实例，以缓波型柔性立管为其布局形式，研究非粘结柔性立管的疲劳寿命。该立管的截面参数见表5-4，全局参数见表6-1，布局参数见表6-2，浮力块的参数见表6-3，环境海况见表8-1。

表8-1 南海流花11-1油田环境海况

波浪	波高（Hs）	周期（Tz）	概率/%	波浪	波高（Hs）	周期（Tz）	概率/%
1	0.5	4.73	3.82	11	4.5	6.37	4.81
2	1.0	4.84	18.91	12	5.0	6.74	1.53
3	1.5	4.94	16.78	13	5.5	7.20	1.08
4	2.0	4.99	15.70	14	6.0	7.33	0.79
5	2.5	5.00	12.41	15	6.5	7.11	0.55
6	3.0	5.00	5.11	16	7.0	7.59	0.64
7	3.5	4.99	2.03	17	7.5	8.14	0.42
8	4.0	4.99	1.17	18	8.0	8.67	0.06
9	2.5	7.14	5.68	19	8.5	8.60	0.05
10	3.5	7.04	8.45	20	9.0	9.00	0.01

8.4.2 疲劳危险点

非粘结柔性立管中的疲劳危险区域是最容易产生疲劳的区域，也是最危险的位置，它决定着非粘结柔性立管的疲劳寿命。

根据表 8-1 的环境海况，考虑 6.1 节中所述的重力、浮力（立管和浮子）、海流、波浪载荷，对图 6-14 所示的柔性立管多体动力学模型进行动力分析，考虑分析精度和计算效率，离散有限段长度设为 2m，模拟时间是 10 个波浪周期。

选取四个点 A、B、D、F（见图 6-3）作为缓波型柔性立管疲劳寿命研究的热点，分析这四个点的张力曲率、载荷幅值等变化情况，选取幅值变化最大的点作为柔性立管疲劳分析的危险点。

图 8-26 给出了四个疲劳热点的张力和曲率的关系，图中各个曲线表示的是某个点在不同时刻下的动态张力和曲率，根据曲线的变化范围就可以得出各点的载荷幅值变化大小。由于应力幅值变化大小通常导致柔性立管的疲劳，因此疲劳危险点一般选择幅值变化大的点。从图 8-26 中可以发现，顶部悬挂点，即 A 点的张力和曲率变化范围大于其余三个点的变化范围，因此选择顶部悬挂点作为柔性立管疲劳分析的危险点，提取此点的张力-时间历程、弯矩-时间历程关系曲线，如图 6-20、图 6-21 所示。在这些载荷的作用下分析柔性立管的疲劳寿命，得到最大工况下柔性立管顶部悬挂点的疲劳应力-时间历程曲线（见图 7-10）。

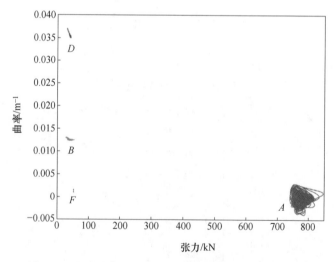

图 8-26 最大波高下四个疲劳热点的张力和曲率的关系

8.4.3 循环次数统计

由图 7-10 最大工况下顶部悬挂点的疲劳应力-时间历程曲线可知，其应力循环是变幅循环，两个相邻的波峰值或者波谷值是不相同的，应力幅值的计算不能用相邻的波峰和波谷值，因此必须利用雨流计数法统计每种工况下作用下结构的疲劳应力-时间历程以得到应力幅值，其循环次数依据最大应力幅值由高强度钢的 S-N 曲线查得，如图 8-20 所示。利用线性疲劳累积损伤理论计算每种工况的疲劳损伤，即计算应力循环次数与某种海况 15 年发生次数的比值，累积得到柔性立管服役 15 年的疲劳损伤。

服役 15 年中某种海况发生的次数可由公式（8-154）得到：

$$N_i = 15NP_i \tag{8-154}$$

式中，N_i 为波浪 i 在 15 年中的循环次数；N 为在 1 年中产生的波浪总次数，在南海流花 11-1 油田处，每年大约产生 2711555 次波浪，即 $N = 2711555$；P_i 为某种波浪发生的概率。

图 8-27 给出了柔性立管服役 15 年中在各种海况下的应力幅值及对应的循环次数。由图可以得知，柔性立管的循环次数和疲劳应力幅值呈现相反的变化趋势，承受的应力幅值越小，柔性立管的循环次数越多；承受的应力幅值越大，柔性立管的循环次数越少。因此，小幅值的应力和海况在柔性立管的疲劳破坏中也起着一定的作用，在立管的疲劳计算中需要考虑这部分的海况。

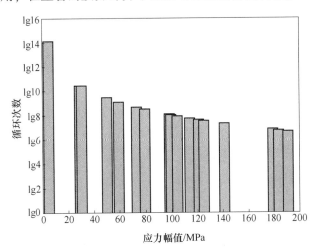

图 8-27　服役 15 年中立管的疲劳危险点在表 8-1 中
海况作用下的应力幅值和循环次数

8.4.4 疲劳寿命计算

根据文献［12］及 7.1 节中抗拉层螺旋钢带的局部力学研究可以发现，非粘结柔性立管的结构虽然复杂，由很多不同材料、不同结构的结构层组成，但是在承受轴向载荷和弯矩共同作用时，立管抗拉结构层最容易产生疲劳损伤且损伤值最大。根据图 7-3 中非粘结柔性立管横截面上的应力分布可知，内抗拉层比外抗拉层的应力大，因此非粘结柔性立管内抗拉层的疲劳寿命即为整个非粘结柔性立管的疲劳寿命，其疲劳损伤可以作为判断立管是否产生疲劳损伤的依据，只要内抗拉层没有产生疲劳损伤，那么整个非粘结柔性立管就不会产生损伤。

　　缓波型柔性立管危险点在每种海况下的疲劳损伤如图 8-28 所示，所有海况下累积的总疲劳损伤为 0.0907，即柔性立管服役 15 年的累积损伤为 0.0907。由公式（8-153）可计算得到，该柔性立管的疲劳寿命为 165.4 年，取安全系数为 10，那么设计的 16 层非粘结柔性立管的疲劳寿命达到 16.54 年，大于该立管 15 年的设计寿命，因此此 16 层非粘结柔性立管的疲劳寿命满足设计要求。

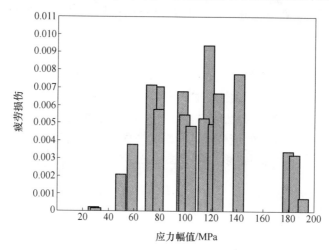

图 8-28　服役 15 年中疲劳危险点在表 8-1 中海况下的应力幅值和疲劳损伤

8.4.5　敏感性分析

　　敏感性分析即对影响柔性立管疲劳寿命的关键参数进行研究和分析。缓波型柔性立管疲劳寿命受到比较多因素的影响，如浮力块起始位置、浮子段长度、浮力因子、内压、摩擦系数、平均应力等，在这些参数中，内压、摩擦系数、平均应力对立管的疲劳寿命影响比较大，是影响柔性立管疲劳寿命的关键参数。因此，下面对这三个参数对柔性立管疲劳寿命的影响进行分析和研究。

8.4.5.1　内压变化

　　缓波型柔性立管在内压、扭矩、张力和弯矩的组合作用下产生疲劳破坏，相对来说，内压、扭矩这两个载荷对立管疲劳寿命的影响较小，张力和弯矩对疲劳寿命的影响比较大。对于内压对疲劳寿命的影响，利用图 5-15 所示柔性立管有限元模型进行分析，通过改变内压值求得不同内压下柔性立管的疲劳应力，再由

图 8-25 所示的柔性立管疲劳分析的步骤与流程得到不同内压下柔性立管的疲劳寿命，分析结果见表 8-2。

表 8-2　内压对柔性立管顶部悬挂点疲劳寿命的影响

影 响 因 素	顶部悬挂点的疲劳寿命/年
考虑内压（20MPa）	16.54
不考虑内压	16.57

从表 8-2 可以看出，内压对缓波型柔性立管疲劳危险点的疲劳寿命的影响不明显。因此，在柔性立管的疲劳分析中，内压的影响可以忽略，这和已有文献中的研究结论一致。

8.4.5.2　摩擦系数

Sheehan 等人给出了柔性立管螺旋钢带在某海况下的交变应力和曲率的时间历程样本曲线，如图 8-29 所示。在这个曲线中，考虑了立管的摩擦响应。分析交变应力和曲率的变化可以看出，当曲率出现比较大的变化范围时，交变应力变化也比较大，根据公式（7-2），此时螺旋钢带未出现滑移，螺旋钢带的交变应力在峰值处产生了起伏变化。在这种情况下，循环次数就会增多，从而增大立管的疲劳损伤，减小立管的疲劳寿命。

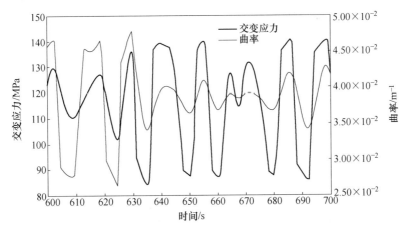

图 8-29　柔性立管螺旋钢带在某海况下的交变应力和曲率的时间历程样本曲线

将图 5-15 所示有限元模型中的摩擦系数分别设置成 0.15、0.3，计算柔性立管顶部悬挂点的应力时间历程，并计算该点的疲劳寿命，结果见表 8-3。由表 8-3 可以得知，摩擦系数越大，柔性立管的疲劳寿命越小，这是因为摩擦系数越大，螺旋钢带越不容易产生滑动，交变应力的变化越大，其峰值容易产生起伏（见图8-29），循环次数就会增大，疲劳寿命就会减小。当摩擦系数足够大时，螺旋钢

带不会产生滑动，整个柔性立管像一个粘结性立管，其疲劳寿命也达到最小值。

表 8-3　摩擦系数对顶部悬挂点疲劳寿命的影响

摩擦系数	顶部悬挂点的疲劳寿命/年
0.1	16.54
0.15	12.29
0.3	6.82

8.4.5.3　平均应力

柔性立管的疲劳寿命主要取决于应力幅值 S_a，但也会受到平均应力的影响。由于螺旋钢带材料高强度钢的 S-N 曲线与 P-S-N 曲线是由试验得到的，试验所加载荷是对称循环载荷，即应力比值 $R=-1$，不存在平均应力，即 $S_m=0$，因此，当利用高强度钢的 S-N 曲线分析计算柔性立管的疲劳寿命时，需修正平均应力。工程中常利用 Goodman 模型进行平均应力的修正，其计算公式为（8-148），将其转化为公式（8-155）：

$$S_{-1} = S_a + S_{-1}\frac{S_m}{S_b} \tag{8-155}$$

从公式（8-155）可以看出，不对称循环应力转化成对称循环应力后，应力随着平均应力 S_m 的增大而增大。由高强度钢的 S-N 曲线可知，疲劳极限减小，疲劳寿命降低。

根据文献，平均应力对应于疲劳损伤的累积分布如图 8-30 所示，从图中可以看出，当平均应力的值处于 360~380MPa 之间时，对立管疲劳危险点的疲劳损伤影响比较大；当平均应力超出这个范围时，对立管疲劳危险点的疲劳损伤影响比较小。

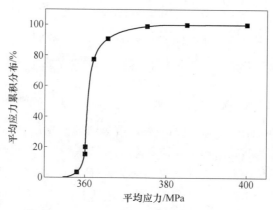

图 8-30　平均应力对应于疲劳损伤的累积分布

平均应力对所设计的柔性立管的疲劳寿命的影响见表8-4。由表可以得知，立管顶部悬挂点的疲劳寿命在考虑平均应力的影响后变化不大，这是因为柔性立管应力幅值最大值为191MPa，平均应力比较小，这和文献［15］给出的结论一致。

表8-4　平均应力对立管顶部悬挂点疲劳寿命的影响

影响因素	顶部悬挂点的疲劳寿命/年
未考虑平均应力	16.54
考虑平均应力	16.32

8.5　本章小结

本章阐述了造成非粘结柔性立管疲劳损伤的三种因素以及疲劳分析的方法和理论，设计了疲劳分析的流程。在此基础上，以所设计的缓波型16层非粘结柔性立管为例，分析了在一定载荷作用下柔性立管的四个疲劳点，确定了缓波型柔性立管的疲劳危险点即顶部悬挂点。通过整体分析得到了该点的载荷时间历程，依据载荷时间历程并通过局部分析求得立管的应力时间历程，利用雨流计数法对应力谱进行了计数，根据高强度钢的 *S-N* 曲线得到了循环次数。考虑南海流花11-1油田的波浪分布，用名义应力法求得了该点的疲劳损伤和疲劳寿命。分析了内压、弯曲迟滞响应、摩擦系数和平均应力关键参数对柔性立管疲劳寿命的影响，得到了以下的分析结论。

（1）在弯矩、轴向力和内压载荷的共同作用下，立管顶部悬挂点的疲劳损伤最大，即疲劳寿命最小，因此立管顶部悬挂点的疲劳寿命直接影响并决定着整个非粘结柔性立管的疲劳寿命。

（2）张力对柔性立管的疲劳寿命有很大的影响，当不考虑张力的影响时，柔性立管顶部悬挂点的疲劳寿命会增加63%。

（3）内压对缓波型柔性立管顶部悬挂点的疲劳寿命没有明显的影响，对柔性立管的疲劳寿命进行计算时，可以忽略内压的影响。

（4）在柔性立管中，摩擦系数越大，螺旋钢带越不容易产生滑动，立管的疲劳寿命越小。当摩擦系数足够大时，整个柔性立管像一个粘结性立管，其疲劳寿命也达到最小值。

参 考 文 献

［1］高云. 钢悬链式立管疲劳损伤分析［D］. 大连：大连理工大学，2011.
［2］万子诚. 钢悬链线立管疲劳损伤及疲劳可靠性研究［D］. 镇江：江苏科技大学，2018.
［3］任铁，宋磊建，沈志平，等. 半潜式生产平台缓波形柔性立管设计分析［J］. 中国海洋平

台, 2018, 33（6）: 12-20, 26.

［4］Vickery B J, Watkins R D. Flow induced vibration of cylindrical structures［C］. In: Proceedings of the First Australian Conference, University of Western Australia, 1962: 213-241.

［5］Bishop R E D, Hassan A Y T. The lift and drag forces on a circular cylinder oscillating in a flowing fluid［C］. In: Proeeedings of the Royal Society of London A 277, 1964: 51-75.

［6］King R. Vortex excited oscillations of yawed circular cylinders［J］. Journal of Fluid Engineering, 1977, 99（3）: 495-502.

［7］Griffin O M. Vortex-excited cross flow vibrations of a single cylindrical tube［J］. Journal of Pressure Vessel Technology, 1980, 102（2）: 158-166.

［8］Det Veritas Norske. DNV-RP-C203 fatigue design of offshore steel structures［S］. Norway: Det Norske Veritas, 2005.

［9］A K Khosrovaneh, N E Dowling. Fatigue loading history reconstruction based on the rainflow technique［J］. International Journal of Fatigue, 1990, 12（2）: 99-106.

［10］王彦伟, 罗继伟, 叶军, 等. 基于有限元的疲劳分析方法及实践［J］. 机械设计与制造, 2008（1）: 22-24.

［11］秦大同, 谢里阳. 疲劳强度与可靠性设计［M］. 北京: 化学工业出版社, 2013: 173-178.

［12］Petroleum industries and natural gas. API RP 17B-2008 软管推荐做法［S］. Washington, D. C: Petroleum and natural gas industries, 2008.

［13］陈希恰. 深海柔性立管结构力学特性分析［D］. 上海: 上海交通大学, 2014.

［14］Zoysa De, A. P. K. Steady-state analysis of undersea cables［J］. Ocean Engineering, 1978（5）: 209-223.

［15］董磊磊. 非粘合柔性立管截面特性的理论计算及 BSR 区域的疲劳分析［D］. 大连: 大连理工大学, 2013.

［16］吴剑国, 万子诚, 李智博, 等. 基于可靠性的海洋立管疲劳安全系数研究［J］. 海洋工程, 2018（6）: 5-13.

［17］张萌, 李智博, 吴剑国, 等. 钢悬链线立管强度可靠性计算研究［J］. 海洋工程, 2018（5）: 125-131.

［18］任铁, 宋磊建, 沈志平, 等. 非粘结柔性立管疲劳损伤特性分析［J］. 海洋工程, 2017（6）: 101-108.

［19］高云, 宗智, 于馨. Spar 平台涡激运动响应分析［J］. 中国海洋平台, 2011(1): 21-26.

［20］周巍伟. 深海悬链线立管涡激疲劳损伤预报研究［D］. 大连: 大连理工大学, 2009.

［21］朱东华. 波致立管疲劳损伤计算方法研究［J］. 船舶, 2014（6）: 21-26.

［22］徐孝轩, 李文博, 程子云, 等. 非粘结柔性立管内部骨架层失效研究进展［J］. 石油机械, 2018, 46（8）: 48-54, 59.

［23］王加夏, 周力, 高云. 速度梯度对立管涡激振动疲劳损伤影响分析［J］. 中国海洋平台, 2012（4）: 44-49.

［24］张志刚, 万子诚, 张海伟. 基于风险的海洋立管疲劳安全系数计算分析［J］. 中国水运（下半月）, 2018, 18（8）: 221-223, 251.

9 非粘结柔性立管的疲劳试验

由于非粘结柔性立管由多个复杂的结构层组合而成，且各个结构层之间存在相对运动和接触摩擦，从而使得立管疲劳的理论分析难以取得准确有效的结果，因此柔性管的推荐规程 API 17B 要求：海洋柔性管若想在海洋工程中得到应用，需要通过疲劳试验的验证。为了有效地预测并验证非粘结柔性立管的疲劳寿命，有必要建立合适的非粘结柔性立管疲劳试验机，并通过试验对立管的疲劳寿命进行分析和研究，研究结果将为非粘结柔性立管的设计和应用提供数值依据。

在分析设计要求的条件下，据此进行方案设计、零部件的结构设计、试验机的整体设计以及强度分析。在此基础上，对试验机进行运动学和动力学仿真，实现试验机的最优设计。依据试验规范，对 16 层的柔性立管进行疲劳试验，验证该立管的疲劳可靠性。

9.1 疲劳试验机的设计

9.1.1 设计要求

本节所设计的疲劳试验机主要对内径为 203.2mm 的 16 层海洋非粘结柔性立管进行疲劳试验，该非粘结柔性立管作用在南海流花 11-1 油田中，该处的水深为 300m，立管采用缓波型布局形式，布局参数见表 6-2，截面参数见表 5-4，全局参数见表 6-1，浮力块参数见表 6-3，环境海况参数见表 8-1，试验样管的尺寸参数见表 9-1。

表 9-1 试验样管的尺寸参数

参　　数	数　　值
内径/mm	203.2
长度/mm	22000
内压/MPa	20
温度/℃	室温
在空气中净重/kg·m⁻¹	218

根据表 8-1 中的环境海况，利用图 6-14 中柔性立管的动力学模型对非粘结柔性立管进行整体动力分析，得到二十种环境海况下柔性立管疲劳危险点的弯矩、

张力和转角。对于试验的频率和次数，文献 API RP 17B 中规定，在柔性立管的动态试验中，总循环次数一般是 $2 \times 10^6 \sim 4 \times 10^6$ 次，每种载荷的循环次数由应用条件（浮体的运动和环境条件）决定，试验频率一般由试验机设计者制定。为了防止柔性立管温度升高，试验频率一般小于 0.5Hz，参照文献中柔性立管的分析结果，设定最大试验频率为 0.5Hz，最小频率为 0.23Hz，最终所设计的疲劳试验机的加载工况见表 9-2。

表 9-2　疲劳试验机的加载工况

工况	弯矩 /kN·m	张力 /kN	转角 /(°)	频率 /Hz	循环次数/次	时间/s	累积损伤
工况一	91.2	214.7	4.28	0.50	154680	309360	1.7×10^{-9}
工况二	121.1	242.5	4.75	0.50	154288	308576	4.32×10^{-6}
工况三	148.0	291.4	5.46	0.50	154496	308992	8.91×10^{-6}
工况四	197.8	322.5	6.58	0.50	154904	309808	6.04×10^{-5}
工况五	229.1	343.5	7.61	0.50	152612	305224	1.75×10^{-4}
工况六	242.4	360.3	8.42	0.50	152720	305440	6.01×10^{-4}
工况七	260.6	381.7	9.05	0.50	153128	306256	1.86×10^{-3}
工况八	277.7	388.2	9.93	0.45	138536	307858	4.59×10^{-3}
工况九	338.1	410.4	10.23	0.44	138944	315782	5.02×10^{-3}
工况十	356.4	426.9	10.89	0.40	23352	58380	5.07×10^{-3}
工况十一	366.1	443.2	11.14	0.40	24392	60980	5.14×10^{-3}
工况十二	387.0	450.6	11.85	0.38	26392	69453	5.37×10^{-3}
工况十三	395.3	477.4	12.4	0.36	11820	32833	5.50×10^{-3}
工况十四	415.5	491.8	13.27	0.33	11218	33994	5.68×10^{-3}
工况十五	428.2	533	14.12	0.32	10916	34113	5.93×10^{-3}
工况十六	452.3	549.8	15.5	0.29	10224	35255	6.19×10^{-3}
工况十七	475.8	561.9	16.73	0.27	10632	39378	6.67×10^{-3}
工况十八	548.5	622	17.2	0.26	172840	664769	3.08×10^{-2}
工况十九	601.9	677.5	17.73	0.25	172036	688144	5.82×10^{-2}
工况二十	726.5	777.7	19.87	0.23	172069	748126	9.07×10^{-2}
合计					2000199	60天	9.07×10^{-2}

9.1.2　方案设计

　　由文献综述可知，目前非粘结柔性立管的疲劳试验装置主要有立式和卧式两种，这两种疲劳试验装置的载荷施加方式是一端施加交变弯曲荷载，另一端施加静态拉力载荷，它们的差别在于：结构上，立式疲劳试验机属于高层建筑，高耸的结构容易产生较大的振动和变形，不能满足太长的试件试验要求；卧式试验机对竖向空间要求较小，可以满足不同的试件长度要求。在试验的操作过程上，立式疲劳试验机由于需要高空作业，危险性比较高，部件的安装、设备的检修、试验状态的检查比较困难；卧式疲劳试验机由于竖向高度比较小，部件和管线安装、试验状态的检查和检测、设备的维修比较方便。在试验机承受的载荷上，立式疲劳试验机一般建造在室外，环境载荷如风、雨、雪等对试验机的影响比较大，会降低试验机的使用寿命和强度；卧式疲劳试验机由于一般工作在室内，受环境载荷的影响比较小。

依据上面的对比分析可以看出，在考虑空间要求和操作方便的情况下，卧式疲劳试验机比较理想，因此非粘结柔性立管的疲劳试验机采用卧式结构。

根据柔性立管疲劳试验的要求，疲劳试验机的加载载荷尽量和柔性立管的实际工作载荷一致，根据这个要求和 API RP 17B 提供的典型模型，设计疲劳试验机的运动原理示意图如图 9-1 所示。其工作原理是：在动力装置 3 和 4 提供的弯矩作用下，摆动机构 2 带动着构件 5（试验样管）绕旋转中心 B 旋转，同时动力装置 6 和 7 为构件 5（试验样管）提供拉力，使试验样管完成拉弯组合条件下的运动。

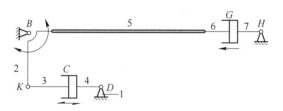

图 9-1　疲劳试验机的运动原理示意图

9.1.3　疲劳试验机的结构设计

根据图 9-1 所示的疲劳试验机的机构运动原理示意图，本节对疲劳试验机进行详细的结构设计。

试验机的结构直接影响着试验机的性能，因此在试验机的结构设计过程中，需要完成三部分的工作：一是在结构设计中，需要选择驱动方式；二是需要设计试验机的关键零部件；三是需要满足承载能力、强度要求，即对关键件进行必要的强度分析。

9.1.3.1　驱动方式的选择

非粘结柔性立管的疲劳试验机常见的驱动方式有液压驱动、电机驱动、气压驱动等，在这几种驱动方式中，液压驱动具备很多的优点，如低速传动、传动平稳、功率大、快速的响应能力。本节设计的疲劳试验机要求运动平稳，并且满足多种工况的快速变换相应，因此采用了液压驱动方式。根据工况要求，弯曲液压缸需要提供的最大弯矩是 726.5kN·m，行程为 800mm。拉伸液压缸需要提供的最大拉力是 777.7kN，因此选取的弯曲液压缸型号是 G220/125G-900×2110-1313，拉伸液压缸型号是 G320/180G-2000×588-1313，其参数见表 9-3。

表 9-3　弯曲液压缸和拉伸液压缸的参数

型号	缸径 D/mm	速比 ϕ	杆径 d/mm	推力 /kN	拉力 /kN	许用最大行程 /mm
G220/125	220	1.4	125	785.4	547.82	900
G320/180	320	1.4	180	2010.62	1374.45	2000

9.1.3.2　关键零部件设计

疲劳试验机的主要结构包括三个组件：机架、摆动机构、拉伸机构，摆动机构和机架通过旋转副连接，拉伸机构通过移动副和旋转副与机架连接。下面对其结构进行详细的设计和强度分析。

A　机架

机架是用来支撑整个机器的组件，考虑疲劳试验机的空间尺寸及试验柔性立管的长度，设计机架长度为 20m、高度为 5m。由于跨度比较大，且要求机架在工作中具有比较大的抗弯强度，结构稳定性比较好，因此选用了桁架结构，考虑机架的焊接性，其材料选用 Q345 合金钢，机架结构如图 9-2 所示。

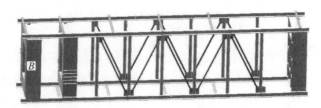

图 9-2　机架结构

B　摆动机构

考虑柔性管的长度、与弯曲加强器的连接，以及结构的轻量化要求，摆动机构采用了桁架结构。考虑摆动机构的焊接性，其材料选用 Q345 合金钢。由于机架的高度是 5m，摆动机构的中心点（B）安装在机架上 B 点处，该处是机架高度尺寸的中心，如图 9-2 所示，并且绕着旋转中心旋转，从而实现柔性立管的循环运动。在摆动机构的设计过程中，既要考虑摆动机构与机架的尺寸关系，防止摆动机构在摆动过程中与机架发生碰撞干涉，又要考虑摆动机构的强度要求，使摆动机构在满足强度的条件下提供的力臂最大，从而在液压缸提供的推力一定的情况下力矩最大。因此，设计摆动机构的最大高度为 2.5m，旋转力臂 *BM* 长度为 0.8m。摆动机构的结构如图 9-3 所示。

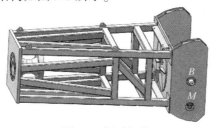

图 9-3　摆动机构

C　拉伸机构

拉伸机构，即拉伸液压缸与转换头组成的机构，安装在疲劳试验机的后端部，主要提供柔性立管的轴向拉力。它与机架的连接方式为：拉伸液压缸与机架以旋转副连接，活塞杆通过转换头与柔性管相连，并在拉伸液压缸内部移动。

9.1.4　疲劳试验机的整体结构

根据图 9-1 所示的疲劳试验机运动原理示意图，通过机构分析和结构设计，调用 Solidworks 软件进行建模装配并进行干涉检查，建立了疲劳试验机的三维结构，如图 9-4 所示。

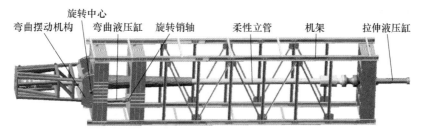

图 9-4　疲劳试验机的三维结构

9.1.5　疲劳试验机的强度分析

由于疲劳试验机空间尺寸比较大，结构比较复杂，因此疲劳试验机要求具备充足的强度与刚度，以防止试验机在实际工作过程中损坏或者变形，下面利用有限元方法对疲劳试验机进行强度分析。

9.1.5.1　疲劳试验机的有限元模型

在 Ansys Workbench 软件中导入如图 9-4 所示的试验机三维模型，然后进行网格划分，建立试验机的有限元模型，设置合适的载荷条件和边界条件，进行有限元分析。

在试验机的三维实体模型的基础上，经网格划分建立试验机的有限元模型。网格划分作为建立有限元模型的关键步骤，划分的质量好坏直接影响模型的计算速度及精度。过少的网格数量会降低求解精度，过多的网格会增加求解时间，因此为了提高求解精度和降低求解时间要划分合理的网格数量。本节在试验机有限元模型建立过程中采用了网格自由划分的形式，然后再细化圆角、孔与接触面等有应力集中地方的网格。整个试验机模型划分为 246451 个单元、696438 个节点，图 9-5 给出了疲劳试验机的有限元模型。

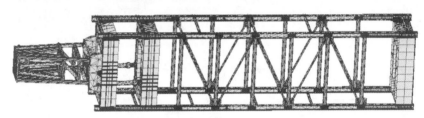

图 9-5　疲劳试验机的有限元模型

9.1.5.2　疲劳试验机的载荷与约束

疲劳试验机在工作过程中承受的载荷主要有液压缸提供的拉力和弯矩、试验立管的拉力、重力。试验机在工作中，机架底部固定在地面上，试验机的载荷和约束设置如图 9-6 所示。

A　Fixed Support
B　Standard Earth Gravity:9806.6 mm/s²
C　Pressure:4.99MPa
D　Pressure 2:4.99MPa
E　Pressure 3:1.95MPa
F　Pressure 4:10.6MPa
G　Pressure 5:10.6MPa
H　Pressure 6:−10.6MPa
I　Pressure 7:−10.6MPa
J　Cylindrical Support:0.mm

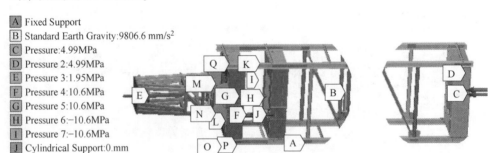

图 9-6　疲劳试验机的载荷和约束

9.1.5.3　疲劳试验机的强度和变形

疲劳试验机的整机应力和变形如图 9-7~图 9-9 所示。

由图 9-7 和图 9-8 可知，疲劳试验机的应力最大值发生在弯曲液压缸的旋转销轴上，最大值是 473.4MPa。因为旋转销轴使用的材料是 42CrMo，其强度极限不小于 1080MPa，所以其强度满足设计要求。其他结构的材料是 Q345，其强度

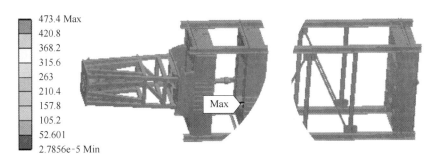

图 9-7　疲劳试验机的应力云图（带弯曲油缸的旋转销轴）

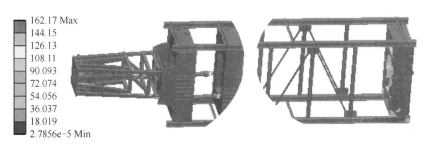

图 9-8　疲劳试验机的应力云图（不带弯曲油缸的旋转销轴）

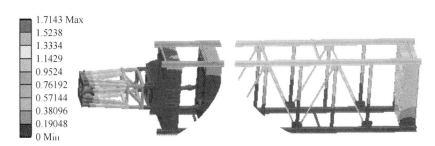

图 9-9　疲劳试验机的总变形图

极限不小于470MPa，满足强度要求。

9.2　疲劳试验机的运动学分析

9.2.1　疲劳试验机的机构分析

根据9.1节的疲劳试验机的设计可知，试验机的运动原理示意图如图9-1所示，其中各构件尺寸分别是：$L_{BK} = 800$mm，$L_{BG} = 22000$mm，$L_{KD} = 2510$mm，构件 BK、BG 的质量是 $m_{BK} = 9166$kg，$m_{BG} = 10918$kg，各杆的中点就是杆的质心，各杆的转动惯量为 $J_{BK} = 1.16 \times 10^{14}$kg·mm²，$J_{BG} = 1.5 \times 10^{11}$kg·mm²，$J_{GH} = 7.09 \times 10^{11}$kg·mm²，$J_{CD} = 2.47 \times 10^9$kg·mm²。该机构工作时在 B 点受到弯矩，在 H 点受到水平向右的拉力，当主动构件 BK 绕 B 点旋转±19.87°时，移动副 C、

G, 旋转副 K、D、H 的位移、速度和加速度的变化规律是本节分析的内容。

在图 9-1 所示疲劳试验机的运动原理示意图中，构件 5 表示柔性立管，相对于刚性体结构，柔性体这种变形结构的形状和内部各点的位置随时在发生变化，因此柔性体的运动学分析更加复杂。为了简化分析，忽略刚柔耦合的作用，把试验机的机构运动分成两部分进行，一部分是弯曲摆动机构的运动学分析，即刚性体的运动学分析；另一部分为柔性立管的运动学分析，即柔性体的运动学分析。

9.2.2　疲劳试验机的运动学仿真

对疲劳试验机这样复杂的多体系统进行准确的运动学分析，仿真软件的质量非常重要。通过深入的研究和分析，选择了目前机械领域应用最广泛的 Adams 动态仿真软件对疲劳试验机的运动学进行分析。

将 Solidworks 软件中建模、装配及干涉检查后的疲劳试验机整体结构（见图 9-4）通过三维软件 Solidworks 与动力学软件 Adams 软件之间的数据接口输入到 Adams 多体动力学软件中，并在软件中根据实际工况设置约束和驱动，建立试验机的虚拟样机，如图 9-10 所示。

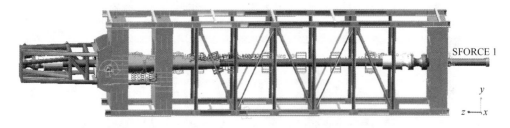

图 9-10　疲劳试验机的虚拟样机

在建立虚拟样机时，因为柔性立管是柔性体，变形复杂，柔性体的形态没有一个固定的形式，时刻都在发生改变，柔性立管的运动变化对整个试验机的运动有重要的影响。因此，必须将刚性立管柔性化，由于在柔性立管的整体动力分析中采用了有限段方法，为了数据的一致性，试验机中柔性立管的柔性化也采用有限段方法，有限段简化为圆环结构，其长度设置为 2m，且接点处用一个柔性关节来连接，柔性关节的平移刚度系数和旋转刚度系数由公式（6-50）、公式（6-52）、公式（6-54）和公式（6-55）计算得到，阻尼系数根据经验选择 2。根据软管设计规范 API 17B，在疲劳试验机中，柔性立管的整体长度（包括两端接头）为 22m，立管的两端分别与试验机的弯曲摆动结构和拉伸机构固接。

9.2.2.1　弯曲摆动机构的运动学仿真

利用 Adams 建立的疲劳试验机虚拟样机，对试验机的弯曲摆动机构进行运动学仿真，给出当弯曲摆动机构上下摆动 ±19.87° 时，弯曲液压缸活塞杆 KC 的位移、速度和加速度的变化曲线，液压缸体 *DC* 和活塞杆 *KC* 摆动的角位移、角速度以及角加速度的变化曲线。

A 位移

图 9-11 所示为弯曲液压缸活塞杆 *KC* 的 *Z* 向位移曲线。从图中可以看出，当弯曲摆动机构上下摆动 19.87°时，液压活塞 *Z* 向的移动位移是 272mm，小于液压缸的最大许用行程 900mm，满足液压缸的设计要求。

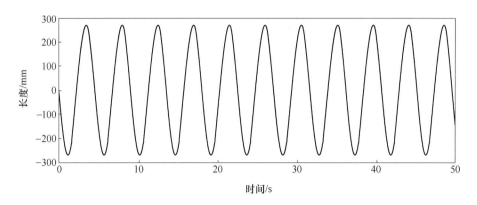

图 9-11 弯曲液压缸活塞杆 *KC* 的 *Z* 向位移

图 9-12 所示为弯曲液压缸的摆动角度。从图中可以看出，当弯曲摆动机构运行到最低点时，也就是柔性立管摆动到最高点时，由于立管的重力作用，弯曲液压缸并没有摆动到最大角度，误差值在 0.27°。

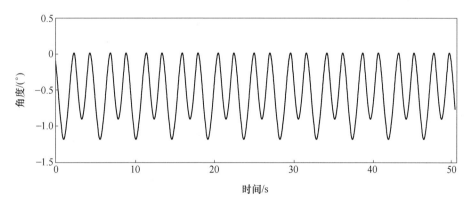

图 9-12 弯曲液压缸的摆动角度

B 速度

图 9-13 所示为弯曲液压缸活塞杆 *KC* 的移动速度。由图可知，最大移动速度是 399.1mm/s，小于弯曲液压缸允许的最大运行速度 400mm/s，满足设计要求。

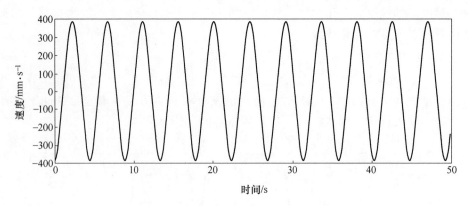

图 9-13　弯曲液压缸活塞杆 *KC* 的移动速度

图 9-14 所示为弯曲液压缸的摆动角速度。当弯曲摆动机构运行到最低点时，柔性立管摆动到最高点，由于柔性立管重力的作用，液压缸的摆动速度较慢，小于最大的角速度。

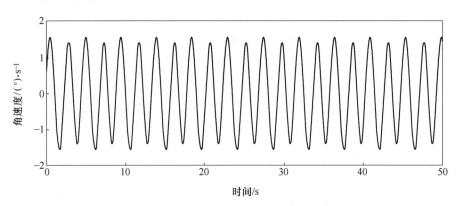

图 9-14　弯曲液压缸摆动角速度

C　加速度

从图 9-15 和图 9-16 所示弯曲液压缸活塞杆 *KC* 的移动加速度和弯曲液压缸摆动角加速度曲线可知，弯曲活塞杆的运行平稳，不会对液压缸零部件产生过大的冲击，减小了液压缸的损坏。

9.2.2.2　拉伸机构的运动学仿真

利用 Adams 建立的疲劳试验机虚拟样机，进行试验机拉伸机构的运动学仿真，给出当弯曲摆动机构上下摆动±19.87°时，拉伸活塞杆的位移、速度、加速度的变化曲线，摆动的角度、角速度和角加速度的变化曲线，即连接点的位移、速度、加速度的变化曲线，摆动的角位移、角速度以及角加速度的变化曲线。

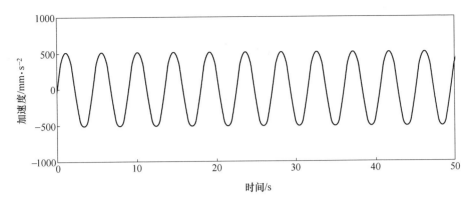

图 9-15 弯曲液压缸活塞杆 *KC* 的移动加速度

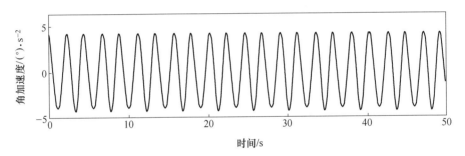

图 9-16 弯曲液压缸的摆动角加速度

A 拉伸机构的位移和角度

图 9-17 和图 9-18 所示为拉伸液压缸活塞的 *Z* 向位移和摆动角度。从图中可以看出，拉伸液压缸在疲劳试验机运行的初始阶段有一定的振动，运行不平稳。这是由于立管是一个柔性体，体内各点的运动时刻在发生变化，运动比较复杂，从而对试验机拉伸液压缸的运动产生影响，致使其出现较大的振动，运动不平稳。

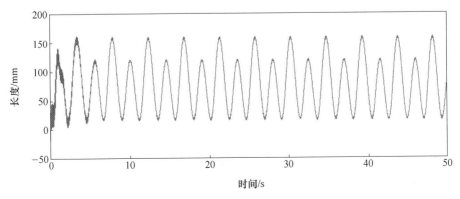

图 9-17 拉伸机构的 *Z* 向位移

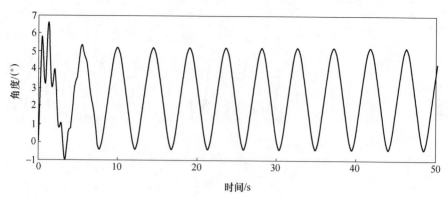

图 9-18　拉伸机构的摆动角度

B　移动速度和角速度

图 9-19 和图 9-20 所示为拉伸机构在 Z 向的移动速度和摆动角速度。从图中可以看出，在疲劳试验机运动的初始阶段，拉伸液压缸的移动速度和摆动角速

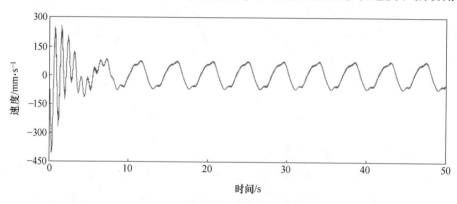

图 9-19　拉伸机构的移动速度

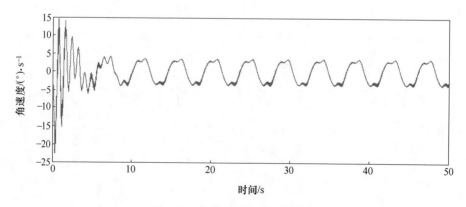

图 9-20　拉伸机构的摆动角速度

度急剧增大，在 8s 之后达到稳定值，移动速度稳定在 80mm/s，摆动角速度稳定在 4.8°/s 左右。

9.3 疲劳试验机的动力学分析

9.3.1 疲劳试验机的模态分析

在实际工作过程中，非粘结柔性立管的疲劳试验机既承受静态载荷的作用，也承受动态载荷的作用，因此在试验机设计时除了要求满足合适的静刚度外，还要求试验机具备良好的动态性能。获得试验机动态性能的有效方法是模态分析，通过对试验机进行模态分析，可以获得试验机的固有频率和响应的振动变形情况，了解试验机在不同载荷下结构的振动形式，避免试验机发生共振或者按照特定频率进行振动。

忽略阻尼力和外作用力的影响，可以得到疲劳试验机无阻尼模态分析的基本方程：

$$[K]\{\phi\}_i = \omega_i^2 [M]\{\phi\}_i \tag{9-1}$$

式中，$\{\phi\}_i$ 为第 i 阶固有频率对应的振型；ω_i 为第 i 阶固有频率。

疲劳试验机的前 6 阶固有频率见表 9-4，疲劳试验机的振型图见表 9-5。

表 9-4　疲劳试验机的 1~6 阶固有频率

阶数	1	2	3	4	5	6
固有频率/Hz	8.0687	13.147	13.639	13.905	14.159	14.197

表 9-5　疲劳试验机的前 6 阶振型图

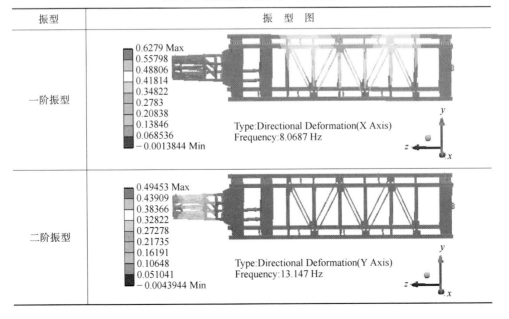

振型	振型图
一阶振型	
二阶振型	

振型	振 型 图
三阶振型	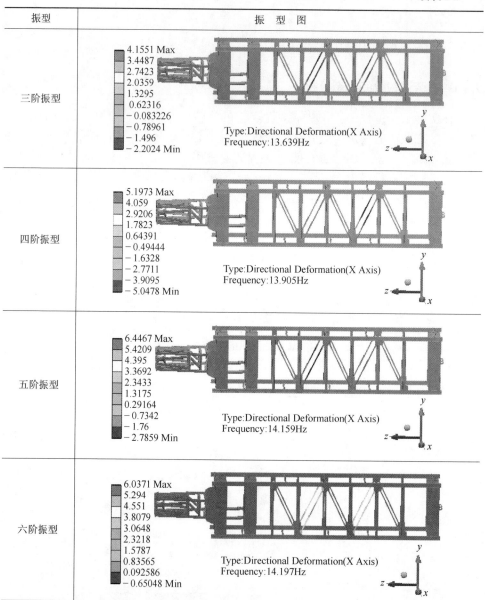
四阶振型	
五阶振型	
六阶振型	

观察表 9-5 中疲劳试验机的 1~6 阶模态振型图可以发现，一阶模态振型为机架的上弦板沿 X 方向的振动，固有频率为 8.0687Hz；二阶模态振型为弯曲摆动机构沿 Y 方向的振动，固有频率为 13.147Hz；三~六阶模态振型为机架的斜腹杆沿 X 方向的振动。其中，一阶、三阶~六阶模态振型为机架的振动，对试验机的强度和精度有较大的影响，疲劳试验机在工作时应该尽量避开这几阶频率值。

9.3.2 疲劳试验机的谐响应研究

疲劳试验机的谐响应研究，即频率响应研究，主要用于分析疲劳试验机在某一个频率或幅值作用下的动态性能及响应。在表9-2的试验机工况中，根据相关的参考文献，设置了疲劳试验机的频率。为了研究试验机在这些不同频率下的动态响应，下面对试验机进行了谐响应分析。

当疲劳试验机所受到的作用力为随时间变化的谐函数时，试验机的动力响应也为谐函数，疲劳试验机谐响应的动力学方程可以写为：

$$[M]\{\ddot{x}(t)\} + [C]\{\dot{x}(t)\} + [K]\{x(t)\} = A\sin(w(t)) \tag{9-2}$$

式中，$[M]$ 为试验机的质量矩阵；$[C]$ 为试验机的阻尼矩阵；$[K]$ 为试验机的刚度矩阵；A 为外作用力的振幅；$w(t)$ 为外作用力的频率。

根据表9-2疲劳试验机工况及模态分析的结果，在两个弯曲液压缸处分别施加简谐载荷，因为疲劳试验机的工况频率为 $0.23 \sim 0.5 Hz$，并且在载荷频率为 40Hz 左右时试验机的响应最大，因此简谐载荷的频率设置为 $0 \sim 40 Hz$，取 200 个频率点以获得足够的响应点来拟合光滑响应曲线，阻尼比设为零。图9-21 所示为疲劳试验机在频率 $0 \sim 40 Hz$ 下的 X、Y、Z 三个方向的频率响应对比曲线。

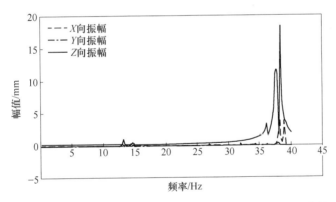

图9-21 疲劳试验机在 X、Y、Z 三个方向的频率响应对比曲线

分析图9-21中疲劳试验机在 X、Y、Z 三个方向的频率响应曲线可以发现，试验机在长度方向 Z 向的振动最大，并且曲线在 13Hz、14Hz、15Hz、37Hz、39Hz 出现了峰值，这些频率对应着模态分析中的 $2 \sim 13$、$20 \sim 25$ 阶固有频率，说明试验机在这些频率处发生了共振，也说明这些阶模态容易被动态激振力激发。为了减小振动，在试验机的工况设计中，应该避免施加这些频率的动态载荷。

从图9-21的曲线中还可以看出，随着频率的增大，试验机的振动也增大，并且 Z 向振动明显高于 X、Y 向振动，说明试验机在长度方向（Z 向）的刚度最小。当频率为 39Hz 时，Z 向的幅值达到了 18mm，说明试验机出现了比较强烈的振动，这会严重影响试验机的精度和强度。

在表 9-2 的试验工况中，试验机的频率设置为 0.23 ~ 0.5Hz，这个频率引起的试验机的振动很小，不会发生共振。

9.3.3　疲劳试验机的动态性能分析

在图 9-10 所示的疲劳试验机的虚拟样机上施加 726.5kN·m 的弯矩载荷和 777.7kN 的拉力载荷，载荷的详细参数见表 9-2 中的工况二十的参数，之后进行疲劳试验机的动力学仿真，画出试验机的速度、加速度、运动轨迹等运动参数的变化曲线，以判断试验机的动力性能。

9.3.3.1　稳定性

由于疲劳试验机的长度尺寸比较大，在工作过程中容易产生晃动，即运行不稳定，影响试验机的寿命及试验效果。下面主要从运动速度和加速度的变化来研究疲劳试验机的稳定性。

图 9-22 所示为弯曲摆动结构的运动角速度。从图中可以看出，弯曲摆动机构的角速度比较均匀，绕 X 轴的摆动角速度比较大，绕 Y 轴、Z 轴的摆动角速度接近零，这说明弯曲摆动机构在工作过程中运行平稳。

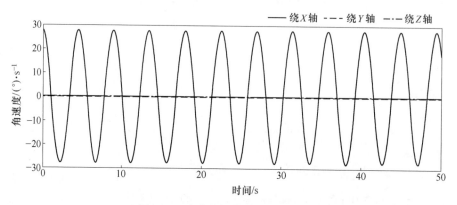

图 9-22　弯曲摆动机构角速度曲线

图 9-23 所示为柔性立管和拉伸机构的运动角速度曲线。从图中可以看出，由于柔性立管这种柔性结构的存在，导致疲劳试验机的运行不是很稳定，在运行的初始阶段，试验机会有小幅的振动；在之后的整个运行过程中，弯曲摆动机构的运行相对比较稳定。

9.3.3.2　平衡性

疲劳试验机在运行的过程中，运动构件会产生很大的惯性力，试验机因为这

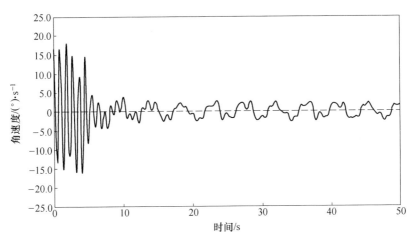

图 9-23　拉伸机构的角速度曲线

些惯性力而产生振动，从而降低性能和寿命。因此，需要采取一定的方法对试验机的运动机构进行消振和平衡。在进行机构消振和平衡时，一般不会对机构的振动频率和响应进行分析，而是考虑全部或者部分消除机器的惯性力。

　　能够保持机构平衡的种类有很多种，根据机构中平衡位置的不同，可分为机座的平衡、输入转矩的平衡以及动压力的平衡；根据采用的平衡方法不同，可分为加配重、合理设置运动机构。通过施加配重的方法消除机座上的惯性力，这是机构平衡中最常用的方法和种类。

　　通过施加配重的方法，即对质量再分配进行平衡的方法有很多种，如质量代换法、线性独立矢量法、质量矩替代法等。利用线性独立矢量法进行机构平衡过程分为两步：首先列出机构总质心的矢量式，该表达式一般是线性的，然后将表达式中与时间有关的系数全部消去，以使总质心的位置变化与时间无关，即机构的总质心一直保持静止，从而实现机构的平衡。线性独立矢量法是 19 世纪 70 年代发展起来的，现在已是配重方法的更高程度的发展。

　　因为疲劳试验机存在复杂的运动，既有往复运动也有平面复合运动，因此构件内部自身不能实现惯性力的平衡。因此，下面利用线性独立矢量法实现疲劳试验机在机座上的总惯性力平衡，计算所加平衡配重质量的大小及其配重与原来机构构件的方位角。

　　图 9-24 所示为疲劳试验机弯曲摆动机构的平衡分析示意图。为了计算方便，坐标系原点设置在 D 处，它和运动学分析中的坐标原点 x 向的距离是 2510mm。弯曲摆动机构四个构件长度分别为 $L_{BK'}$、$L_{K'C'}$、$L_{C'D}$、L_{DB}，质量为 $m_{BK'}$、$m_{K'C'}$、$m_{C'D}$，质心失径为 $\boldsymbol{r}_{BK'}$、$\boldsymbol{r}_{K'C'}$、$\boldsymbol{r}_{C'D}$ 失径的投影分别为 $q_{BK'}$、$q_{K'C'}$、$q_{C'D}$ 和 $p_{BK'}$、$p_{K'C'}$、$p_{C'D}$，失径与构件本身的夹角为 β_2、β_3、β_4，各构件的位置角是 ϕ_1、ϕ_2、ϕ_3 用复数矢量法可以求出弯曲摆动机构的总质量矩为：

$$M_z \boldsymbol{R}_z = m_{BK'} \boldsymbol{r}_{BK'} + m_{K'C'} \boldsymbol{r}_{K'C'} + m_{C'D} \boldsymbol{r}_{C'D}$$

$$= m_{BK'}(L_{DB} \mathrm{e}^{i\phi_1} + r_{BK'} \mathrm{e}^{i(\phi_2+\beta_2)}) + m_{K'C'}(L_{C'D} \mathrm{e}^{i\phi_3} + r_{K'C'} \mathrm{e}^{i(\phi_3+\beta_4)}) +$$

$$m_{C'D} r_{C'D} \mathrm{e}^{i(\phi_3+\beta_3)} \tag{9-3}$$

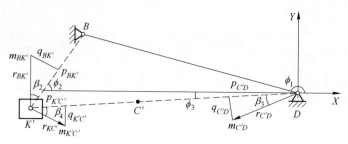

图 9-24　弯曲摆动机构平衡分析

弯曲摆动机构的总惯性力为：

$$\boldsymbol{P} = -M_z \boldsymbol{R}_z = m_{BK'} r_{BK'} \mathrm{e}^{\beta_2} \mathrm{e}^{i\phi_2} + (m_{K'C'} L_{C'D} + m_{K'C'} r_{K'C'} \mathrm{e}^{i\beta_4} +$$

$$m_{C'D} r_{C'D} \mathrm{e}^{i\beta_3}) \mathrm{e}^{i\phi_3} + m_{BK'} L_{DB} \mathrm{e}^{i\phi_1}$$

$$= m_{BK'} r_{BK'} \mathrm{e}^{\beta_2} K_2 \mathrm{e}^{i\gamma_2} + (m_{K'C'} L_{C'D} + m_{K'C'} r_{K'C'} \mathrm{e}^{i\beta_4} + m_{C'D} r_{C'D} \mathrm{e}^{i\beta_3}) K_3 \mathrm{e}^{i\gamma_3}$$

$$= [m_{BK'}(p_{BK'} + iq_{BK'})] K_2 \mathrm{e}^{i\gamma_2} + [m_{K'C'} L_{C'D} + m_{K'C'}(p_{K'C'} + iq_{K'C'}) +$$

$$m_{C'D}(p_{C'D} + iq_{C'D})] K_3 \mathrm{e}^{i\gamma_3} \tag{9-4}$$

式中，$\boldsymbol{P}$ 为机构总惯性力；M_z 为机构中活动构件的总质量；$\boldsymbol{R}_z$ 为机构中活动构件的总质心失径。

$$\begin{cases} p_i = r_i \cos\beta_i \\[2mm] q_i = r_i \sin\beta_i \\[2mm] \gamma_i = \phi_i - \tan^{-1} \dfrac{\ddot{\phi}_i}{\dot{\phi}_i^2} \\[2mm] K_i = \sqrt{\dot{\phi}_i^4 + \ddot{\phi}_i^2} \end{cases}$$

其中，$i = BK'$、$K'C'$、$C'D$。

式 (9-4) 可表示为：

$$\boldsymbol{P} = -M_z \boldsymbol{R}_z = (P_{BK'} + iQ_{BK'}) K_2 \mathrm{e}^{i\gamma_2} + [P_{C'D} + iQ_{C'D}] K_3 \mathrm{e}^{i\gamma_3} \tag{9-5}$$

其中：

$$P_{BK'} = m_{BK'} p_{BK'} \tag{9-6}$$

$$Q_{BK'} = m_{BK'} q_{BK'} \tag{9-7}$$

$$P_{C'D} = m_{K'C'} L_{C'D} + m_{K'C'} p_{K'C'} + m_{C'D} p_{C'D} \tag{9-8}$$

$$Q_{C'D} = m_{K'C'} q_{K'C'} + m_{C'D} q_{C'D} \tag{9-9}$$

要使疲劳试验机的弯曲摆动机构实现平衡，需要将机构的总惯性力减小到零，即使 $P_{BK'}$、$Q_{BK'}$、$P_{C'D}$、$Q_{C'D}$ 都等于零。

为了满足上述要求，需要在 BK' 构件和 CD 构件上分别加上质量矩 $m'_{BK'}(p'_{BK'} + iq'_{BK'})$ 和 $m'_{C'D}(p'_{C'D} + iq'_{C'D})$ ，并且使下式成立：

$$m'_{BK'}p'_{BK'} = -m_{BK'}p_{BK'} \tag{9-10}$$

$$m'_{BK'}q'_{BK'} = -m_{BK'}q_{BK'} \tag{9-11}$$

$$m'_{C'D}p'_{C'D} = -(m_{K'C'}L_{C'D} + m_{K'C'}p_{K'C'} + m_{C'D}p_{C'D}) \tag{9-12}$$

$$m'_{C'D}q'_{C'D} = -(m_{K'C'}q_{K'C'} + m_{C'D}q_{C'D}) \tag{9-13}$$

$$\tan\delta_{BK'} = \frac{-m_{BK'}q_{BK'}}{-m_{BK'}p_{BK'}} = \frac{m_{BK'}q_{BK'}}{m_{BK'}p_{BK'}} \tag{9-14}$$

$$\tan\delta_{C'D} = \frac{m_{K'C'}q_{K'C'} + m_{C'D}q_{C'D}}{m_{K'C'}L_{C'D} + m_{K'C'}p_{K'C'} + m_{C'D}p_{C'D}} \tag{9-15}$$

其中，$\delta_{BK'}$、$\delta_{C'D}$ 分别为所加配重的位置角。

如果图 9-24 中的 $q_{BK'} = q_{K'C'} = q_{C'D} = 0$，那么，$r_{BK'} = p_{BK'}$，$r_{K'C'} = p_{K'C'}$，$r_{C'D} = p_{C'D}$，式（9-10）~式（9-15）可以写成：

$$m'_{BK'}r'_{BK'} = -m_{BK'}r_{BK'} \tag{9-16}$$

$$m'_{C'D}p'_{C'D} = -(m_{K'C'}L_{C'D} + m_{K'C'}r_{K'C'} + m_{C'D}r_{C'D}) \tag{9-17}$$

$$\tan\delta_{BK'} = 0 \tag{9-18}$$

在疲劳试验机弯曲摆动机构中，考虑到构件 DC 和 CC' 为弯曲液压缸机构，所以只在构件 BK' 加了配重。

在图 9-10 所示的疲劳试验机的虚拟样机中加上配重之后，疲劳试验机的虚拟样机如图 9-25 所示。

对图 9-25 所示的疲劳试验机样机模型在 Adams 软件中进行仿真模拟，得到平衡后试验机的输入力矩、液压缸提供的力、弯曲摆动机构旋转中心处的支座反力、弯曲液压缸处的支座反力、拉伸液压缸处的支座反力，并将这些数值与平衡前的数值加以对比，详细结果如图 9-26~图 9-28 所示。

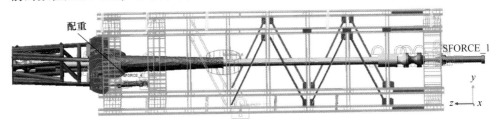

图 9-25　加配重之后的疲劳试验机样机模型

从图 9-26~图 9-28 的仿真结果可以看出，疲劳试验机在开始工作时，运动机构产生振动，机构平衡前，振动幅值比较大；机构平衡后，振动幅值减小，支座反力也有一定的程度的降低，并且变化趋于平缓。因此，疲劳试验机经过平衡后，减小了机器的振动，降低了零件磨损，从而改善了试验机的运行性能，提高了疲劳试验机的寿命和可靠性。

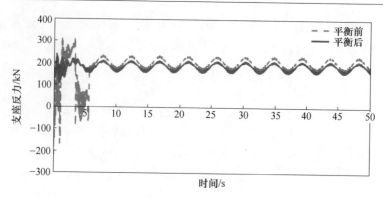

图 9-26　平衡前后弯曲摆动机构旋转中心处的支座反力

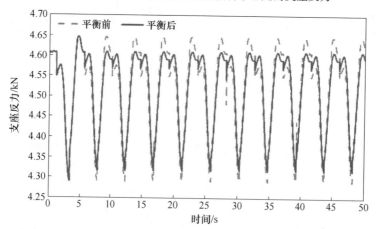

图 9-27　平衡前后弯曲液压缸缸体支座处的支座反力

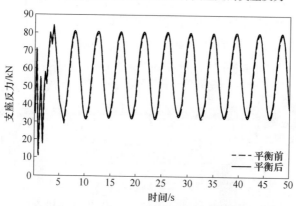

图 9-28　平衡前后拉伸液压缸缸体支座反力

9.3.3.3　疲劳

疲劳试验机是对海洋非粘结柔性立管进行疲劳试验的装置，在试验过程中，试验机承受较大的弯曲和拉伸载荷，其疲劳寿命和可靠性直接影响海洋非粘结柔性立管的试验效果。下面应用有限元软件对疲劳试验机进行寿命分析，验证疲劳试验机的可靠性。

由表 9-2 可以看出，工况二十是试验机摆动角度最大、承受弯矩和拉力最大的工况，也就是最危险的工况，因为选择这种工况对试验机进行寿命分析。利用有限元软件得到如图 9-7 所示的试验机在此工况作用下的应力云图，由应力云图可以看出，在试验机弯曲液压缸的旋转销轴处的应力最大，其值是 473.4MPa，旋转销轴的材料是 42CrMo，该种材料的抗拉强度是 1080MPa、屈服强度是 930MPa，因此试验机的最大应力小于材料的屈服强度，由此可知试验机在疲劳破坏时，材料处于弹性变形区，因而可以采用名义应力法对疲劳试验机进行疲劳寿命分析。

在有限元软件 Ansys Workbench 中，采用等效应力作为计算寿命的平均应力输入，设置 Goodman 法为平均应力修正方法，选用 Miner 线性损伤累积规则进行试验机的疲劳寿命计算，计算得到疲劳试验机的寿命云图如图 9-29 所示。由图可知，寿命最短的位置发生在弯曲液压缸的旋转销轴处，其疲劳寿命是 3.6351×10^5 次循环。这个位置也是等效应力最大的位置，此处已在寿命云图中标出。

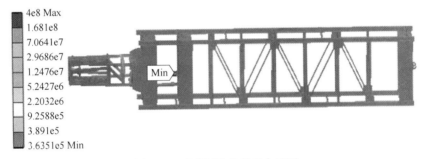

图 9-29 疲劳试验机的寿命云图

图 9-30 为疲劳试验机的安全系数云图。从图中可以看出，安全系数最小的位置在弯曲液压缸的旋转销轴处，这个位置也是应力最大、寿命最短的位置，其最小安全系数是 1.59，大于 1.5 的许用安全系数值，说明此疲劳试验机满足疲劳强度要求。

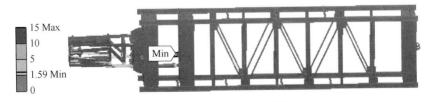

图 9-30 疲劳试验机的安全系数云图

通过有限元软件的数值计算可以得出结论：疲劳试验机在正常试验过程中，

最易发生疲劳破坏的位置在弯曲液压缸的旋转销轴处，其寿命为 $3.6351×10^5$ 次，由表 9-2 疲劳试验机的试验工况可知，疲劳试验机满足试验所要求的工况。

9.4　非粘结柔性立管的疲劳试验

9.4.1　柔性立管的动力模拟试验

在图 9-10 所示的疲劳试验机虚拟样机上施加 726.5kN · m 的弯矩和 777.7kN 的拉力（见表 9-2 中的工况二十）对柔性立管进行模拟试验，得到柔性立管的动力性能，并与波浪中的柔性立管动力性能（见第 6 章）进行对比。

柔性立管顶部悬挂点的张力-时间、弯矩-时间变化曲线如图 9-31 和图 9-32 所示。由图可以得知，不管在模拟试验中还是在实际波浪中，立管在稳定运行过程中，其顶部悬挂点的张力、弯矩变化比较规律；由于波浪中浮力的存在，试验机中立管的张力和弯矩大于波浪中立管的张力和弯矩，这说明柔性立管的疲劳试验对于验证波浪中立管的疲劳性能比较保守。观察图 9-33 和图 9-34 可以看到，顶部悬挂点是整个柔性立管中张力和弯矩最大的地方，这和前述的柔性立管整体动力分析一致，说明了该疲劳试验的有效性。由图 9-35 可知，柔性立管在波浪中的曲率变化均匀，且数值比较小，而在试验中的曲率变化比较大，这是因为试验机中的柔性立管只在两端施加弯矩和动力载荷，受力不均匀。在试验过程中，立管曲率的最大值出现在弯曲加强器和立管接触的位置，其最大曲率小于该柔性立管的最大设计曲率 0.25，说明该疲劳试验机满足柔性立管在曲率方面的设计要求。

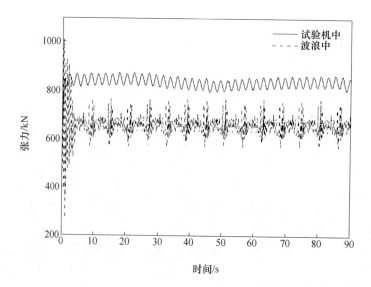

图 9-31　顶部悬挂点的张力-时间变化曲线

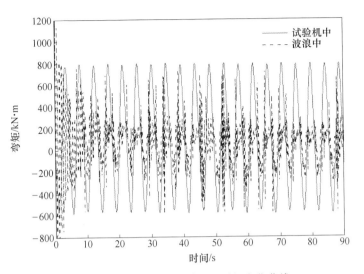

图 9-32 顶部悬挂点的弯矩–时间变化曲线

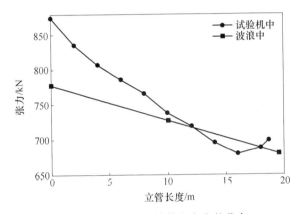

图 9-33 张力沿立管管长方向的分布

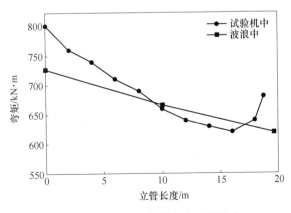

图 9-34 弯矩沿立管管长方向的分布

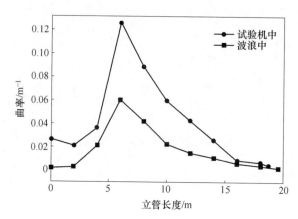

图 9-35　立管沿管长方向的曲率变化

9.4.2　柔性立管的疲劳试验

非粘结柔性立管疲劳试验机的设计、动力学分析及虚拟运动仿真完成后，按照所确定的试验机结构和运动参数，建造了疲劳试验机，利用该疲劳试验机完成所设计的 16 层非粘结柔性立管的疲劳试验。

9.4.2.1　试验概述

在第 8 章中，对所设计的 16 层非粘结柔性立管的疲劳寿命用理论方法进行了分析，从理论上证实了该柔性立管的疲劳性能满足设计要求。由于非粘结柔性立管结构的复杂性，其疲劳寿命的理论分析难以取得十分准确的结果，且根据柔性立管设计规范 API 17B 的规定，柔性立管应用于工程实际前必须在理论疲劳性能分析的基础上进行管道疲劳试验，以保证其在服务寿命期内的安全运行，据此设计了非粘结柔性立管的疲劳试验。

该试验的目的是获得在规定的循环次数下立管最终的结构状况，并验证所设计的 16 层非粘结柔性立管是否满足服役可靠性要求。由柔性立管设计规范 API 以及国内外关于柔性立管疲劳性能的研究结果发现，立管的疲劳试验主要以拉弯组合载荷为主要作用载荷，因此柔性立管的疲劳试验也被称为拉弯组合疲劳试验。本次试验载荷的加载情况如图 9-36 所示，一端施加拉力，一端施加弯矩，从而实现非粘结柔性立管的拉弯组合疲劳试验，满足了设计规范的要求。

疲劳试验的原理是基于材料的疲劳性能特征，在拉弯组合荷载作用下，管道通过小角度横弯在管道结构内部形成一定的弯曲应力幅。在环境温度一定的情况下，循环弯曲应力幅与管道材料能够承受的应力循环作用次数成反比，应力幅值越大，管道材料承受的疲劳破坏循环作用次数越少；反之亦然。按照 API RP-17B 规定，管道在承受荷载工况的情况下，如果运行 $2\times10^6 \sim 4\times10^6$ 次应力循环载荷作用不发生明显的结构损坏或者破坏现象，即认为满足疲劳强度要求。根据此

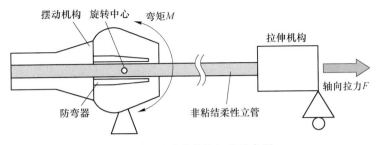

图 9-36　试验载荷的加载示意图

原理，本次试验所设计的试验工况见表 9-2，共二十种工况，总循环次数为 2000199 次，符合规范要求。在这些循环次数作用下，基于 *S-N* 曲线或者断裂力学的疲劳分析需要满足的疲劳准则可表示为：

$$D_{\text{fat}} \cdot DFF \leqslant 1 \tag{9-19}$$

其中，D_{fat} 为累积疲劳损伤（帕姆格伦-迈因纳定理）；*DFF* 为安全疲劳系数，取值见表 9-6。

表 9-6　安全疲劳系数 *DFF*

安全等级	低	一般	高
数值	3.0	6.0	10.0

本次疲劳试验设置的安全疲劳系数是 10，属于高级别的安全系数，因此按照表 9-2 的试验工况加载载荷。在这些载荷的持续作用下，如果非粘结柔性立管的累积疲劳损伤小于 0.1，所设计的非粘结柔性立管就能满足疲劳性能要求。

由于柔性立管的内外介质及环境会对疲劳试验结果产生一定的影响，因此对本次疲劳试验设置了立管内外环境参数见表 9-7。

表 9-7　试验环境

项　　目	管　　内	管　　外
介质	水	大气
温度	常温	常温
注	加内压	密封保温

9.4.2.2　试验设备

非粘结柔性立管疲劳试验的基本设备是疲劳试验机和样管，疲劳试验机的结构如图 9-37 所示，其工作原理为机架通过地脚螺栓固定在地面上，左侧试验机后部的拉伸机构提供拉力载荷，右侧试验机前部的摆动机构在动力装置液压缸的作用下上下摆动从而实现对柔性立管的弯曲加载。摆动机构是整个疲劳试验机的关键部件，是提供试验机弯矩载荷的关键结构，通过改变其摆动角度与摆动幅值的大小，可以模拟不同工况下非粘结柔性立管的弯曲，从而完成表9-2中二十种工况的疲劳试验。

图 9-37   非粘结柔性立管的疲劳试验设备

根据 API 立管设计规范的要求，作为被试验件的完整柔性立管，一般需要包含接头、防弯器等组件。其最小长度（包括端部构件）应遵循以下标准：从下端部构件到弯曲保护机构底部的最小长度是外抗拉铠装层直径的 3 倍；从上端部构件到弯曲保护机构顶部的最小长度是外抗拉铠装层直径的 1 倍，端部构件和限弯器直接连接的除外。据此，设计了试验样管如图 9-38 所示，样管的结构和基本参数见表 5-4。

图 9-38   试验样管

9.4.2.3   试验流程与步骤

整个试验过程分为四个阶段：试验准备阶段、试验进行过程、性能检测以及数据处理阶段、试验验收阶段，详细的试验步骤及流程如图 9-39 所示。

试验准备阶段需要进行试验前的各项准备工作，包括调试疲劳试验机，调试检测设备和仪器；安装柔性立管端部构件、限弯器等；操作人员的操作与安全培训。具体操作包括：（1）检查试验所需的各个设备运行是否正常，比如疲劳试验机、传感器、应变片、摄像头等，确保各设备的电源正常，电源线路完整，各设备的防护完好，液压缸的液压单元及管道、接头、活塞无泄漏现象。（2）在低压、低流量、低速的运行条件下，对设备进行空运转，再次确认各设备以及对应的管道、线路、接头等是否正常，并对相关需要润滑的机械部分进行润滑，如滑动轴承等。（3）按照柔性立管疲劳试验的相关操作说明安装柔性立管试验裸管。（4）以低压、低速再次开机运行疲劳试验机，如运行正常则进行下一步的

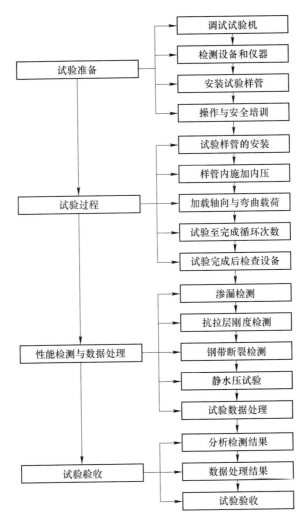

图 9-39 非粘结柔性立管的疲劳试验流程

操作，安装带有端部构件和限弯器的试验柔性立管，开始正式的柔性立管疲劳试验；否则，进行检查维修，直到疲劳试验机及各设备运行正常。

试验过程进行与试验相关的工作，包括试验样管的安装；在柔性立管内部注水，直到内压达到试验要求的数值；加载轴向载荷与弯曲载荷。具体操作包括：（1）用吊装设备将试验样管吊装至安装位置，先将限弯器一侧的端部构件连接到试验机的摆动机构上，然后再安装另一侧的端部构件于拉伸机构上，确认试验样管与疲劳试验机的连接牢固。（2）往试验样管内部注水，使管内的内压达到试验要求的数值。（3）启动拉伸液压装置和弯曲液压装置，对试验样管加载轴向载荷和弯曲载荷，使载荷数值达到试验要求的工况。（4）试验继续进行，直到完成工况要求的循环次数。（5）试验完成后停机检查疲劳试验机及各设备的情况，为下一个工况做好准备；由于每一个工况的角度幅值、频率、循环次数都不相同，特别注意工况转换时载荷加载的速度以及柔性立管的运行状况。（6）整个试验全部结束后，要对疲劳试验机进行全面的检查，比如电源线路、液压管道、连接固定零件、接头、地脚螺栓等，并对现场进行清理，保持现场的卫生。

　　柔性立管性能检测以及数据处理阶段，在这个过程中，对试验后的柔性立管各结构层的损坏情况进行检测或者对监测系统获得的内压、管内温度、环境温度、轴向拉力、外抗拉层应变值、弯矩等各参数的实时数据进行分析处理，评估非粘结柔性立管的疲劳特性和疲劳寿命。性能检测的方法和步骤有：（1）渗漏检测，可以通过现场看、闻、听直接观察管子是否有液体渗漏发生，如渗漏发生，应立即停止试验；也可以通过压力传感器所传出的管子内压值大小的变化判断管子是否出现渗漏，若压力值急剧变化，说明柔性管有渗漏发生。（2）抗拉层刚度检测，利用应变片或传感器实时输出的抗拉层的应变值，并结合该试验工况的轴向拉力，由轴向刚度的计算公式（9-20）计算得出抗拉层轴向刚度的变化。

$$EA = \frac{T}{\varepsilon} \tag{9-20}$$

式中，EA 为轴向刚度；T 为轴向拉力；ε 为轴向应变。

　　若抗拉层的轴向刚度比开始测试时减小 20%，则说明抗拉层失效；钢带断裂检测，一般使用无损探伤方法检测判断钢带是否断裂。无损检测是采用射线、电磁等原理及仪器在不损害非粘结柔性立管性能的情况下对柔性立管抗拉层进行检测，无损检测如图 9-40 所示。因为非粘结柔性立管的限弯器端部是最危险位置，也是最容易产生疲劳的位置，因此试验中常对柔性立管在该位置进行无损检测，并借助专用评片尺对无损检测结果进行测量，确定断裂发生在柔性立管的哪一层结构并记录其断裂根数。若抗拉层铠装线断裂数多于 5%，说明管子失效。静水压试验，在非粘结柔性立管疲劳试验中，每种工况试验完成后都需要对试验样管进行静水压试验。

　　柔性立管内所施加的内压至少是设计压力的 1.25 倍。该试验持续时间不少于 24h，期间的压力和温度每 30min 记录一次，若压降变化小于 4% 内，说明柔性立管疲劳寿命满足设计要求；否则，不能满足设计要求。试验数据处理是利用各种成像软件（如 MATLAB、EXCEL 等）对监测系统获得的内压、管内温度、环境温度、轴向拉力、外抗拉层应变值、弯矩等各参数的实时数据进行分析处理，并绘制疲劳载荷最大弯矩–最大转角曲线、压力曲线等，评估非粘结柔性立管的疲劳特性和疲劳寿命。

图 9-40 无损检测

9.4.2.4 试验验收

以样管的试验检测结果为基础，按照柔性立管设计规范 API 17B 的验收标准，对非粘结柔性立管进行验收。通过性能检测发现：试验后柔性立管样管没有渗漏发生，抗拉层刚度没有明显的变化，抗拉层钢带没有断裂，通过静水压试验验证柔性立管内的内压没有明显下降，说明柔性立管没有出现疲劳现象，结构设计满足疲劳性能要求。由数据处理结果工况表 9-2 得知，该立管的总循环次数为 2000199 次，累积疲劳损伤为 9.07×10^{-2}，小于 0.1，说明设计的非粘结柔性立管能满足疲劳性能要求。因此，从试验和理论上证实了所设计的非粘结柔性立管的疲劳可靠性。

9.5 本章小结

本章根据第 3 章非粘结柔性立管整体分析的结果和相关的参考文献进行了疲劳试验机试验工况的设计，确定了二十种试验工况及其弯矩、张力、转角、频率、循环次数、运行时间和累积损伤。根据试验工况对非粘结柔性立管疲劳试验机进行了结构设计和强度分析，确定了试验机的整体结构；对试验机进行了运动学分析和仿真、动力学分析与仿真，确定了试验机结构的合理性；通过模拟试验，对比了柔性立管在波浪和试验机中的动力性能。利用疲劳试验机对非粘结柔性立管进行了疲劳试验，验证了非粘结柔性立管的疲劳寿命满足设计要求，得到了如下结论：

（1）疲劳试验机的应力最大值发生在弯曲液压缸的旋转销轴上，最大应力为 473.4MPa，小于材料 42CrMo 的强度极限 1080MPa，同时这个位置也是安全系数最小的，其安全系数是 1.59，满足试验要求。

（2）在试验机的运行过程中，弯曲摆动机构运行比较平稳。由于柔性立管的柔性，柔性立管和拉伸液压缸的运行不平稳，在长度 Z 方向，运动初始阶段的位移、速度、加速度都出现了很大的波动，运行 8s 之后基本达到稳定状态。

　　(3) 疲劳试验机在运行过程中，运动构件会产生较大的惯性力，这些惯性力会引起较大的支座反力，加剧疲劳试验机的振动。通过施加配重的方法进行机构平衡后，支座反力的幅值减小，变化趋于平缓，可以改进试验机的运行性能。

　　(4) 通过对比柔性立管在波浪和试验机中的动力性能发现，试验机中立管的张力和弯矩大于波浪中立管的张力和弯矩，这说明疲劳试验对验证波浪中立管的疲劳性能具有可行性和保守性。

参 考 文 献

［1］American Petroleum Institute. API 17J. API 17J: Specification for Unbonded Flexible Pipe ［S］. Washington: API Publishing Services, July, 1, 2008.

［2］Petroleum industries and natural gas. API RP 17B-2008 软管推荐做法 ［S］. Washington, D. C: Petroleum and natural gas industries, 2008.

［3］Saevik S, Berge S. Fatigue testing and theoretical studies of two 4 in flexible pipes ［J］. Engineering Structures, 1995, 17 (4): 276-292.

［4］张福庆. 整体叶盘磨抛机床虚拟样机研究 ［D］. 长春: 吉林大学, 2013.

［5］张惜君. 基于 Pro/E 和 Adams 的牛头刨床导杆机构仿真分析 ［J］. 机械设计与制造工程, 2013 (2): 21-23.

［6］Sharf Inna. Geometric stiffening in multibody dynamics formulations ［J］. Journal of Guidance, Control, and Dynamics, 1995, 18 (4): 882-890.

［7］刘锦阳, 洪嘉振. 柔性体的刚-柔耦合动力学分析 ［J］. 固体力学学报, 2002, 23 (2): 160-166.

［8］姜自伟. 机械系统动力学仿真柔性体建模技术研究 ［D］. 武汉: 华中科技大学, 2007.

［9］陈峰华. Adams 2012 虚拟样机技术从入门到精通 ［M］. 北京: 清华大学出版社, 2013.

［10］张永德, 汪洋涛, 王沫楠, 等. 基于 Ansys 与 Adams 的柔性体联合仿真 ［J］. 系统仿真学报, 2008 (17): 4501-4504.

［11］张莉. 深海立管内孤立波作用的动力特性及动力响应研究 ［D］. 青岛: 中国海洋大学, 2013.

［12］杨德勇, 胡建平, 韦恩铸, 等. 切片机的惯性力平衡仿真及优化 ［J］. 农机化研究, 2010 (5): 22-25.

［13］张琳. 用线性独立矢量分析连杆机构的平衡 ［J］. 机械设计与制造, 2005 (3): 14-15.

［14］秦大同, 谢里阳. 疲劳强度与可靠性设计 ［M］. 北京: 化学工业出版社, 2013: 173-178.

［15］田茂金. 海上风机支撑结构疲劳寿命分析方法研究 ［D］. 大连: 大连理工大学, 2013.

［16］唐猛. 基于全尺寸疲劳试验的海洋柔性立管安全可靠性研究 ［D］. 青岛: 中国海洋大学, 2014.

［17］赵林, 段文静. 海洋柔性立管疲劳试验及其失效检测探究 ［J］. 海洋技术学报, 2016, 35 (3): 109-114.